软件工程应用型专业“十三五”规划系列教材

天津工业大学软件学院
融创软通公司教育培训部 联合编写

Oracle 数据库应用与开发

李春青 / 主 编
何晶 冯堃 杨晓光 王佳欣 / 副主编

图书在版编目（CIP）数据

Oracle 数据库应用与开发 / 李春青主编 ; 天津工业大学软件学院 , 融创软通公司教育培训部联合编写 . -- 天津 : 天津大学出版社 , 2021.7（2023.1重印）
软件工程应用型专业“十三五”规划系列教材
ISBN 978-7-5618-7009-9

Ⅰ . ① O… Ⅱ . ①李… ②天… ③融… Ⅲ . ①关系数据库系统—教材 Ⅳ . ① TP311.138

中国版本图书馆 CIP 数据核字 (2021) 第 155806 号

Oracle Shujuku Yingyong yu Kaifa

出版发行	天津大学出版社
地　　址	天津市卫津路 92 号天津大学内 (邮编:300072)
电　　话	发行部:022-27403647
网　　址	www.tjupress.com.cn
印　　刷	天津泰宇印务有限公司
经　　销	全国各地新华书店
开　　本	185mm×260mm
印　　张	18.25
字　　数	456 千
版　　次	2021 年 7 月第 1 版
印　　次	2023 年 1 月第 2 次
定　　价	48.00 元

前　　言

本教材属于校企协同软件工程应用型专业实训系列丛书，是天津工业大学计算机科学与技术学院和融创软通公司教育培训部的多位教师在近12年的校企协同育人过程中的经验总结和经过不断改进后的成果。

本书编写背景

Oracle数据库系统是美国Oracle公司（甲骨文）提供的以分布式数据库为核心的一组软件产品，是目前最流行的客户/服务器（CLIENT/SERVER）或B/S体系结构的数据库之一。比如SilverStream就是基于数据库的一种中间件。Oracle数据库是目前世界上使用最为广泛的数据库管理系统，作为一个通用的数据库系统，它具有完整的数据管理功能；作为一个关系数据库，它是一个具有完备关系的产品；作为分布式数据库它实现了分布式处理功能。学习者只要在一种机型上学习了Oracle的所有知识，便能在各种类型的机器上使用它。

Oracle数据库最新版本为Oracle Database 18c。Oracle Database18c引入了一个新的多承租方架构，使用该架构可轻松部署和管理数据库云。此外，一些创新特性可最大限度地提高资源使用率和灵活性，如Oracle Multitenant可快速整合多个数据库，而Automatic Data Optimization和Heat Map能以更高的密度压缩数据和对数据分层。这些独一无二的创新特性再加上在可用性、安全性和大数据支持方面的主要优势，使得Oracle Database18c成为私有云和公有云部署的理想平台。

阅读本书所需的基础知识

阅读本书的读者需要具备一定的数据库理论基础知识。如果读者掌握Java基础知识，那么对于利用数据库进行必要的程序设计在流程上会更容易理解。

本书由浅入深地构建了Oracle数据库的知识体系，如果想在企业级开发应用中访问数据库、对数据库权限进行基本的管理、对数据库进行调用、了解Oracle数据库特性、调用存储过程、了解事务机制、掌握基本的数据库设计开发工具的使用等知识，那么本书还可以作为参考手册。

本书设计思路

本书本着“理论结合实践”的理念，结构安排由浅入深，在讲述概念、理论和框架时,结合案例现身说法,从而使复杂的概念、模糊的框架变得简单、易懂、清晰。全书共分为 11 章,其中第 1 章简要介绍了数据库和 Oracle 的基本概念,以及 Oracle 的管理工具;第 2 章介绍了数据库的关系理论知识;第 3、4 章介绍了 Oracle 中的 DDL 和 DML 语言操作;第 5 章介绍了 Oracle 的几个主要模式对象;第 6~8 章介绍了 Oracle 的 PL/SQL 编程;第 9、10 章为 Oracle 系统的安全管理部分,包括用户、权限管理以及备份与恢复,第 11 章为数据库设计等。同时,在每章的最后都有单元小测、经典面试题与跟我上机,方便读者更好地掌握 Oracle 的知识。本书注重基本知识的理解与基本技能的培养,是一本实用性较强的参考用书。

寄语读者

亲爱的读者朋友,感谢您在茫茫书海中发现并选择了本书。您手中的这本教材,不是出自某知名出版社,更不是出自某位名师、大家。本书的作者就在您的身边,希望它能够架起你我之间学习、友谊的桥梁,希望它能带您轻松地步入妙趣横生的编程世界,希望它会成为您进入 IT 编程行业的奠基石。

关系型数据库系统是无数人经验的积累,Oracle 数据库又是当前应用最为广泛的企业级关系型数据库,希望通过对本书的学习,您能够从一些实例中领悟到数据库开发的精髓,并能够在合适的项目场景下应用它们。有了本书做参考,会使您在学习的过程中得到更多的乐趣。本书可作为高等院校软件工程专业、计算机及相关专业本专科学生的教材或参考书,亦适合于工程技术人员和程序设计人员参考阅读。

本书由李春青担任主编,何晶、冯堃、杨晓光、王佳欣担任副主编。由于时间仓促、编著水平有限,书中难免有不足和疏漏之处,恳请广大读者将意见和建议通过出版社反馈给我们,以便在后续版本中不断进行改进和完善。如果您在阅读本书时遇到问题,请随时与我们联系,我们的邮箱:edubook@91iedu.com。

编者

2021 年 1 月

目录
Contents

第1章　Oracle 18c 数据库入门

本章要点（学会后请在方框里打钩）：

- □ 了解数据库的基本知识
- □ 掌握 Oracle 18c 数据库的基本概念
- □ 掌握 Oracle 18c 数据库的安装与卸载
- □ 掌握 Oracle 数据库管理工具的使用

Oracle 数据库是当前最流行的大型数据库之一，它在数据安全性与数据完整性控制方面有非常优越的性能。Oracle 现在已经成为企业信息管理、电子商务网站等领域应用系统常用的后台数据库管理系统，拥有大量的用户与案例资源。

1.1　Database 的基本概念

1.1.1　数据库和数据库管理系统

1. 数据库

数据库（Database，DB）是存放数据的仓库，只不过这些数据存在一定的关联，并按一定的格式存放在计算机里。从广义上讲，数据不仅包含数字，还包含文本、图像、音频和视频等。

数据库也是一种软件产品，是可用于存放数据、管理数据的存储仓库，是有效地组织在一起的数据集合。

例如，把一个学校的学生姓名、课程及学生成绩等数据有序地组织并存放在计算机内，就可以构成一个数据库。因此，数据库是由一些持久的、相互关联的数据集合组成的，它们以一定的组织形式存放在计算机的存储介质中。

2. 数据库管理系统

数据库管理系统（Database Management System，DBMS）是一种操纵和管理数据库的大型软件，用于建立、使用和维护数据库。DBMS 对数据库进行统一的管理和控制，以保证数据库的安全性和完整性。用户通过 DBMS 访问数据库中的数据，数据库管理员也通过 DBMS 进行数据库的维护工作。DBMS 可使多个应用程序和用户用不同的方法在同一时刻或不同时刻建立、修改和访问数据库。大部分 DBMS 提供数据定义语言（Data Definition Language，DDL）和数据操纵语言（Data Manipulation Language，DML），供用户定义数据库的模式结构与权限约束，实现对数据的追加和删除等操作。DBMS 提供的语言和操作见表 1.1。

表 1.1　DBMS 提供的语言和操作

序号	语言	操作
1	数据定义语言 Data Definition Language，DDL （对数据结构起作用）	create：数据库对象的创建 alter：修改数据库对象 drop：删除数据库对象 truncate：清空表数据
2	数据操纵语言 Data Manipulation Language，DML （对数据起作用）	insert：插入操作 update：更新操作 delete：删除操作
3	数据查询语言 Data Query Language，DQL	select：查询操作

续表

序号	语言	操作
4	事务控制语言 Transaction Control Language，TCL （对 DML 操作进行确认）	commit：提交数据 rollback：数据回滚 savepoint：保存点
5	数据控制语言 Data Control Language，DCL	grant：授权 revoke：回收

数据库管理系统是数据库系统的核心，是管理数据库的软件。数据库管理系统就是对用户意义下抽象的逻辑数据进行处理，转换成计算机中具体的物理数据再进行处理的软件。有了数据库管理系统，用户就可以在抽象意义下处理数据，而不必顾及这些数据在计算机中的布局和物理位置。常见数据库如图 1.1 所示。

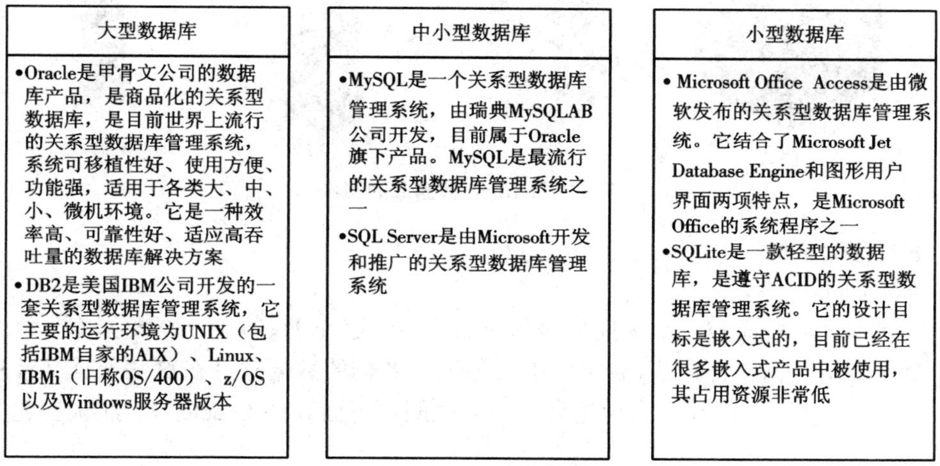

大型数据库	中小型数据库	小型数据库
•Oracle是甲骨文公司的数据库产品，是商品化的关系型数据库，是目前世界上流行的关系型数据库管理系统，系统可移植性好、使用方便、功能强，适用于各类大、中、小、微机环境。它是一种效率高、可靠性好、适应高吞吐量的数据库解决方案 •DB2是美国IBM公司开发的一套关系型数据库管理系统，它主要的运行环境为UNIX（包括IBM自家的AIX）、Linux、IBMi（旧称OS/400）、z/OS以及Windows服务器版本	•MySQL是一个关系型数据库管理系统，由瑞典MySQLAB公司开发，目前属于Oracle旗下产品。MySQL是最流行的关系型数据库管理系统之一 •SQL Server是由Microsoft开发和推广的关系型数据库管理系统	• Microsoft Office Access是由微软发布的关系型数据库管理系统。它结合了Microsoft Jet Database Engine和图形用户界面两项特点，是Microsoft Office的系统程序之一 •SQLite是一款轻型的数据库，是遵守ACID的关系型数据库管理系统。它的设计目标是嵌入式的，目前已经在很多嵌入式产品中被使用，其占用资源非常低

图 1.1 常见数据库

1.1.2 Oracle Database 的基本概念

Oracle Database，又名 Oracle RDBMS，或简称 Oracle。它是数据库领域一直处于领先地位的产品。可以说，Oracle 数据库系统是目前世界上主流的关系型数据库管理系统之一，系统可移植性好、使用方便、功能强，适用于各类大、中、小、微机环境。它是一种效率高、可靠性好、适应高吞吐量的数据库解决方案。Oracle 数据库的最新版本为 Oracle Database 18c（2018 年）。Oracle Database18c 被称为数据库领域的第一个自制产品，能够实现自我驱动、自我安全和自我修复，最大限度地减少了人工的参与。

1.1.2.1 Oracle Database 服务器

Oracle Database 服务器由两大部分组成：Oracle 数据库和 Oracle 数据库实例。

（1）Oracle 数据库是位于硬盘上实际存放数据的文件，这些文件组织在一起，成为一个逻辑整体，即为 Oracle 数据库。因此，在 Oracle 数据库里，“数据库”是指硬盘上文件的逻辑集合，必须与内存里的实例配合，才能对外提供数据管理服务。

（2）Oracle 数据库实例是位于物理内存里的数据结构。它由一个共享的内存池和多个后台进程组成，共享的内存池可以被所有进程访问。用户如果要存取数据库（也就是硬盘上的文件）里的数据，必须通过实例才能实现，不能直接读取硬盘上的文件。

数据库和数据库实例的关系如下：

①数据库实例可以操作数据库；

②在任何时刻，一个数据库实例只能与一个数据库关联；

③大多数情况下，一个数据库上只有一个数据库实例对其进行操作。

1.1.2.2 Oracle 数据库的结构

Oracle 数据库的结构如图 1.2 所示。

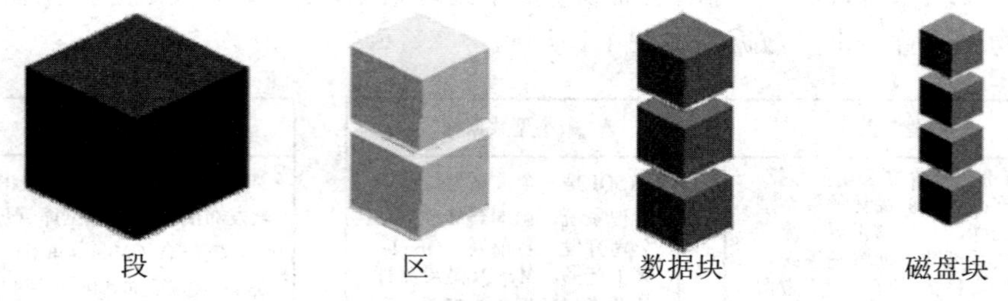

图 1.2 Oracle 数据库的结构

1. 逻辑存储结构

（1）表空间。

表空间（Table Space）是数据库的逻辑划分，一个表空间只属于一个数据库。每个表空间由一个或多个数据文件组成，表空间中其他逻辑结构的数据存储在这些数据文件中。一般 Oracle 系统完成安装后，会自动建立多个表空间。下面介绍 Oracle 18c 默认创建的主要表空间。

① SYSTEM 表空间。SYSTEM 表空间即系统表空间，用于存放 Oracle 系统内部表和数据字典的数据，如表名、列名及用户名等。Oracle 本身不建议将用户创建的表、索引等存放在系统的表空间中。表空间中的数据文件个数不是固定不变的，可以根据需要向表空间中追加新的数据文件。

② SYSAUX 表空间。SYSAUX 表空间是 Oracle 18c 新增加的表空间，是随着数据库的创建而创建的，用于充当 SYSTEM 的辅助表空间。其减少了 SYSTEM 表空间的负荷，主要存储除数据字典以外的其他数据对象。

③ UNDO 表空间。UNDO 表空间即撤销表空间，是用于存储撤销信息的表空间。当用户对数据表进行修改操作（包括插入、更新、删除等操作）时，Oracle 系统自动使用撤销表空间来临时存放修改前的数据。

④ USERS 表空间。USERS 表空间即用户表空间，是 Oracle 建议用户使用的表空间，可以在这个表空间上创建各种数据对象，如创建表、索引及用户等。Oracle 系统的样例用户 SCOTT 对象就放在 USERS 表空间中。

⑤ TEMP 表空间。TEMP 表空间是临时表空间，存放临时表和临时数据，用于排序和汇总等。

除了 Oracle 系统默认创建的表空间外，用户可根据应用系统的实际情况及其所要存放的对象类型创建多个自定义的表空间，以区分用户数据和系统数据。另外，不同应用系统的数据应存放在不同的表空间上，不同的表空间的文件应存放在不同的磁盘上，从而减少 I/O 冲突，提高应用系统的操作性能。

（2）表。

表（Table）是数据库中存放用户数据的对象，包含一组固定的列。表中的列描述该表所跟踪的实体的属性，每个列都有一个名字和若干属性。表是数据库存储的最基本单元。

（3）约束条件。

数据库不仅存储数据，而且必须保证所有存储数据的正确性。为了维护存储数据的正确性，即数据库的完整性，在创建表时常常需要定义一些约束（Constraint）。这些约束可以限制列的取值范围，强制列的取值等。在 Oracle 18c 系统中，约束的类型包括主键约束、默认约束、检查约束、唯一约束和外键约束等。

（4）分区。

Oracle 是最早支持物理分区的数据管理系统，表分区的功能是在 Oracle 8.i 中推出的。分区（Partition）功能能够改善应用程序的性能，如可管理性和可用性，它是数据库管理中一个非常关键的技术。

（5）方案。

用户账号拥有的对象集称为用户的方案（Schema），这种方案可以用来保存一组与其他用户方案分开的数据库对象。

（6）段、数据区和数据块。

段（Segment）是由一个或多个数据区（Extent）构成的，它不是存储空间的分配单位，而是一个独立的逻辑存储结构，用于存储表、索引或者占用空间的数据对象，Oracle 也把这种占用空间的数据对象统一称为段。一个段只属于一个特定的数据对象，每当创建一个具有独立段的数据对象时，Oracle 就为它创建一个段。

数据区（也可称为数据扩展区）是由一组连续的 Oracle 数据块所构成的 Oracle 存储结构，一个或者多个数据块组成一个数据区，一个或者多个数据区再组成一个段。段、数据区和数据块的关系如下：

①段存在表空间中；

②段是区的集合；

③区是数据块的集合；

④数据块会被映射到磁盘块。

段、数据区和数据块的结构如图 1.3 所示。

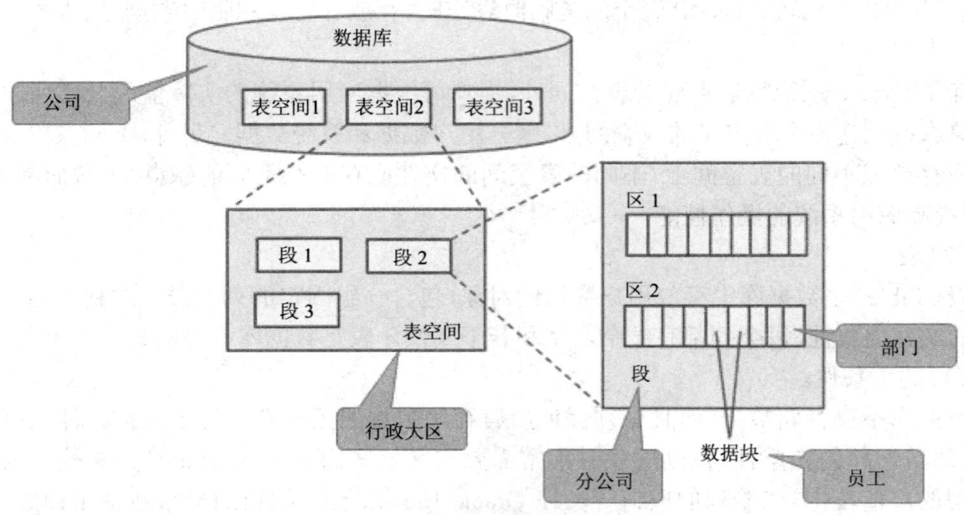

图 1.3　段、数据区和数据块的结构

2. 物理存储结构

Oracle 数据库的物理存储结构由多种物理文件组成，其中主要有数据文件、控制文件、日志文件等，如图 1.4 所示。

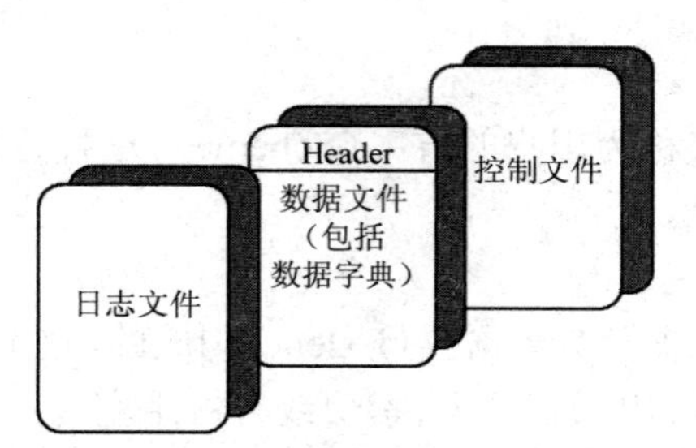

图 1.4　Oracle 数据库的物理存储结构

（1）数据文件。

数据文件（Data File）是用于保存用户应用程序数据和 Oracle 系统内部数据的文件，这些文件在操作系统中就是普通的操作系统文件，Oracle 在创建表空间的同时会创建数据文件。Oracle 数据库在逻辑上由表空间组成，每个表空间可以包含一个或多个数据文件，一个数据文件只能隶属一个表空间。

（2）控制文件。

控制文件（Control File）是一个二进制文件，记录数据库的物理结构，其中主要包含数据库名、数据文件和日志文件的名字和位置、数据库建立日期等信息。

（3）日志文件。

日志文件（Log File）的主要用途是记录对数据所做的修改，在出现问题时，可以通过日志文件得到原始数据，从而保证不丢失已有的操作成果。Oracle 的日志文件包括重做日志文件（Redo Log）和归档日志文件（Archive Log），它们是 Oracle 系统的主要文件。尤其是重做日志文件，它是 Oracle 数据库系统正常运行所不可或缺的。

①重做日志文件。重做日志文件用于记录数据库所有的更改信息（修改、添加、删除等信息）及由 Oracle 内部行为（创建数据表、索引等）引起的数据库变化信息，在数据库恢复时，可以从该日志文件中读取原始记录。

②归档日志文件。Oracle 数据库可以运行在两种模式下，即非归档模式和归档模式。非归档模式是指系统运行期间所产生的日志信息被不断地记录到日志文件组中，当所有重做日志被写满后，又重新从第一个日志组开始覆写。归档模式是指在各个日志文件被写满并即将被覆盖之前，先由归档进程将即将被覆盖的日志文件信息读出，并将“读出的日志文件信息”写入归档日志文件中。

1.1.3 关系数据库中的一些术语

二维表：就是一张表，比如打开 Excel，就可以把它粗略地看成一个表的结构。所以说，关系的逻辑结构就是一个二维表。

关系（Relation）：对应平时看见的一张表。

元组（Tuple）：二维表里的一行。

属性（Attribute）：二维表中的一列。

域（Domain）：属性的取值范围，比如一个属性“年龄”，其取值范围是 0~130，这就是一个域。

关键字或码（Key）：也就是主键，它能唯一确定一个元组，也就是能唯一确定一行。比如学生号，它能确定学生姓名等。

关系模式（Relation Schema）：对关系的描述，比如关系名（属性 1，属性 2，属性 3，……）。

关系操作：关系数据模型中常用的关系操作有查询（Query）、插入（Insert）、删除（Delete）和更新（Update）等。

关系操作中最重要的关系查询操作包括选择（Select）、投影（Project）、连接（Join）、除（Divide）、并（Union）、差（Minus ）、交（Intersection）以及笛卡尔积等。

1.1.4 Oracle 的结构

Oracle 应用系统的结构如下。

1. 单磁盘独立主机结构

单磁盘独立主机结构是最简单，也是最常用的结构。该结构只有一台计算机，并且只使用一个硬盘。它只有一个数据库管理系统（DBMS）和一个数据库结构（数据库文件），并且这些数据库文件都存储在一个物理磁盘上，如图 1.5 所示。图中 SGA 为系统全局区（System Global Area）。

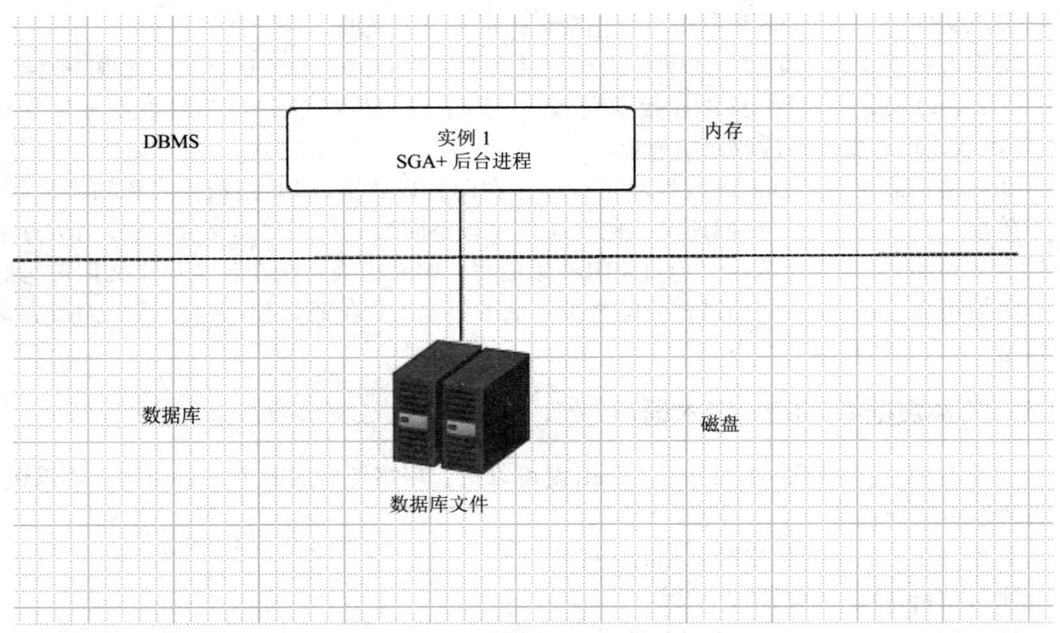

图 1.5 单磁盘独立主机结构

2. 多磁盘独立主机结构

多磁盘独立主机结构也只有一台计算机，但是该计算机使用了多个硬盘，以减少数据库的连接数量和数据库文件的磁盘 I/O，如图 1.6 所示。

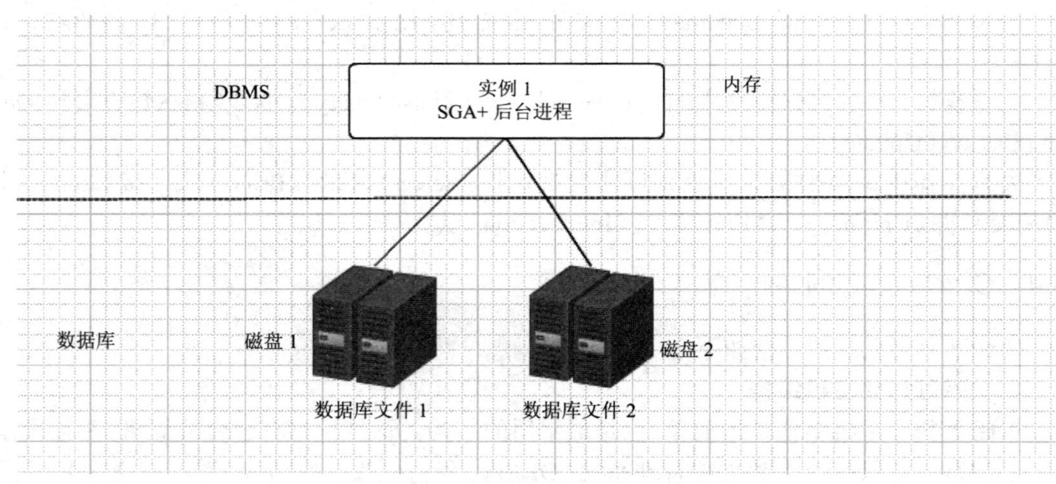

图 1.6 多磁盘独立主机结构

如果在这个磁盘上采用磁盘镜像技术 RAID（独立磁盘冗余阵列技术），则所有数据库文件在每个硬盘上都有完整的备份，任何一个磁盘发生故障后，都能由镜像磁盘代替其工作，并可对其进行维修和恢复，从而提高硬件的可靠性。而且，处理一个事务需要多个文件的信息是很普遍的事情，所以在这个多磁盘结构中，还可以将数据库文件分别存放在不同的硬盘中，以减少数据库文件之间的竞争数量，从而提高数据库的性能。

3. Oracle 客户端 / 服务器系统结构(C/S)

在 C/S 结构模式中，所有的数据集中存储在服务器中，数据处理由服务器完成，通常将硬件资源配置比较高的机器作为服务器，将硬件资源配置比较低的机器作为客户端，如图 1.7 所示。

服务器与客户端之间通过专用的网络连接，一般为局域网或企业内部网。

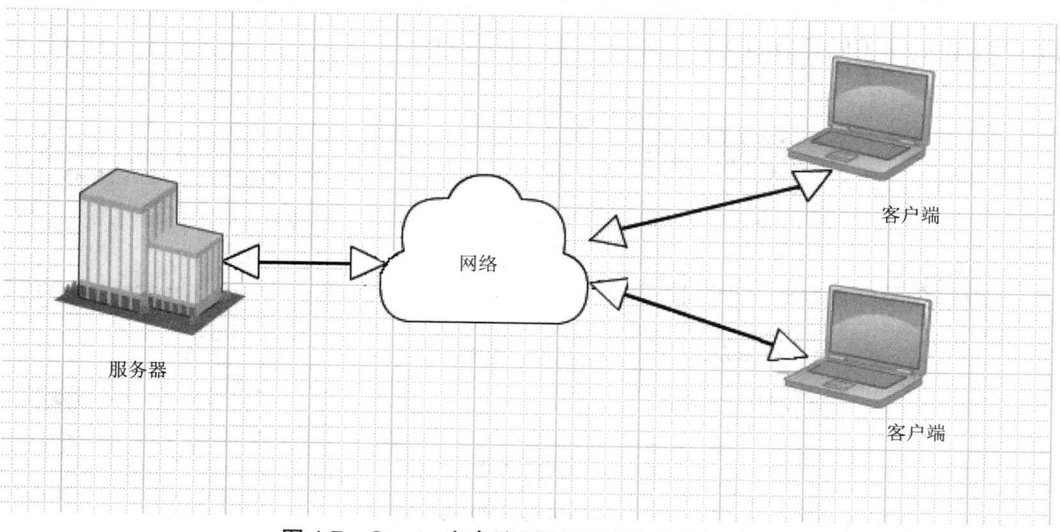

图 1.7 Oracle 客户端 / 服务器系统结构(C/S)

Oracle 使用 SQL*Net 在客户端与服务器之间进行通信。

4. Oracle 浏览器 / 服务器系统结构(B/S)

图 1.8 为 Oracle 浏览器 / 服务器系统结构，在此 B/S 3 层模型中，客户端应用程序通常采用 Web 浏览器展示，所以客户端也称为瘦客户端。

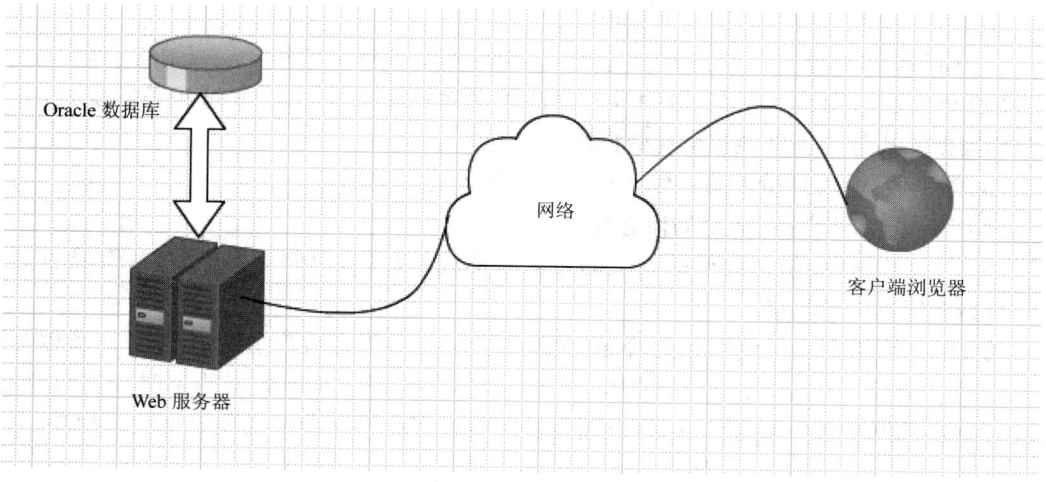

图 1.8 Oracle 浏览器 / 服务器系统结构(B/S)

在客户端上没有加载的程序代码，所有的程序都存储在 Web 服务器上。如果客户端要访问数据，则访问请求通过网络被发送到 Web 服务器，然后由 Web 服务器将请求传递到数据库服务器，经过数据库服务器处理的数据以 HTML 的格式在客户端 Web 浏览器上显示。

5. Oracle 分布式数据库系统结构

数据库系统按数据分布方式可分为集中式数据库系统（图 1.9）和分布式数据库系统（图 1.10）。

集中式数据库系统是将数据集中在一台计算机上，而分布式数据库系统是将数据存放在由网络连接的不同计算机上。

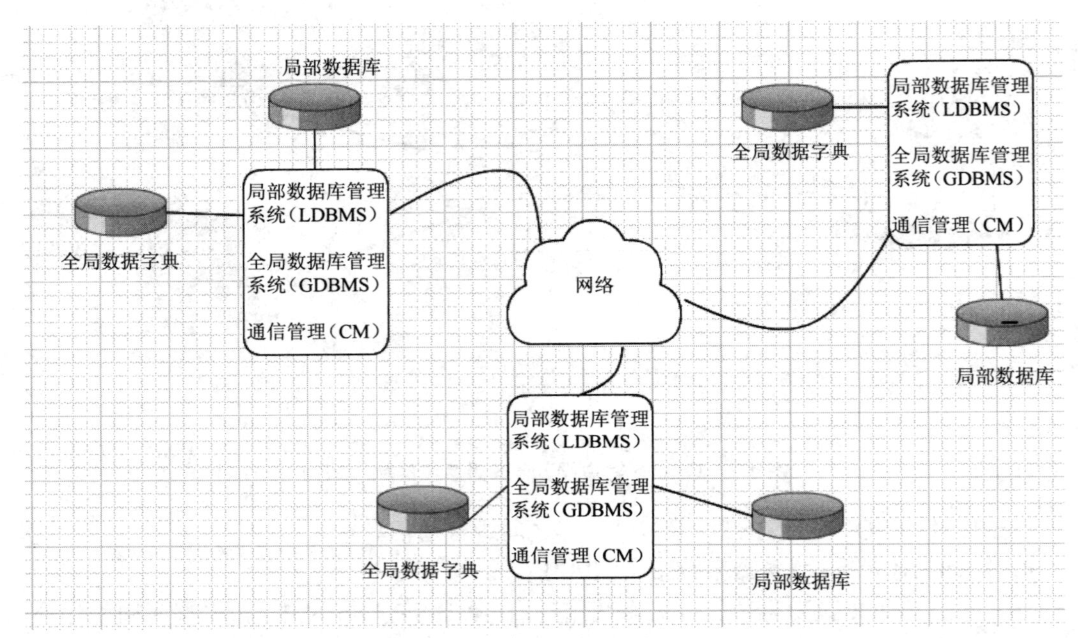

图 1.9　集中式数据库系统

分布式数据库系统由以下几部分组成。

（1）局部数据库管理系统：创建和管理局部数据库，执行局部和全局应用的子查询。

（2）全局数据库管理系统：协调各个局部数据库管理系统，共同完成事务的执行，并保证全局数据库执行的正确性和全局数据库的完整性。

（3）通信管理：实现分布在网络中的各个数据库之间的通信。

（4）全局数据字典：存放全局概念模式。

（5）局部数据库：是在局部站点上的历史和集成的数据，存储的数据是局部，具有其他任何数据仓库的相同功能。

Oracle 在网络环境中使用 SQL*Net、Net8 或 Net8i 等进行客户端与服务器、服务器与服务器之间的通信。在分布式数据库中，各个服务器之间可以实现数据的实时和定时复制。通过 Oracle 的远程数据复制选件、触发器及快照等在多个不同地域实现数据的远程复制。

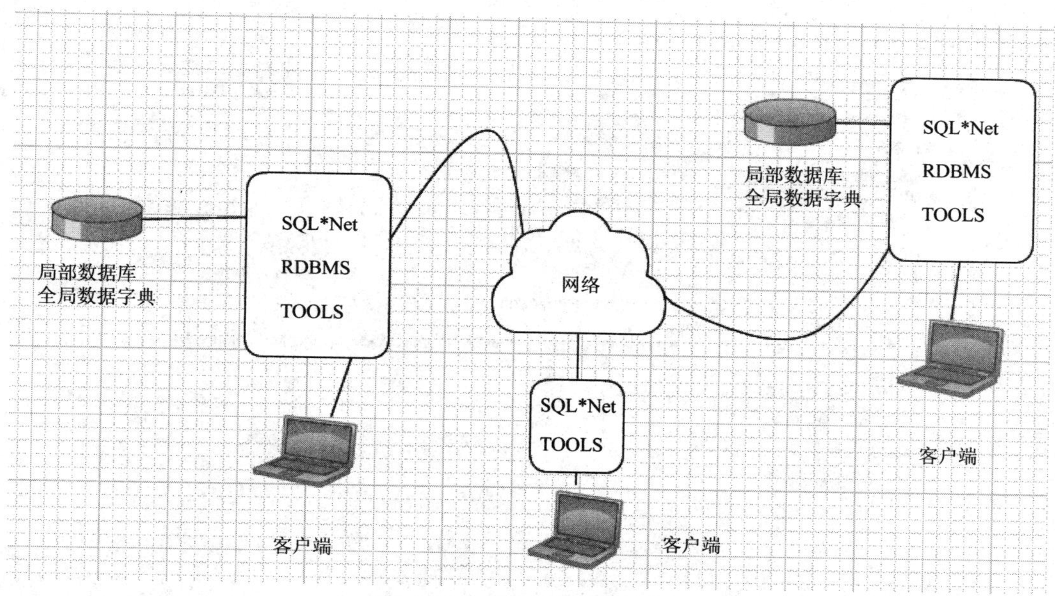

图 1.10 分布式数据库系统

1.2 安装 Oracle Database

Oracle 18c 的安装与升级是一项比较复杂的工作，为了便于将 Oracle 18c 数据库管理系统安装在多种操作平台上（如 Windows 平台、Linux 平台和 Unix 平台等），Oracle 18c 提供了一个通用的安装工具——Oracle Universal Installer。本节主要介绍 Oracle 18c 在 Windows 平台上的安装。

1. Oracle 数据库软件安装

（1）将下载好的“WINDOWS.X64_180000_db_home.zip”解压到 E:\oracle\product\18.3.0\db_home，运行 setup.exe，选择“仅设置软件”，如图 1.11 所示；然后单击“下一步”按钮。

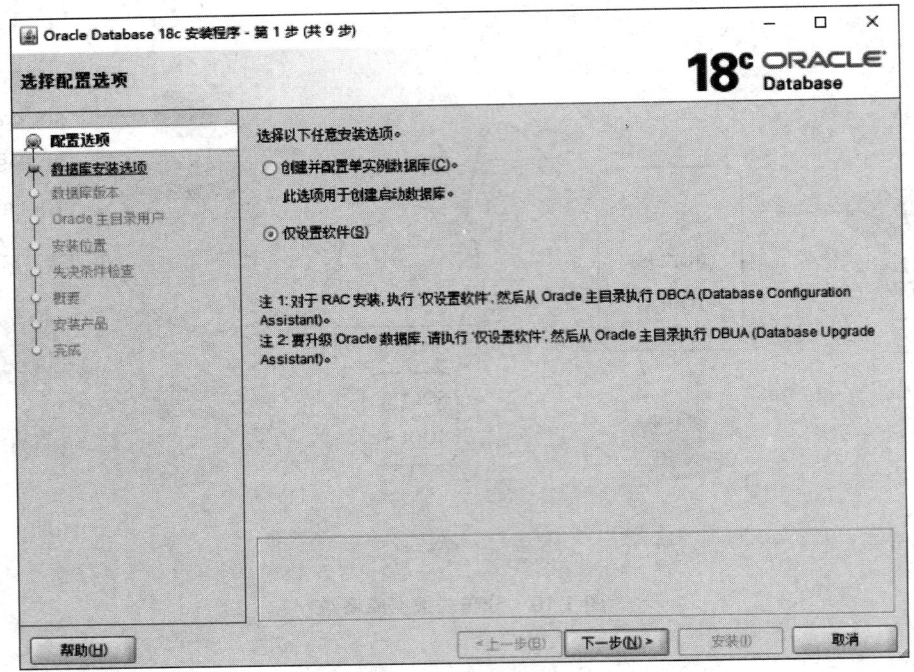

图 1.11 配置选项

（2）选择“单实例数据库安装”，如图 1.12 所示；然后单击“下一步”按钮。

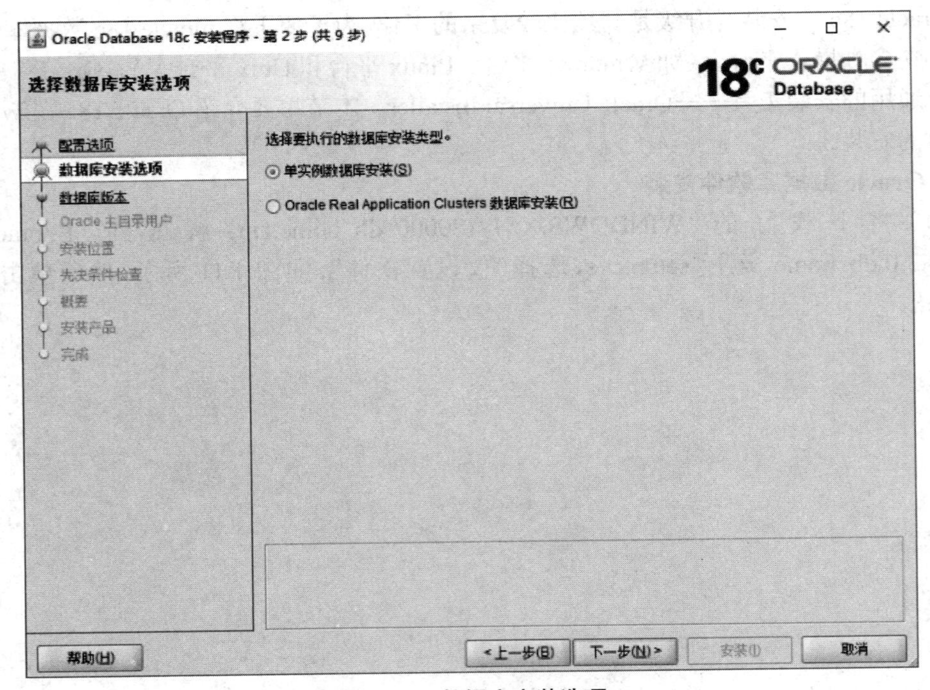

图 1.12 数据库安装选项

（3）选择“企业版”，如图 1.13 所示；然后单击“下一步”按钮。

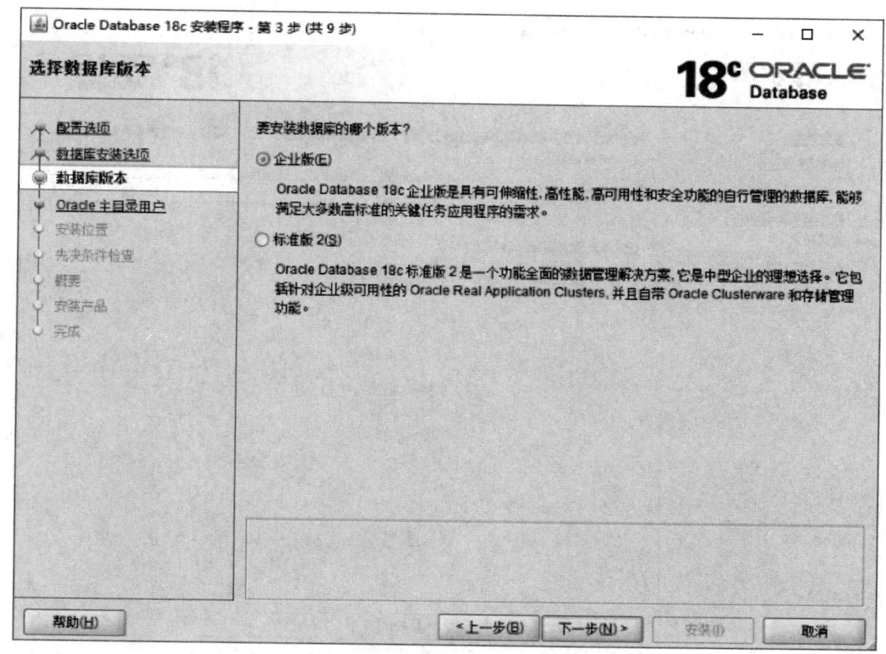

图 1.13　数据库版本选项

（4）选择“使用虚拟账户”或“创建新 Windows 用户”，如图 1.14 所示；然后单击“下一步”按钮。

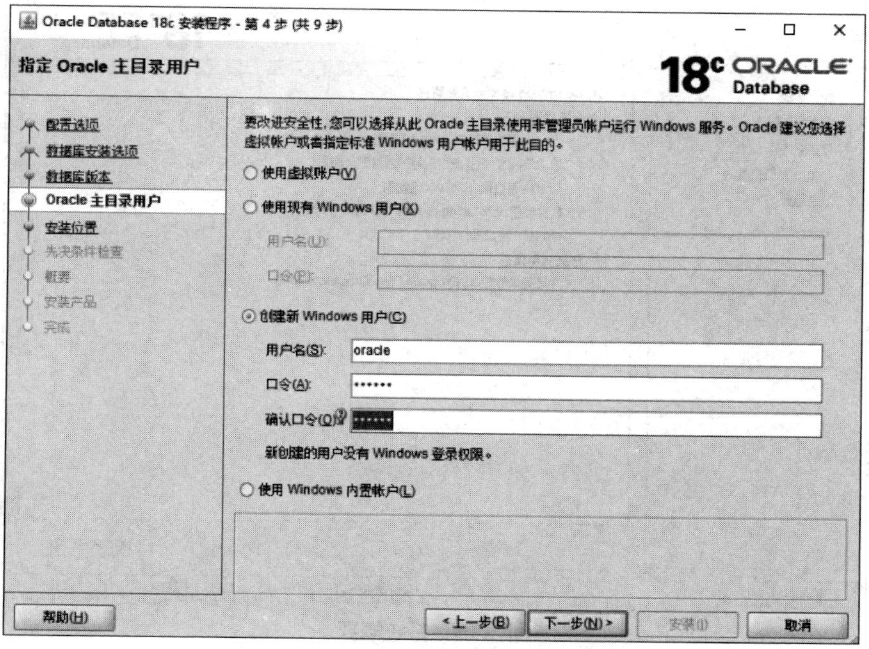

图 1.14　Oracle 主目录用户参数配置

（5）Oracle 基目录路径选择“E:\oracle”，如图 1.15 所示；然后单击“下一步”按钮。

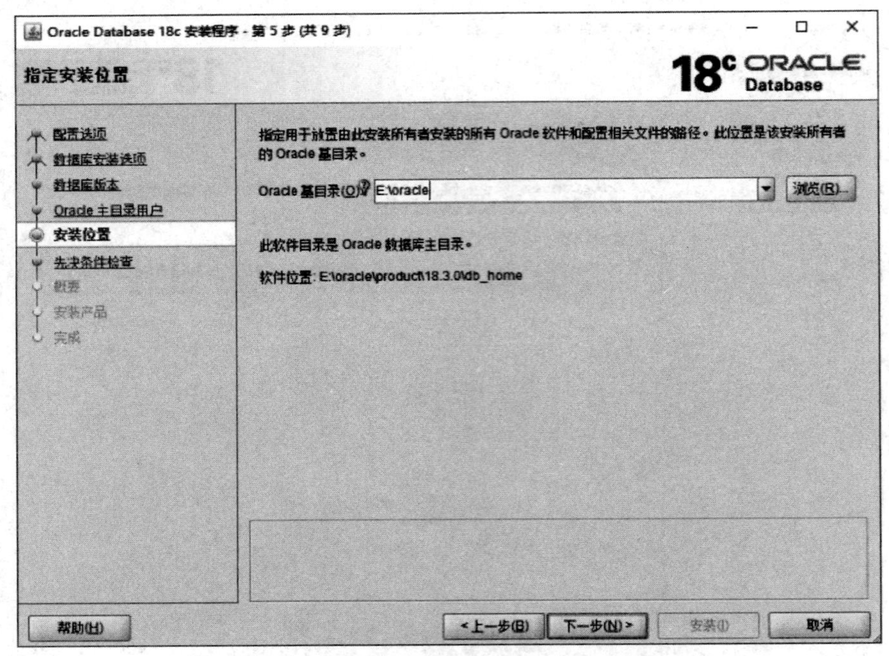

图 1.15　安装目录选择

（6）系统概要安装，如图 1.16 所示；然后单击“安装”按钮

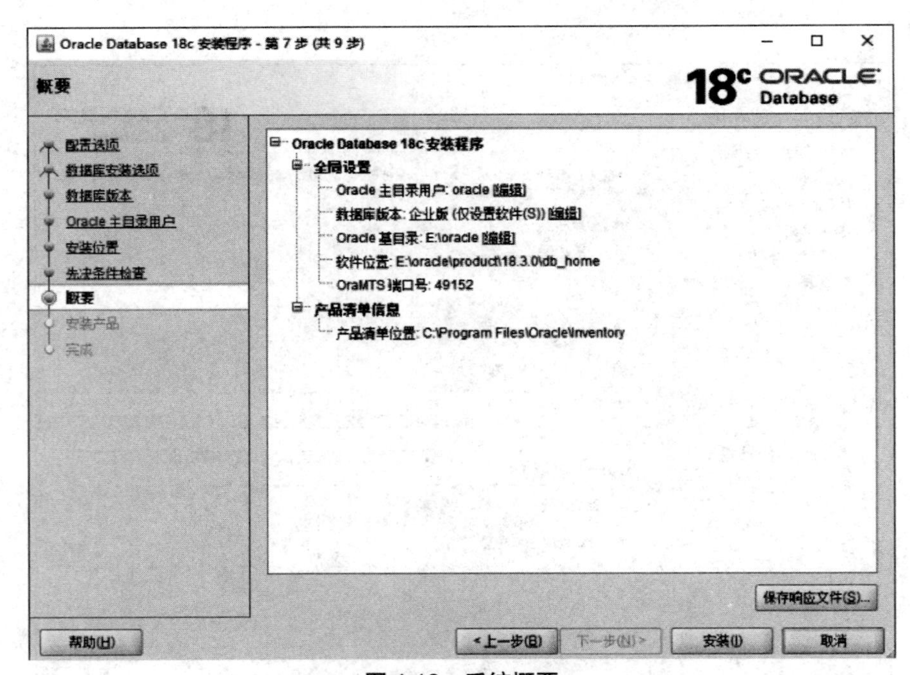

图 1.16　系统概要

（7）完成安装，如图 1.17 所示，单击“关闭”按钮即可。

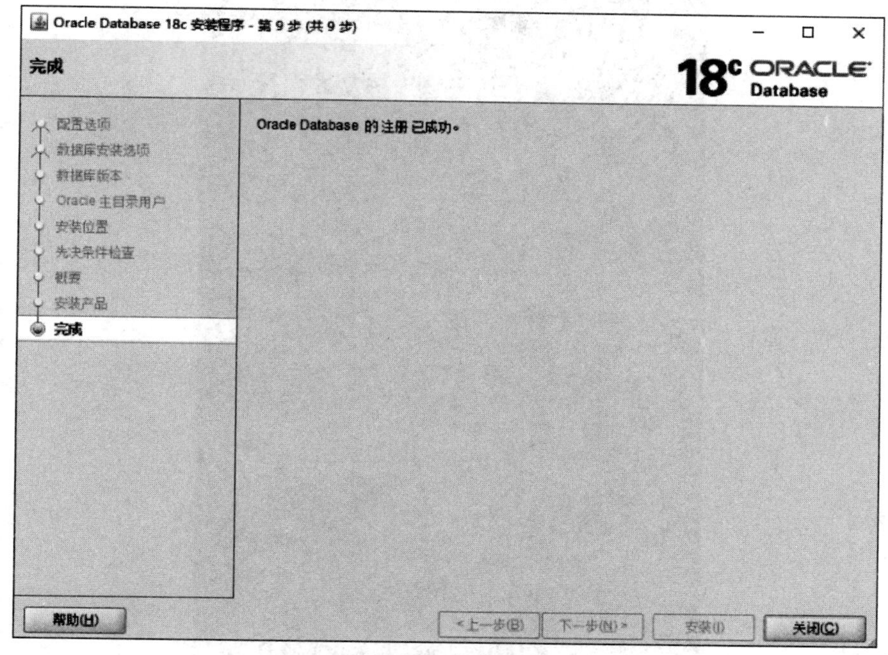

图 1.17　完成安装

2. Oracle 数据库创建

（1）打开“开始菜单”，选择“程序”下的“Oracle - OraDB18Home1”，配置和移植工具，打开“Database Configuration Assistant”，如图 1.18 所示。

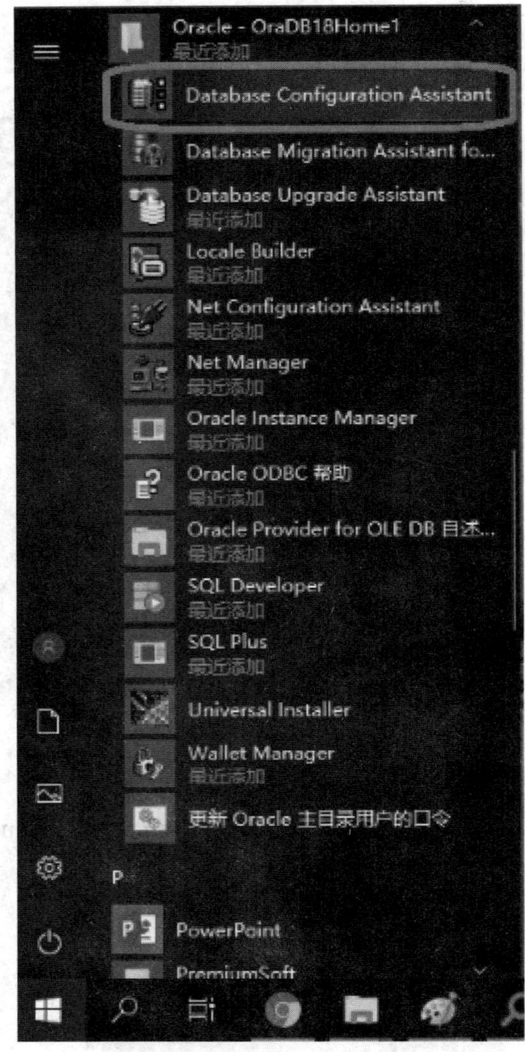

图 1.18　选择数据库启动

（2）选择“创建数据库”，如图 1.19 所示；然后单击“下一步”按钮。

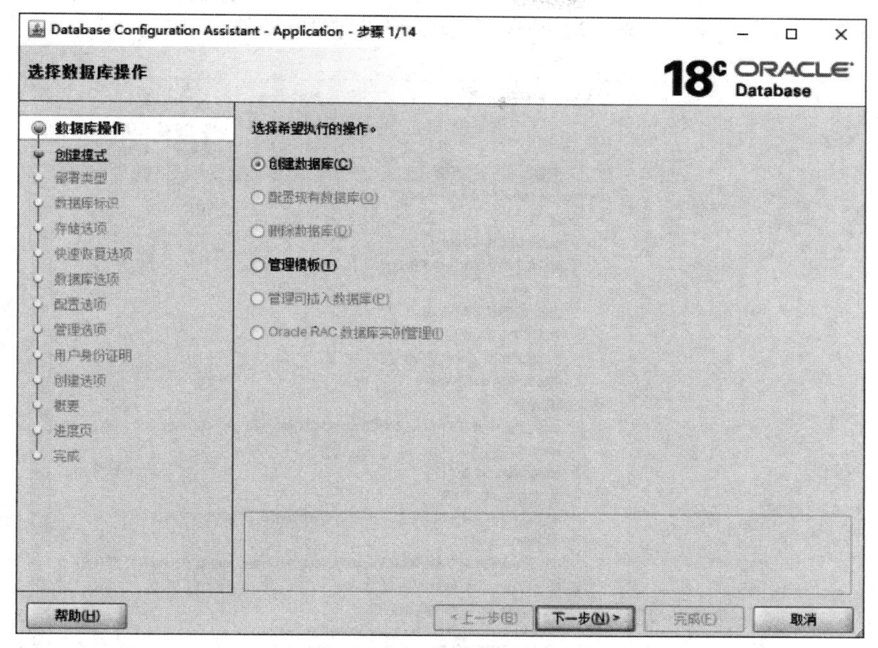

图 1.19 数据库操作

（3）建议“数据库字符集”选择“ZHS16GBK - GBK 16 位简体中文”或根据实际情况选择，如图 1.20 所示；然后单击“下一步”按钮。

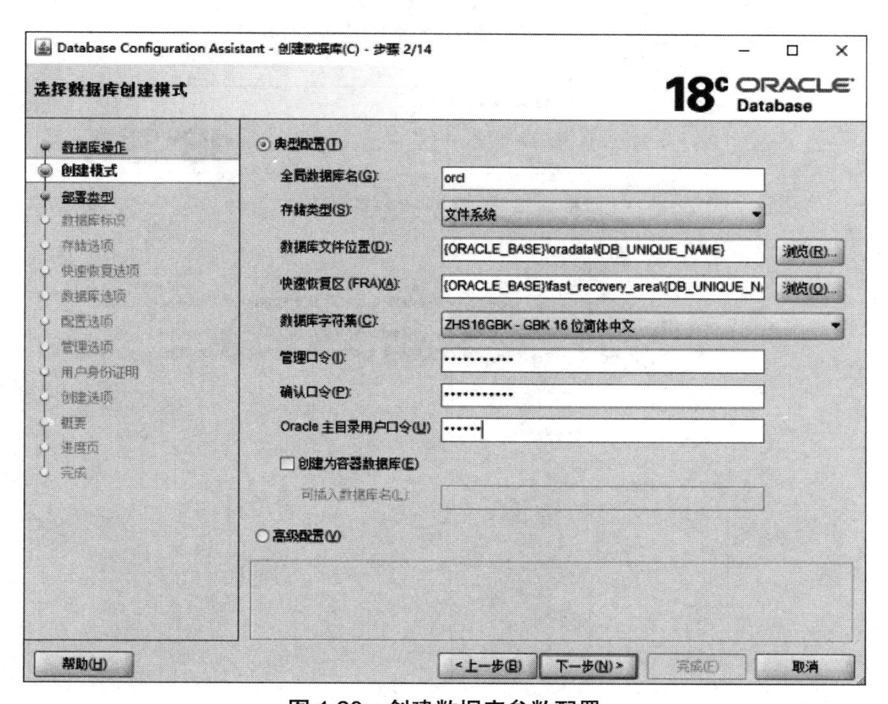

图 1.20 创建数据库参数配置

（4）数据库参数概要，如图 1.21 所示；然后单击“完成”按钮。

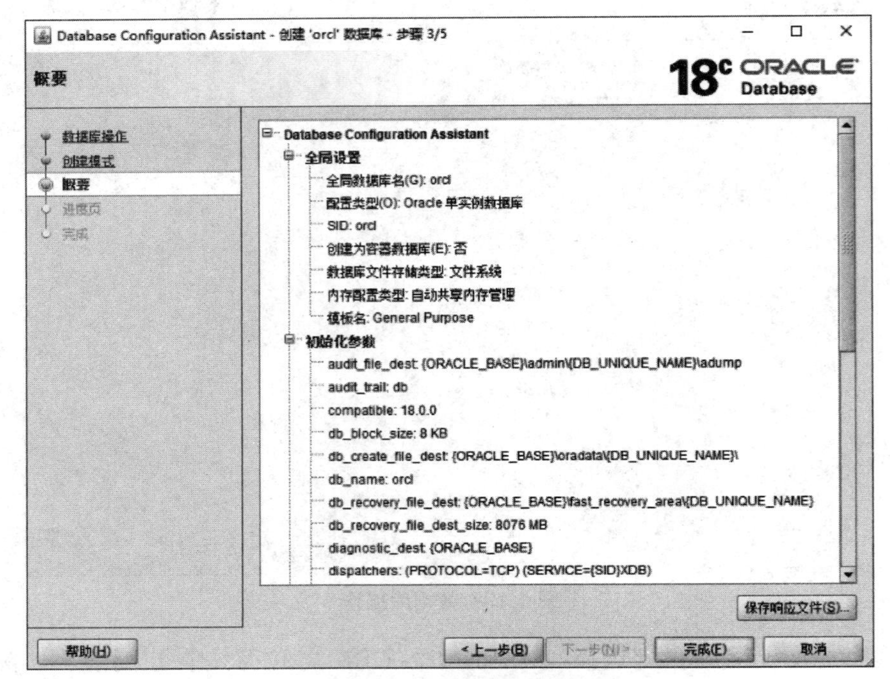

图 1.21　数据库参数概要

（5）数据库创建完成，如图 1.22 所示，单击“关闭”按钮即可。

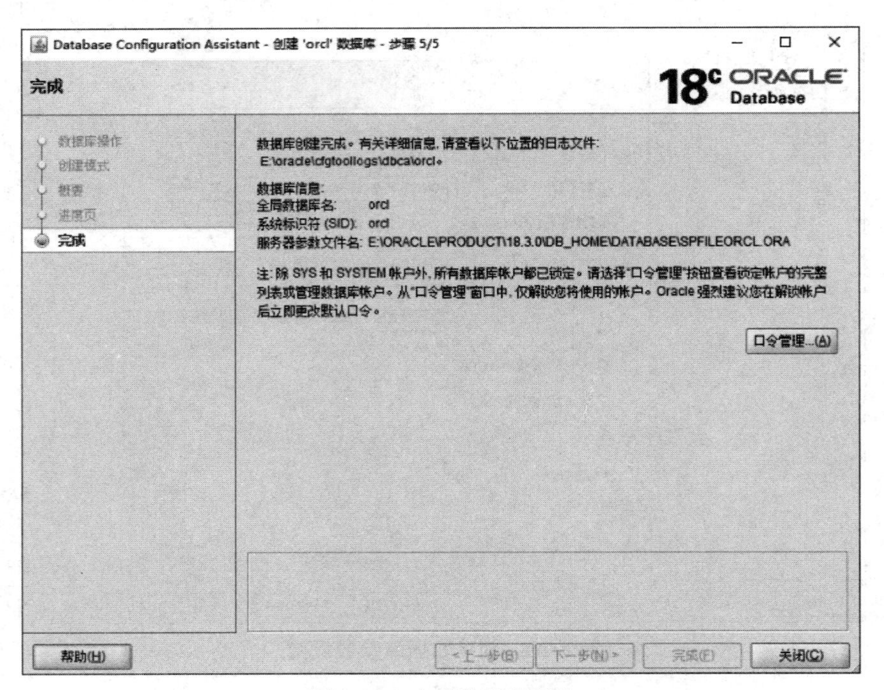

图 1.22　完成数据库创建

3. 监听程序配置

（1）打开“开始菜单”，选择“程序”下的“Oracle - OraDB18Home1”，配置和移植工具，打开“Net Configuration Assistant”，如图 1.23 所示。

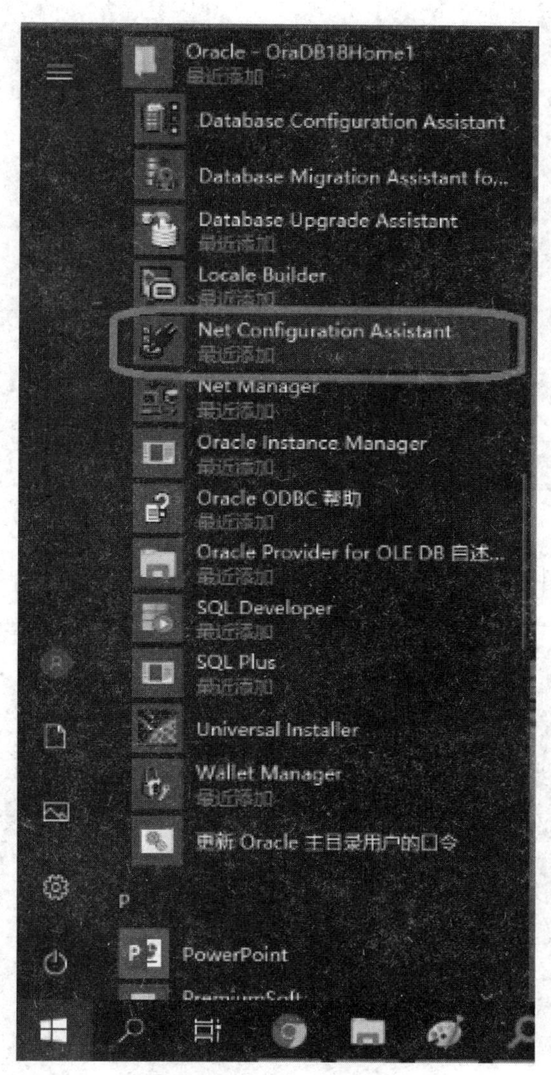

图 1.23 启动“Net Configuration Assistant”

（2）选择“监听程序配置”，如图 1.24 所示；然后单击“下一步”按钮。

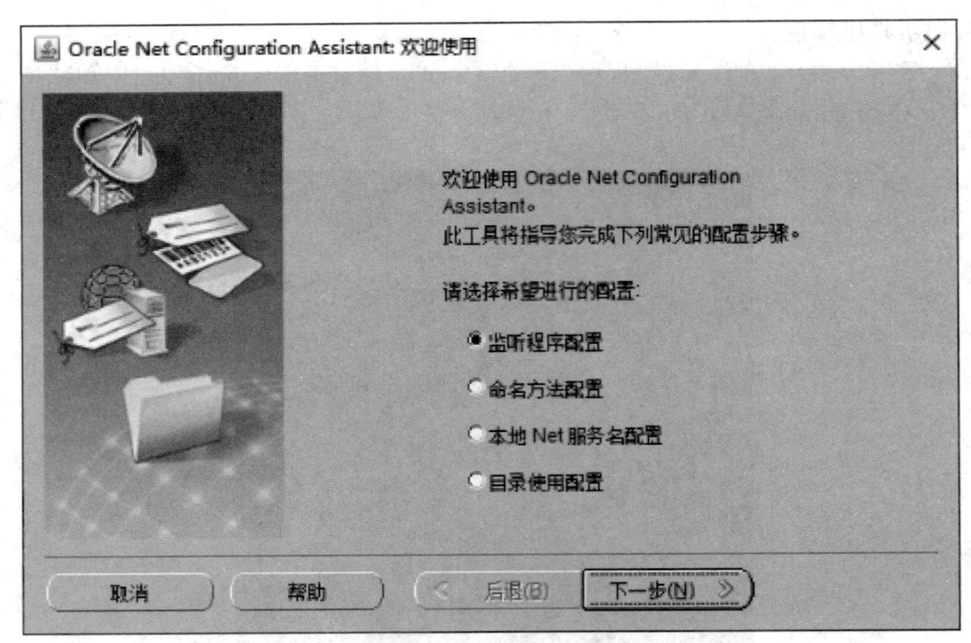

图 1.24　配置监听

（3）选择“添加”，如图 1.25 所示；然后单击“下一步”按钮。

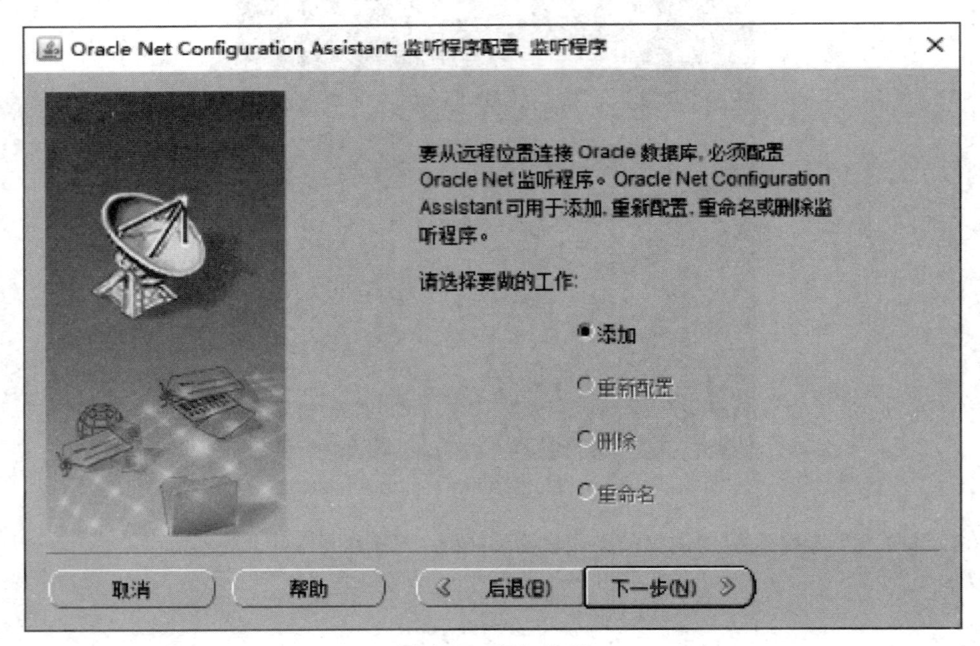

图 1.25　添加选项

（4）监听程序名默认“LISTENER”，如图 1.26 所示；然后单击“下一步”按钮。

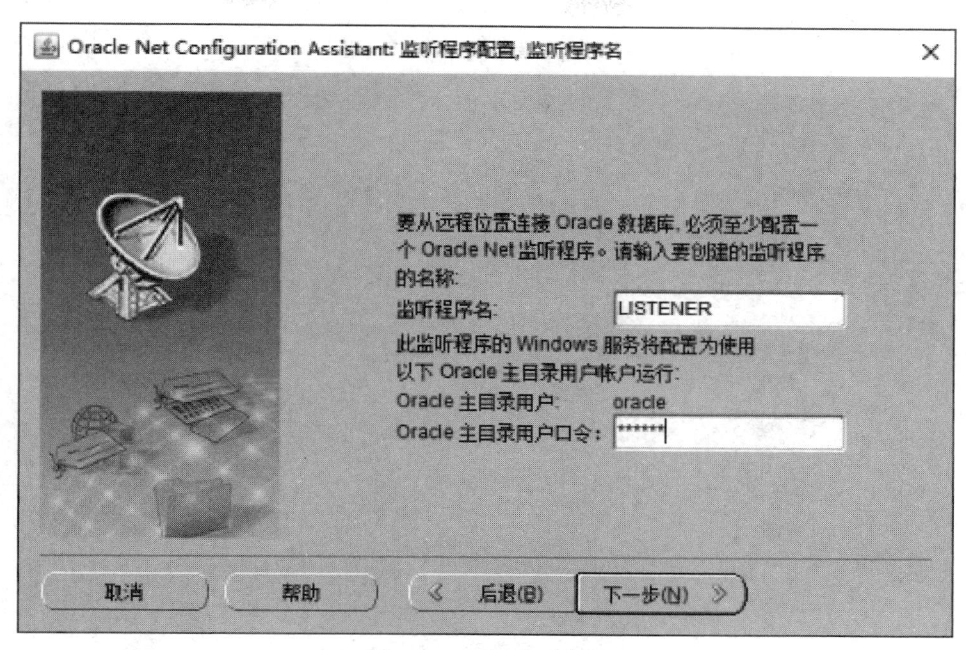

图 1.26　配置监听参数

（5）配置监听程序协议，如图 1.27 所示；单击“下一步”按钮。

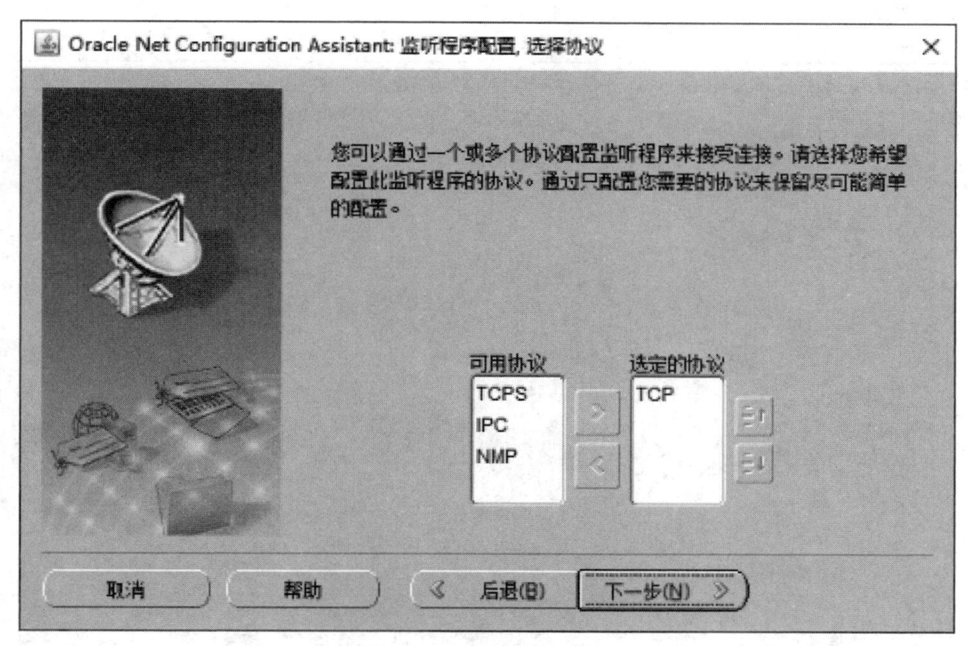

图 1.27　配置监听程序协议

（6）选择“标准端口号 1521”或自定义端口号，如图 1.28 所示；然后单击“下一步”按钮。

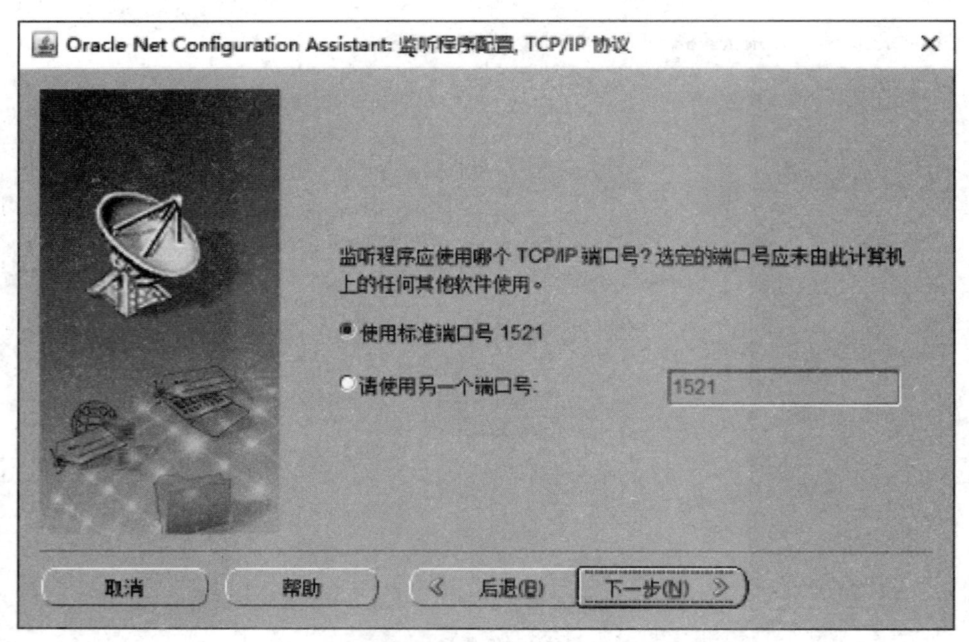

图 1.28　选择端口号

(7)在“是否配置另一个监听程序?”下选择“否”,如图 1.29 所示;单击“下一步”按钮,完成监听程序安装。

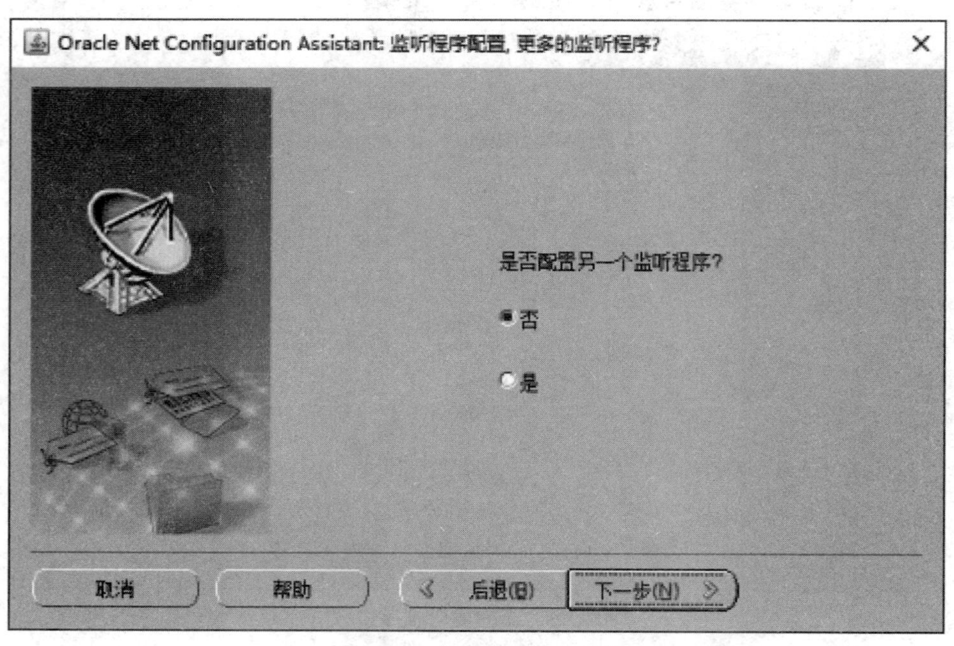

图 1.29　完成监听程序安装

4. 连接并启动 Oracle 数据库

连接并启动数据库，如图 1.30 所示。

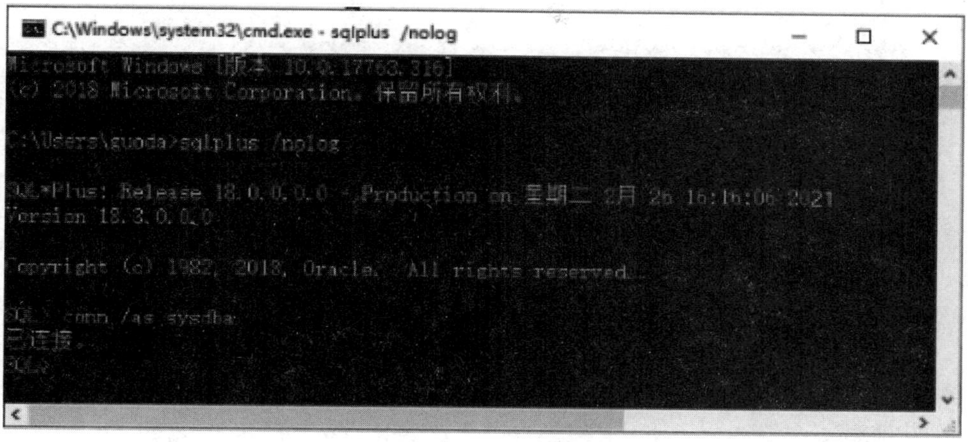

```
C:\Windows\system32\cmd.exe - sqlplus /nolog
Microsoft Windows [版本 10.0.17763.316]
(c) 2018 Microsoft Corporation。保留所有权利。

C:\Users\guoda>sqlplus /nolog

SQL*Plus: Release 18.0.0.0.0 - Production on 星期二 2月 26 16:16:06 2021
Version 18.3.0.0.0

Copyright (c) 1982, 2018, Oracle.  All rights reserved.

SQL> conn /as sysdba
已连接。
SQL>
```

图 1.30 启动数据库

1.3 Oracle 的管理工具

1.3.1 企业管理器

企业管理器（Oracle Enterprise Manager，OEM）是基于 Web 界面的 Oracle 数据库管理工具。启动 Oracle 18c 的 OEM 只需在浏览器输入其 URL 地址（通常为“https://localhost:1518/em”），然后连接主页即可；也可以在“开始”菜单的“Oracle 程序组”中选择“DatabaseControl - orcl”菜单来启动 Oracle 18c 的 OEM 工具。

如果是第一次使用 OEM，启动 Oracle 18c 的 OEM 后，需要安装“信任证书”或者选择“继续浏览网站”；然后就会出现 OEM 的登录界面，用户需要输入用户名和口令，如图 1.31 所示。

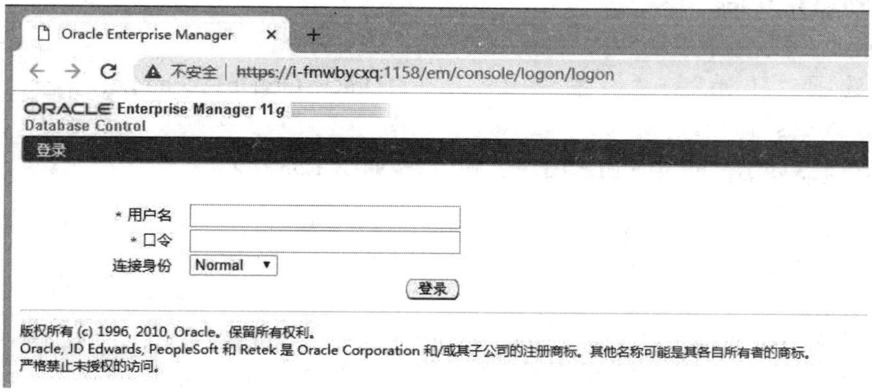

Oracle Enterprise Manager
不安全 | https://i-fmwbycxq:1158/em/console/logon/logon
ORACLE Enterprise Manager 11g
Database Control
登录
* 用户名
* 口令
连接身份 Normal
登录
版权所有 (c) 1996, 2010, Oracle。保留所有权利。
Oracle, JD Edwards, PeopleSoft 和 Retek 是 Oracle Corporation 和/或其子公司的注册商标。其他名称可能是其各自所有者的商标。
严格禁止未授权的访问。

图 1.31 “登录”界面

在输入用户名和口令后，单击“登录”按钮，如果用户名和口令正确，就会出现“数据库实例”的“主目录”页面，如图 1.32 所示。

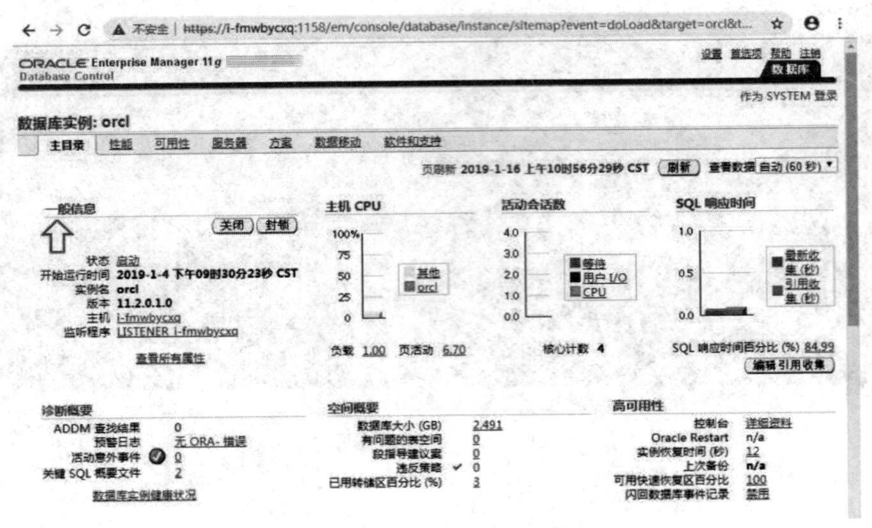

图 1.32 “主目录”界面

OEM 以图形的方式为用户提供对数据库的操作，虽然操作起来比较方便、简单，不需要使用大量的命令，但对于初学者来说减少了学习操作 Oracle 数据库命令的机会，而且不利于读者深刻地理解 Oracle 数据库，因此建议读者使用 SQL*Plus 工具。

1.3.2 SQL*Plus 工具

Oracle 18c 的 SQL*Plus 是 Oralce 公司独立开发的 SQL 语言工具产品，“Plus”表示 Oracle 公司在标准 SQL 语言基础上进行了扩充。用户可以在 Oracle 18c 提供的 SQL*Plus 窗口程序编写程序，实现数据的处理和控制，完成制作报表等多种操作。

用户可以使用 SQL*Plus 定义和操作 Oracle 关系型数据库中的数据，不再需要在传统数据库系统中做大量的检索工作。

1. 启动 SQL*Plus

在 Oracle 程序组中启动 SQL*Plus 的方法如下。

（1）选择“开始”→“所有程序”→“Oracle-OraDb18c_home1”→“应用程序”→“SQL*Plus”命令。

（2）在命令提示符的位置输入用户名和口令，如图 1.33 所示。

图 1.33 启动 SQL*Plus

在 SQL*Plus 窗口中显示 SQL*Plus 窗口的版本、启动时间和版权信息，并提示连接到 Oracle 18c 企业版等信息。另外，还可以从命令提示符窗口中启动 SQL*Plus。

2. 使用 SQL*Plus 连接数据库

打开 SQL*Plus 之后，输入正确的用户名和口令后连接数据库。连接之后要做的事情，先在这里了解一下，有关内容在后面的章节中会详细介绍。

1.3.3 SQL Developer 工具

Oracle SQL Developer 是 Oracle 公司出品的一个免费的集成开发环境，是一个免费非开源的用以开发数据库应用程序的图形化工具。使用 SQL Developer 可以浏览数据库对象、运行 SQL 语句和脚本、编辑和调试 PL/SQL 语句，另外还可以创建执行和保存报表。

SQL Developer 用于数据库开发。相对于 SQL*Plus 来说，SQL Developer 更具有 Windows 风格和集成开发工具的流行元素，操作更加直观、方便，可以轻松地创建、修改和删除数据对象，运行 SQL 语句，编译、调试 PL/SQL 程序等。SQL Developer 大大简化了数据库的管理和开发工作，提高了工作效率，缩短了开发周期，因此受到广大用户的喜爱。

1. 启动 SQL Developer

启动 SQL Developer 的步骤如下。

（1）启动“SQL Developer”。如果是第一次启动，会弹出“Oracle SQL Developer”对话框，询问 java.exe 的完整路径。由于 SQL Developer 是用 Java 语言开发的，所以需要 JDK 的支持。

（2）单击“OK”按钮，启动“Oracle SQL Developer”，启动时会弹出“是否从以前的版本移植设置”对话框，由于没有以前安装的版本，单击“否”按钮即可，然后出现“配置文件类型关联”对话框，在其中选择相关的文件类型，如图 1.34 所示。

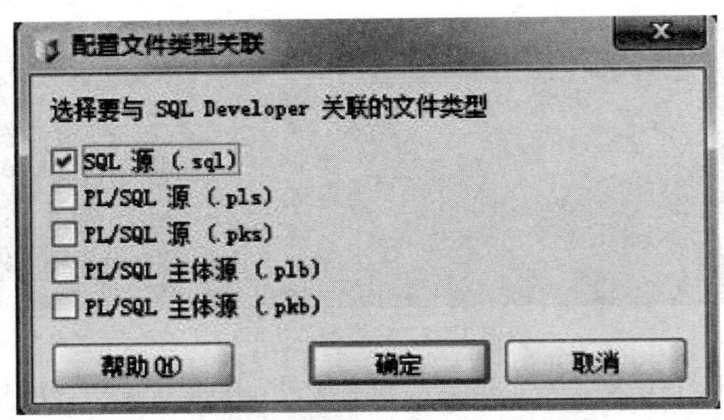

图 1.34 “配置文件类型关联”对话框

（3）单击“配置文件类型关联”对话框中的“确定”按钮，出现“Oracle SQL Developer”主界面，如图 1.35 所示。

图 1.35 “Oracle SQL Developer”主界面

2. 创建数据库连接

SQL Developer 启动后，需要创建一个数据库连接，只有创建了数据库连接，才能在该数据库的方案中创建、更改对象和编辑表中的数据。

创建数据库连接的步骤如下。

（1）在“Oracle SQL Developer”主界面左边窗口的“连接”选项卡中右键单击“连接”，选择“新建连接”选项，如图 1.36 所示。

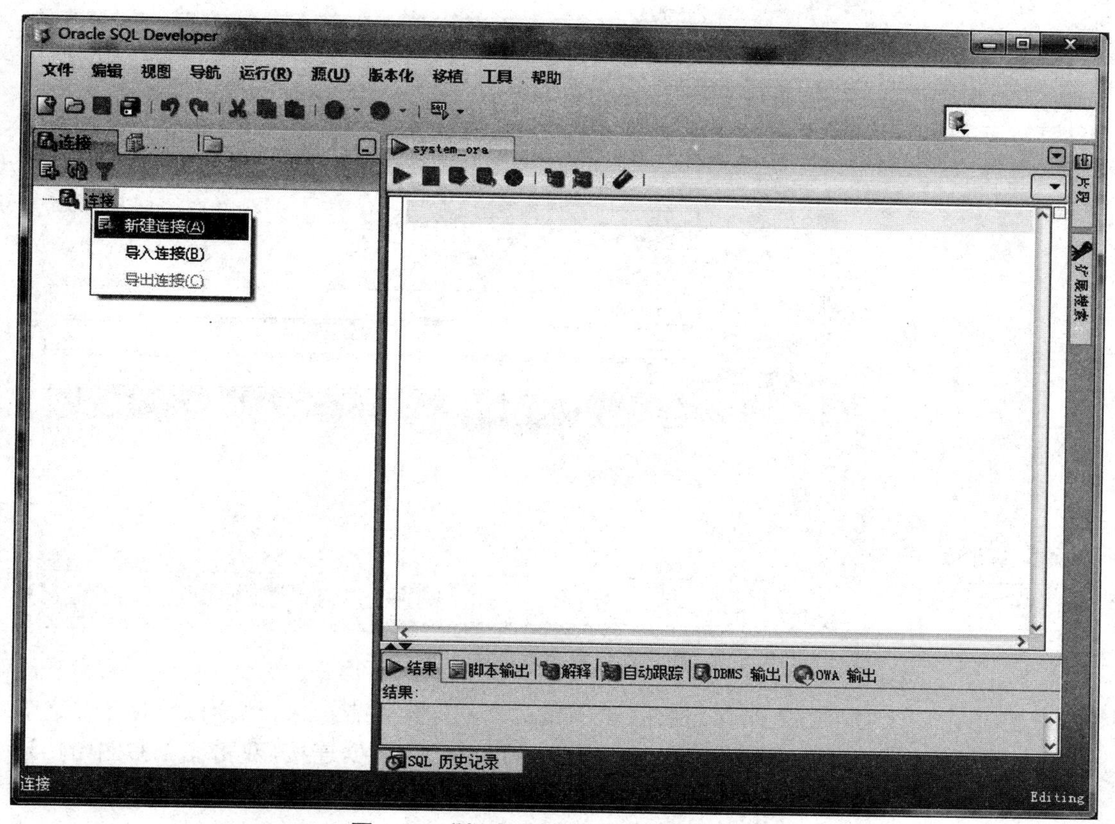

图 1.36 “新建 / 选择数据库连接”界面

（2）单击图 1.36 中的“新建连接”选项，会弹出“新建 / 选择数据库连接”对话框。如果在 system 用户方案的数据库建立连接，则在“连接名”中输入一个自定义的连接名，如 system_ora；在“用户名”中输入“system”；在“口令”中输入相应的密码，如图 1.37 所示。

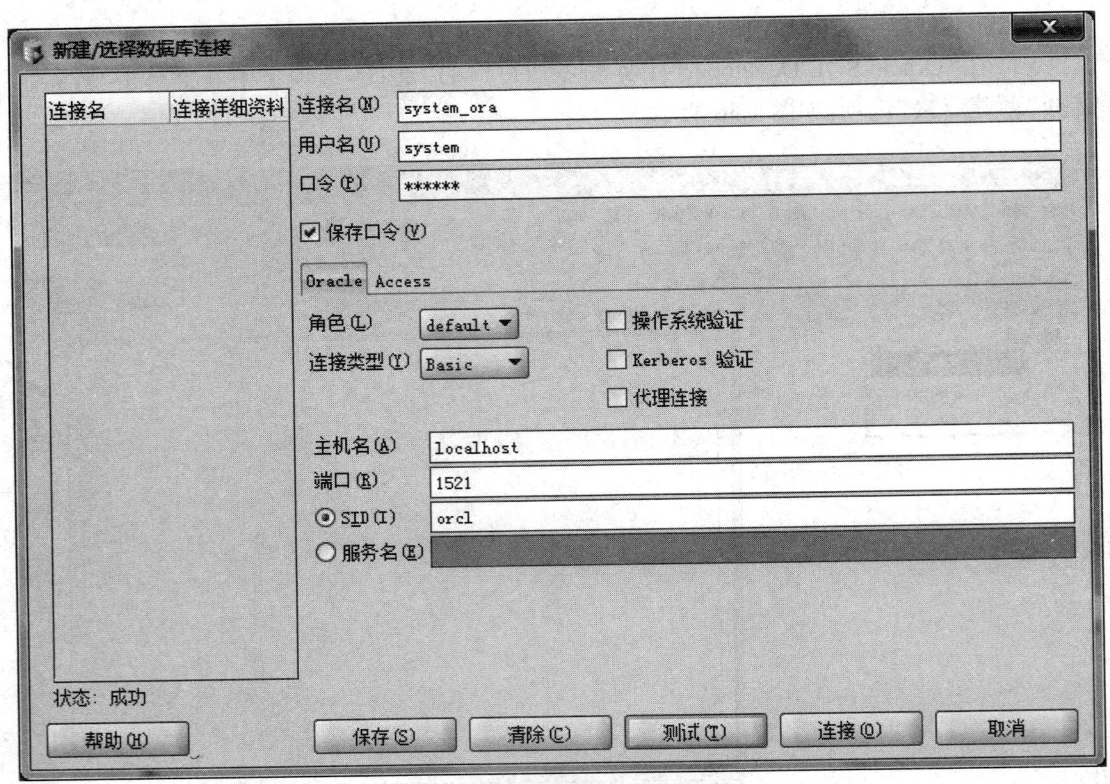

图 1.37　创建数据库连接

(3)单击图 1.37 中的“保存”按钮，将测试成功的连接保存起来，以便以后使用。之后在图 1.35 中的“连接”选项下会添加一个“system_ora”的数据连接，双击图 1.37 中的“连接”按钮，在子目录中会显示可以操作的数据库对象。

1.4　综合练习

使用 SQL*Plus 工具，可以大大提高写数据库语句的速度。

启动 SQL*Plus 的方法如下。

方法一：直接打开 SQL*Plus 工具，输入用户名和口令进行连接，如图 1.38 所示。

图 1.38　运行 SQL 命令符进行连接

方法二：打开“开始”→“运行”，输入“cmd”，连接数据库，如图 1.39 所示。

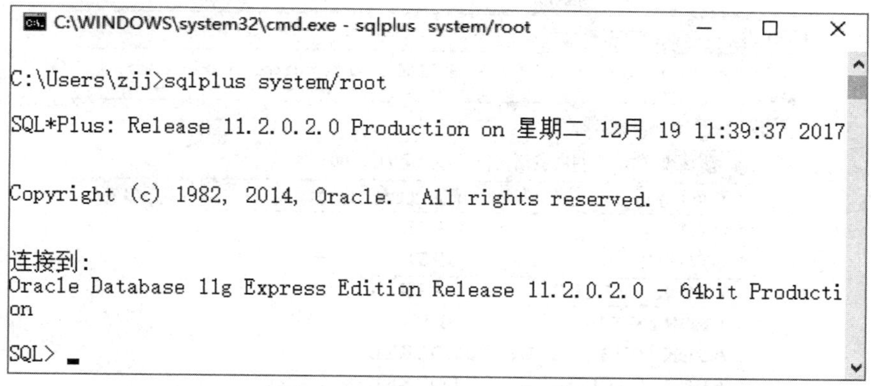

图 1.39 输入“cmd”进行连接

使用 SQL Developer 工具查看系统中的用户和用户状态，代码如下。

```
1 select username,account_status from dba_users;
```

查询结果如图 1.40 所示。

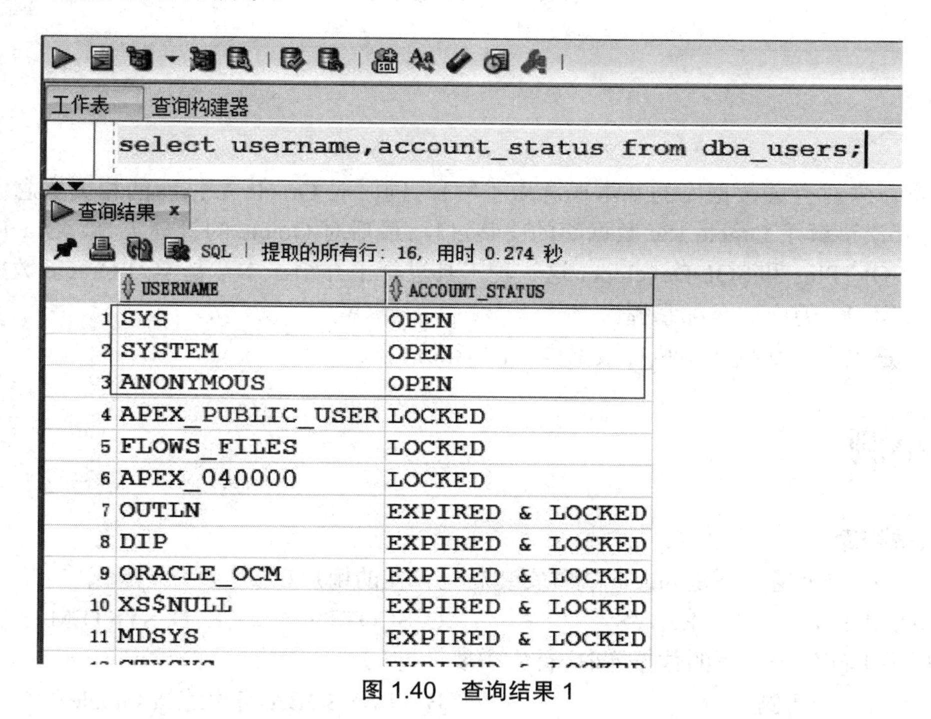

图 1.40 查询结果 1

修改用户源信息，代码如下。

```
1 alter user FLOWS_FILES account unlock;
```

查询结果如图 1.41 所示。

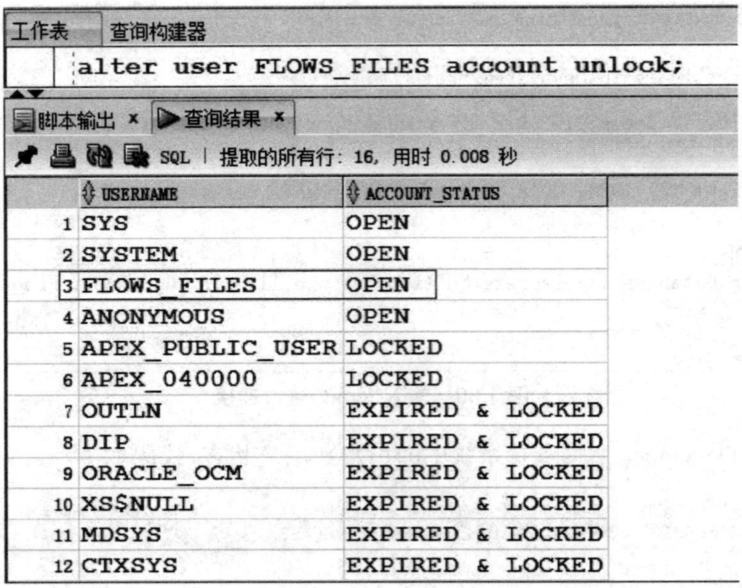

工作表　查询构建器

```
alter user FLOWS_FILES account unlock;
```

脚本输出 × 　查询结果 ×

SQL | 提取的所有行: 16, 用时 0.008 秒

	USERNAME	ACCOUNT_STATUS
1	SYS	OPEN
2	SYSTEM	OPEN
3	FLOWS_FILES	OPEN
4	ANONYMOUS	OPEN
5	APEX_PUBLIC_USER	LOCKED
6	APEX_040000	LOCKED
7	OUTLN	EXPIRED & LOCKED
8	DIP	EXPIRED & LOCKED
9	ORACLE_OCM	EXPIRED & LOCKED
10	XS$NULL	EXPIRED & LOCKED
11	MDSYS	EXPIRED & LOCKED
12	CTXSYS	EXPIRED & LOCKED

图 1.41　查询结果 2

小结

本章首先对有关数据库的基本概念做了解释，同时对 Oracle 数据库的相关概念做了相关介绍；其次讲解了 Oracle 18c 数据库的安装过程；最后对 Oracle 的管理工具，Oracle 企业管理器、SQL*Plus 和 SQL Developer 这 3 种工具进行了介绍。本章是学习 Oracle 数据库的基础，内容不多，但应该全部掌握。

SQL 是关系型数据库中执行数据操作的标准语言。

单元小测

一、选择题

（1）下面哪个用户不是 oracle 缺省安装后就存在的用户（　　）。

A. SYSDBA　　B. SYS　　C. SCOTT　　D. SYSTEM

（2）手工创建一个新的数据库时，首先需要（　　）。

A. 启动一个实例　　B. 以 SYSDBA 身份连接 Oracle

C. 关闭当前实例　　D. 创建一个参数文件

（3）以下（　　）不属于 Oracle 数据库的主要特点。

A. 提供数据安全性和完整性控制　　B. 支持多用户、大事务量的事务处理

C. 支持分布式数据处理　　D. 支持面向对象的直接操作方式

（4）以下不属于概念模型范围的是（　　）。

A. 属性(Attribute)　　B. 实体(Entity)

C. 关系(Relationship)　　D. 主键(PrimaryKey)

(5)以下不属于数据管理方式发展历程的是(　　)。

A. 手工管理阶段　　B. 内存管理阶段　　C. 文件管理阶段　　D. 数据管理阶段

二、填空题

(1)修改用户源信息使用 ALTER______FLOWS_FILES ACCOUNT UNLOCK。

(2) ______________ 是基于 Web 界面的 Oracle 数据库管理工具。

(3)分布式数据库系统由 ______________、______________、______________、______________ 和 ______________ 组成。

(4) __________ 是一种软件产品，是可用于存放数据、管理数据的存储仓库，是有效组织在一起的数据集合。

(5) DBMS 提供的语言和操作包括 ________、________、________、________ 和 ________。

经典面试题

(1)如何区分数据库系统和数据库管理系统?

(2)简述 Oracle 逻辑存储结构的组成。

(3)常见数据库有哪些?

(4)简述 Oracle DataBase 服务器。

(5)简述 Oracle 数据库的物理存储结构。

跟我上机

(1)安装 Oracle 18c 系统。

(2)安装 SQL Developer 工具。

(3)在 SQL*Plus 工具下登录账号，连接数据库。

(4)在 SQL Developer 下创建连接，访问数据库。

第 2 章　数据库关系理论

本章要点（学会后请在方框里打钩）：

□ 了解数据模型的概念

□ 了解关系及关系模型

□ 掌握关系模型的三类完整性规则

□ 掌握关系代数的几种运算

关系型数据库是建立在关系模型基础上的数据库，借助于集合代数等数学概念和方法来处理数据库中的数据。关系型数据库的基础——关系理论被认为是 SQL 的基础。

2.1 数据描述的领域

2.1.1 现实世界

现实世界是存在于人们头脑之外的客观世界，由客观事物及其互相关系组成。例如学校教学管理中涉及的学生管理、教师管理和课程管理。管理者要求：每个学期开学时制作学生选修课程情况表，内容包括学号、姓名、课程名及选修课类别（类别分为必修、选修）；每个学期结束时制作学生选修课程成绩表，内容包括学号、姓名、课程名、选修课类别及总评成绩；制作教师授课安排表，内容包括教师号、教师名、课程名、授课类别（授课类别分为主讲、辅导、实验）、学时数及班级数等。这就是现实世界，是数据库设计者接触到的最原始的数据，数据库设计者对这些原始数据进行综合、抽象处理，使其成为数据库技术所能处理的数据。

对现实世界的数据描述，就是信息世界。

2.1.2 信息世界

信息世界是现实世界的数据描述，即将客观世界用数据来描述。例如，学生是客观世界的个体，可以用一组数据（学号、姓名、性别、年龄、班级、成绩）来描述，有了这样一组数据，不见其人便可以了解该学生的基本情况。因此，可以说信息世界就是我们所说的数据世界。

信息世界中的术语包括以下几个。

（1）实体。客观世界存在的、可以区别的事物称为实体。实体可以是具体的事物，例如学生李、教师张、数学课；也可以是抽象的事件，例如本学期学生李选修了哪些课程，教师张教授了哪门课程，读者的一次借阅活动等。

（2）属性。实体有很多特性，每个特性称为实体的一个属性，每个属性有一个类型。例如学生实体的属性有学号、姓名、性别、年龄、班级、成绩，其中学号、姓名、班级的类型为字符型，性别的类型为逻辑型，年龄的类型为整型。

（3）实体集。实体集是性质相同的实体的集合。例如全体学生的集合，全体教师的集合等。

（4）实体标识符。实体标识符能够唯一标识实体集中每个实体的属性或属性集。例如学生实体的属性——学号，是能够唯一确定一个学生的信息，因此可以作为学生实体集的标识符。

2.1.3 机器世界

信息世界中的数据在机器世界中存储，成为计算机的数据。机器世界中对数据的描述采用数据库技术的专业术语，对应于信息世界的术语有以下 4 个专业术语。

（1）记录。记录对应信息世界中的每一个实体数据。例如学生这一实体的一组数据（20100301001，王小，男，20，计算机 0901，87）就是一条记录。

（2）字段。字段对应于信息世界中的属性，在数据库技术中称为字段，学生实体中学号、姓名、性别、班级、成绩都是字段，每个字段都有它的类型、取值范围，字段的取值范围称为字段的域。

（3）数据文件。数据文件对应于信息世界的实体集，是由若干个相同类型的记录组成的数据集合，在数据库系统中以文件（二维表）的形式存放。

（4）关键字。关键字能够唯一标识记录的字段或字段表达式，与信息世界中的实体标识符相对应，例如学生实体中的学号可以作为学生的关键字。

从客观世界到信息世界不是简单的数据描述，而是从客观世界中抽象出适合数据库技术研究的数据。同时，要求这些数据能够很好地反映客观世界的事物。从信息世界到机器世界也不再是简单的数据对应存储，而是要设计数据的逻辑结构和物理结构。所谓数据的逻辑结构，是指程序员或用户用以操作的数据形式，数据的逻辑结构是数据本身所具有的特性，是现实世界的抽象；所谓数据的物理结构，是实际存储在存储设备上的数据。

在数据库系统中，数据的逻辑结构与数据的物理结构之间可以有很大差别，数据的逻辑结构面向程序员，数据的物理结构面向机器。数据库管理软件的功能之一，就是能够把数据的逻辑结构映像为数据的物理结构，把数据的物理结构映像为数据的逻辑结构。

2.2 数据模型

模型是现实世界特征的模拟和抽象。在数据库技术中，用数据模型的概念描述数据库的结构和语义，是对现实世界数据的抽象。数据模型是研究数据库技术的核心和基础。 数据库技术中研究的数据模型分为两个层面：一层是面向用户的，称为概念数据模型；另一层是面向计算机系统的，称为结构数据模型。

2.2.1 概念数据模型

概念数据模型是独立于计算机系统的数据模型，用于描述某个特定组织关系的信息结构，属于信息世界的建模，所以概念数据模型能够方便、准确地表示客观世界中常用的概念。另外，概念数据模型也是用户和应用系统设计人员互相交流的桥梁，以保证数据模型能够正确地描述客观世界。

概念数据模型的表示方法最常用的是 P. P. Chen 于 1976 年提出的实体 - 联系图方法（Entity-Relationship Approach），简称 E-R 模型。E-R 模型是直观表示概念模型的工具，其中包含实体、联系和属性 3 个成分，联系的方法为一对一（1 ∶ 1）、一对多（1 ∶ *N*）和多对多（*M* ∶ *N*）3 种方式，联系属于哪种方式取决于客观实体本身。

E-R 模型既表示实体，也表示实体之间的联系，是现实世界的抽象，与计算机系统没有关系，是可以被用户理解的数据描述方式。E-R 模型可以使用户了解系统设计者对现实世界的抽象是否符合实际情况，从某种程度上说 E-R 模型也是用户与系统设计者之间进行交流的工具，E-R 模型已成为概念模型设计的一个重要设计方法。E-R 模型三要素如图 2.1 所示。

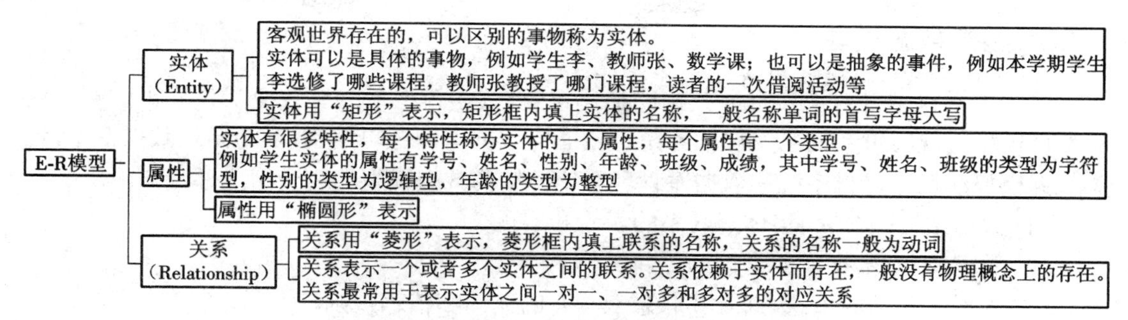

图 2.1 E-R 模型三要素

E-R 模型范例如图 2.2 所示。

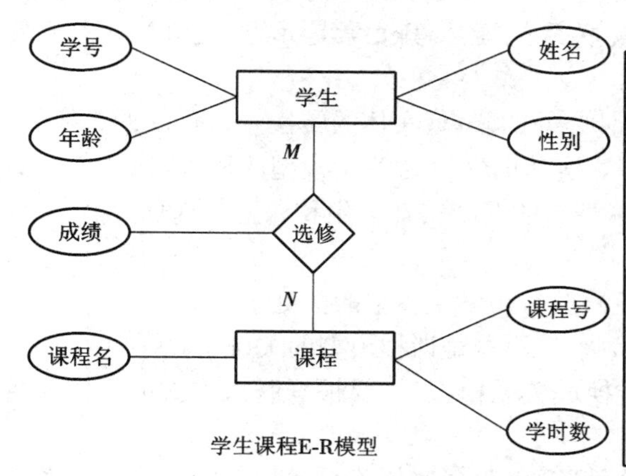

图 2.2 E-R 模型范例

实体和实体之间的联系用无向线段连接，在线段上标注联系的类型，实体和联系都有各自的属性。例如，在学生选课管理系统中涉及学生和课程两个实体，同时这两个实体之间是有联系的（学生选学课程，课程为学生开设，这种联系是多对多的）。

E-R 模型在 Power Designer 的表现形式如图 2.3 所示。

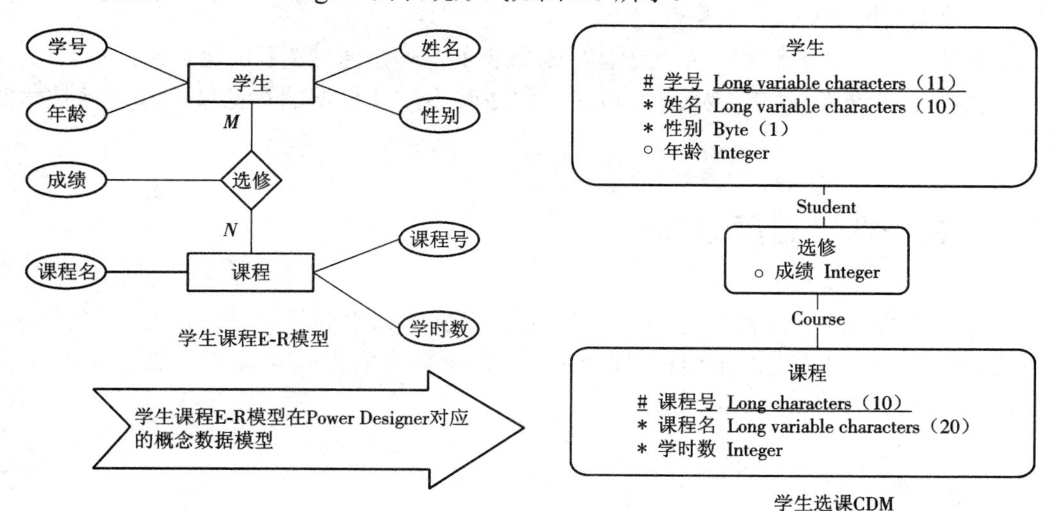

图 2.3 E-R 模型在 Power Designer 的表现形式

2.2.2 结构数据模型

结构数据模型是对现实世界数据的描述，这种数据模型最终要转换成计算机能够实现的数据模型。现实世界的第二层抽象是直接面向数据库的逻辑结构，称为结构数据模型，这类数据模型涉及计算机系统和数据库管理系统。结构数据模型的 3 个组成部分如下。

（1）数据结构：实体和实体间联系的表示和实现。

（2）数据操作：数据库的查询和更新操作的实现。

（3）数据完整性约束：数据及其联系应具有的制约和依赖规则。

常用的结构数据模型是关系模型和面向对象模型，关系模型的理论基础是数学理论，数据的操作通过关系运算实现。在关系模型中用二维表表示实体及实体之间的联系，关系模型的实例称为关系。从数学的观点上看，关系是集合，其元素是元组（记录），遵循一定的规则后，可以将 E-R 模型转换成关系模型。

E-R 模型中的主要成分是实体及实体之间的联系，实体的转换方式有以下 2 种。

（1）一个实体转换成一个关系模型。实体的属性为关系模型的属性，实体的标识符为关系模型的关键字，图 2.3 所示的 E-R 模型中的两个实体学生和课程，可以分别转换为学生模型和课程模型。

①学生模型（学号，姓名，性别，年龄），学号是学生模型的关键字。

②课程模型（课程号，课程名，学时数），课程号是课程模型的关键字。

（2）联系转换为关系模型。联系转换成关系模型时，要根据联系方式的不同采用不同的转换方式。

①若联系方式是一对一的（1 ∶ 1），可以在两个实体关系模型中的任意一个关系模型中加入另一个关系模型的关键字和联系类型的属性。

②若联系方式是一对多的（1 ∶ N），则在 N 端（多的一端）实体的关系模型中加入一端实体关系模型的关键字和联系类型的属性。

③若联系方式是多对多的（M ∶ N），则将联系也转换成关系模型，其属性是互为联系的两个实体的关键字和联系的属性。

关系模型是用关键字做向导来操作数据，数据的操作是通过关系的运算来完成的，关系的数据模型是二维表，简单、易懂，编写应用程序时不涉及数据的存储结构和访问技术等细节。

2.3 关系型数据库理论

关系模型数据库系统的数据结构简单，数据及其数据之间的联系均用关系（二维表）表示，同时关系模型有扎实的数学理论做基础，使数据的操作可以通过关系的运算来完成。

2.3.1 关系及关系模型

关系是数学上的一个概念，建立在日常生活中所论及的关系概念之上，例如通常所说的邻里关系、朋友关系、学生与所选修的课程及该课程的成绩关系等。在这里所论及的朋友关系涉及互为朋友的双方，在数学上可表示为（张，李）；邻里关系也涉及互为邻里的双方，在数学上表示为（李家，张家）；学生与所选修的课程及该课程的成绩关系，涉及学生、所选的课程以及该订课程所取得的成绩，在数学上表示为（李兰，软件基础，90）。（张，李（李家，张家）（李) 兰，软件基础，90）在数学上称为元组，括号里用逗号隔开的对象在数学上称为元组的分量。数学上关系的概念是日常生活中关系概念的抽象，下面给出关系的简单、直观的概念。

1. 关系

关系是以元组为元素的集合。数据库技术中论及的关系概念应该是：关系是同类型元组的集合。

简单地说，关系就是集合，可以用大写字母 R_1，R_2，R 来表示。

例如，学生与所选课程之间的关系 R 可以表示为

R={（李兰，软件基础，90），（张娜，高等数学，87），（张伟，C 语言，76），…，（邵华，英语，79）}

这样的一个关系 R，在日常生活中通常可表示成一个表格的形式，见表 2.1。

表 2.1 关系 *R*

姓名	课程名	成绩
李兰	软件基础	90
张娜	高等数学	87
张伟	C 语言	76
⋮	⋮	⋮
邵华	英语	79

由表 2.1 可以看出，这张表表示了一个关系，表中的每一行表示一个元组，也就是关系集合的元素，表格中每列的数据表示元组的分量。

2. 关系模型

从上面的例子可以看到，数学上关系的概念可以用一个二维表来描述，而二维表就是现实世界中进行各种档案管理所使用的方法，其中记录了大量的数据。这样就可以用数学理论中的一个概念描述现实世界中的一个对象。关系型数据库就是用关系描述数据的数据库系统。

1）二维表与关系

关系可以用二维表来描述，对应的术语是：

①关系←→二维表；

②元组←→二维表中的行；

③分量←→二维表中的列。

2）二维表与关系型数据库中的数据

一个关系型数据库中的数据对应一个二维表，其中对应的术语是：

①二维表←→一个数据库中的表、一个数据视图；

②二维表的行←→数据表中的记录；

③二维表的列←→表记录的字段。

例如，教学管理系统的 E-R 模型，其中实体“学生”的属性为学号、姓名、年龄、性别，分别用 S#，SNAME，AGE，SEX 表示，实体“课程”的属性为课程号、课程名、授课教师，分别用 C#，CNAME，TEACHER 表示，实体学生用 S 表示，课程用 C 表示，学生与课程之间的关系用 SC 表示，SC 的属性成绩用 GRADE 表示。

用关系描述教学管理模型的数据。在这个 E-R 模型中，实体有学生和课程两个，两个实体之间的联系是多对多的，将 E-R 模型转换成关系模型时，实体和联系分别转换为关系模式。

S（S#，SNAME，AGE，SEX）

C（C#，CNAME，TEACHER）

SC（S#+C#，GRADE)

上面的 3 个关系中，关系 S 的关键字是 S#（学号），关系 C 的关键字是 C#（课程号），关系 SC 的关键字是 S#+C#（学号 + 课程号）。关键字唯一能标识记录的字段或字段表达式。

这样就将现实世界（教学管理系统）用 S、C、SC 3 个关系模式描述清楚了。

3）关系模型的完整性规则

关系描述了现实世界中的数据，这些数据以数据库（表）的形式存储到计算机中，根据现实世界的变化，计算机中的数据也要进行相应的改变。为了维护数据库数据与现实世界数据的一致性，关系数据库中数据的建立与更新必须遵守以下规则。

（1）实体完整性规则。实体完整性规则要求关系中记录关键字的字段不能为空，不同记录的关键字，字段值也不能相同，否则关键字就失去了唯一标识记录的作用。

（2）参照完整性规则。参照完整性规则要求关系中“不引用不存在的实体”。例如在关系 SC 中课程号字段出现的课程号，必须在课程关系中存在，假如在关系 C 中找不到“小学算术”这门课程的课程号，而 SC 中出现了记录“李冰 ,CC01（小学算术），95”，那么这条记录就是一条错误的记录，因为它违背了参照完整性规则。

参照完整性规则的理解如下。

如果属性集 K 是关系模式 R_1 的关键字，K 也是关系模式 R_2 的属性，那么在关系 R_2 中 K 为外键，在关系 R_2 中 K 的取值只允许有两种可能，或者为空值，或者等于关系 R_1 中某个关键字的值。

其中提到的外键是指当关系中的某个属性或属性组虽然不是该关系的关键字或只是该关系关键字的一部分，但却是另一个关系的关键字，则称该属性是这个关系的外键。例如上面提到的 SC 关系中的课程号不是 SC 的关键字，但课程号是关系 C 的关键字，因此课程号是 SC 的外键，在关系 SC 中属性课程名的值只能为空或者为 C 中课程号字段中的某个值。

主键不能为空，并且不可以重复，外键可以为空。

（3）用户完整性规则。用户完整性规则是针对某一具体数据的约束条件，由应用环境决定。用户定义的完整性规则反映某一具体应用涉及的数据必须满足语义的要求。系统提供定义和检验这类完整性的机制，以便用统一的方法处理它们，不再由应用程序承担这项工作。例如在定义关系模式时，定义关系中的每个字段，对每个字段必须定义该字段的字段名（年龄）、字段类型（整型）、字段宽度（2位）、小数位数（0位）。经过这样的定义，在给每条记录的年龄字段输入数据时，可以输入两位整型数据，这就是一种约束。如果还想进一步对录入的数据进行约束，以减少数据录入的错误，需要定义一个具体的约束条件（可以写一条规则），把年龄限制在15~25岁（实际上这是学生的实际年龄范围），以满足实际数据的需要。这就是用户完整性规则，在进行数据操作时由系统负责检验数据的合理性。

总结前面关于关系模型的论述可以看到，在定义一个关系模式时，需要进行以下3个部分的定义。

（1）数据结构的定义：数据库中的全部数据及其相互之间的联系都被组织成"关系"的形式，并且关系模型的基本数据结构也是关系。

（2）数据操作的定义：关系模型提供一组完备的高级关系运算，以支持数据库的各种操作。关系运算分为关系代数和关系演算两类。

（3）关系模型的三类完整性规则的定义：除了进行数据结构和数据操作的定义，为了确保数据的正确性，还要进行三类完整性规则定义。

2.3.2 关系代数

关系是一个数学上的概念，是一类集合（以同类型元组为元素的集合），因此关系代数是以集合代数为基础发展起来的，关系是可以进行运算的。如同数字运算的对象和结构都是数字、集合运算的对象和结果都是集合一样，关系运算的对象和结果都是关系。关系运算可以分为两类。

（1）传统的集合运算。这类运算从关系是集合的定义出发，把关系看成集合，则集合的所有运算对关系也是有效的。这类运算有关系的并集、交集、差集、笛卡尔积。

（2）专门的关系运算。这类运算用于进行数据库的查询操作。这些运算可以把二维表进行任意的分割和组装，随机地由已有的二维表构造出用户所需要的各种二维表。这类运算有投影、选择、连接、除法运算。

1. 传统的集合运算

传统的集合运算是二元运算。所谓二元运算，是指运算的对象有两个，比如加法就是二元运算，进行运算的对象是两个数；二元关系运算是指两个关系进行运算，结果为一个新的关系。

1）关系并运算

关系并运算的运算符号与集合并运算的符号相同，都是"∪"，在关系运算中，只有两个同类型关系的并运算才有意义。设 R 和 S 是两个同类型的关系，它们之间的并运算表达式是 $R \cup S$，其结果也是同类型的关系，$R \cup S$ 的元组或者是 R 的元组或者是 S 的元组，记为

$$R \cup S=\{t|t \in R \vee t \in S\}$$

“$\vee$”的意思是“或”，即 t 是 R 里面的元组，或者 t 是 S 里面的元组。所以这里的表达式的意思是 $R \cup S$ 产生了一个新的关系，这个新的关系由元组 t 组成，t 可能是来自 R 里面的元组，也可能是来自 S 里面的元组。

例如，设 R 和 S 为学生实体模式下的两个关系，见表 2.2 和表 2.3，求 $R \cup S$。

表 2.2　关系 *R*

学号	姓名	性别	年龄
S0201	李兰	女	17
S0202	张娜	女	18
S0203	张伟	男	17

表 2.3　关系 *S*

学号	姓名	性别	年龄
S0201	李兰	女	17
S0203	张伟	男	17
S0230	邵华	男	18

由关系并的定义得 $R \cup S$，见表 2.4。

表 2.4　关系 *R* ∪ *S*

学号	姓名	性别	年龄
S0201	李兰	女	17
S0202	张娜	女	18
S0203	张伟	男	17
S0230	邵华	男	18

2）关系交运算

关系交运算符号与集合交运算的符号相同，都是“$\cap$”，在关系运算中，只有两个同类型关系的交运算才有意义。设 R 和 S 是两个同类型的关系，它们之间的交运算表达式是 $R \cap S$，其结果也是同类型的关系，$R \cap S$ 的元组由既是 R 的元组也是 S 的元组构成，记为

$$R \cap S=\{t|t \in R \wedge t \in S\}$$

“$\wedge$”的意思是“且”，即 t 既是 R 里面的元组，同时也是 S 里面的元组。所以这里的表达式的意思是 $R \cap S$ 产生了一个新的关系，这个新的关系由元组 t 组成，t 既是来自 R 里面的元组，也是来自 S 里面的元组。

例如，设 R 和 S 为上述范例中的学生实体模式下的两个关系，求 $R \cap S$。

由关系交运算的定义可得 $R \cap S$，见表 2.5。

表 2.5　关系 *R* ∩ *S*

学号	姓名	性别	年龄
S0201	李兰	女	17
S0203	张伟	男	17

3）关系差运算

关系差运算的符号与集合差运算的符号相同，都是“－”，在关系运算中，只有两个同类

型关系的差运算才有意义。设 R 和 S 是两个同类型的关系，它们之间的差运算表达式是 $R-S$，其结果也是同类型的关系，其中 $R-S$ 的元组是由 R 的元组构成，而不是 S 的元组构成，记为

$$R-S=\{t|t\in R\wedge t\notin S\}$$

例如，设 R 和 S 为上述范例中的学生实体模式下的两个关系，求 $R-S$。

由关系差运算的定义可得 $R-S$，见表 2.6。

表 2.6 关系 $R-S$

学号	姓名	性别	年龄
S0202	张娜	女	18

4）笛卡尔积运算

笛卡尔积是关系这类集合所特有的一种运算，其运算符号是乘法运算符号“×”，是一个二元关系运算，两个运算对象可以是同类型的关系也可以是不同类型的关系。若 R 是 r_1 元组的集合，S 是 r_2 元组的集合，则 $R\times S$ 是 r_1+r_2 元组的集合，$R\times S$ 的元组（元组对应二维表中的行）是由 R 的分量（分量对应着二维表中的列）和 S 的分量组成的，记为

$$R\times S=\{t|t=(r_1,r_2)\wedge r_1\in R\wedge r_2\in S\}$$

例如，设关系 R 和 S 分别为学生实体和学生与课程联系的两个关系，见表 2.7 和表 2.8，求 $R\times S$。

表 2.7 关系 R

学号	姓名	性别	年龄
S0201	李兰	女	17
S0203	张伟	男	17

表 2.8 关系 S

姓名	课程名	成绩
李兰	软件基础	90
张娜	高等数学	87

由笛卡尔积的定义可得 $R\times S$，见表 2.9。

表 2.9 关系 $R\times S$

学号	姓名	性别	年龄	姓名	课程名	成绩
S0201	李兰	女	17	李兰	软件基础	90
S0201	李兰	女	17	张娜	高等数学	87
S0203	张伟	男	17	李兰	软件基础	90
S0203	张伟	男	17	张娜	高等数学	87

从上例中可以看到 $R\times S$ 是一个很大的运算，由 R 和 S 进行笛卡尔积运算得到的新关系是比关系 R 和 S 大得多的关系。这个运算的运算量大、所占的存储空间大，并且可以看

到在 $R\times S$ 关系中，4 条记录只有第一条记录有实际意义，其他 3 条记录均没有实际意义。通过分析第一条记录发现，它是一条非常有用的信息，反映了李兰同学的所有信息，包括她的学号、姓名、性别、年龄、选学的课程名以及所选课程的成绩。这条记录的信息来源于两个关系，是两个关系的一种连接。

2. 专门的关系运算

专门的关系运算有选择、投影、关系的自然连接和关系的除法，其中关系的选择运算和投影运算是一元运算，是对一个关系进行垂直和水平分解而得到的一个关系；而关系的自然连接和关系的除法是二元运算，是把两个关系的信息根据需要组织成一个新关系，是信息的综合。这几种关系的运算都与记录的查询操作有关。

1）选择运算

关系的选择运算的运算符号是“δ”，关系的选择运算是一元运算，运算的对象是关系，运算的结果也是关系，新关系是原关系的子集，记为

$$\delta F(R)=\{t|t\in R\wedge F(t)\}$$

在上式中 δ 表示的是选择运算，F 是一个条件表达式，R 是进行关系运算的对象，$\delta F(R)$ 是选择运算的结果，其元组首先是关系 R 的元组，并且这些元组要使条件 F 为真，即 $F(t)$ 为真。因此，选择运算也可叙述为在关系 R 中选择满足条件 F 的记录，组成一个新的关系。

例如，设关系 R_1（表 2.10）是实体学生关系模式的一个关系，在关系 R_1 中查找满足年龄小于等于 17 的学生。

表 2.10　关系 R_1

学号	姓名	性别	年龄
S0201	李兰	女	17
S0202	张娜	女	18
S0203	张伟	男	17
S0230	邵华	男	18

解决这个问题可以使用选择运算来完成。

$$R=\delta_{\text{年龄}\leqslant 17}(R_1)=\{t|t\in R_1\wedge \text{年龄}\leqslant 17\}$$

运算的结果见表 2.11。

表 2.11　$\delta_{\text{年龄}\leqslant 17}(R_1)$

学号	姓名	性别	年龄
S0201	李兰	女	17
S0203	张伟	男	17

通过这个例子可以看到，关系的选择运算可以用来在一个关系中查找满足条件的记录，

由这些满足条件的记录组成的新关系就是选择运算的结果。这个例子中的条件是学生关系中年龄字段的值小于等于17。选择运算是对关系进行水平分割，生成用户需要的关系。

2）投影运算

关系投影运算的运算符号是“Π”，关系投影运算是一元运算，运算的对象是关系，运算的结果也是关系，新关系的元组是在原关系的元组中选出的若干个分量组成的元组，记为

$$\Pi_{t_{i1},t_{i2},\cdots,t_{im}}(R)=\{t|t=(t_{i1},t_{i2},\cdots,t_{im})\wedge(t_1,t_2,\cdots,t_k)\in R\}（其中\ k>im）$$

上式中“Π”是投影运算的运算符号，R是投影运算的运算对象，$(t_1,t_2,\cdots,t_k)$是关系R的元组，$(t_{i1},t_{i2},\cdots,t_{im})$是投影运算所得到新关系的元组。

例如，设关系R_1（表2.12）是实体学生关系模式的一个关系，在某次查询中要求查找每个学生的姓名和年龄。

表2.12　关系 R_1

学号	姓名	性别	年龄
S0201	李兰	女	17
S0202	张娜	女	18
S0203	张伟	男	17
S0230	邵华	男	18

解决这个问题，可以使用投影操作。

$$R=\Pi_{姓名,年龄}(S)=\{t|t=(姓名,年龄)\wedge(学号,姓名,性别,年龄)\in S\}$$

运算结果R见表2.13。

表2.13　$\Pi_{姓名,年龄}(R_1)$

姓名	年龄
李兰	17
张娜	18
张伟	17
邵华	18

在关系R中查找某个学生的年龄比在关系S中查找某个学生的年龄运算量要小得多。投影运算是对关系进行垂直分割，产生用户所需要的关系。

3）连接运算

连接运算与投影运算和选择运算不同，连接运算是将两个关系连接起来，以满足查询任务的要求，连接运算是二元运算。实际上，关系笛卡尔积运算就是一种连接运算，是两个关系的最大连接。笛卡尔积运算的结果是产生了很多没有实际意义的记录，而连接运算是将两个关系连接起来，获得与用户查询有关的新关系。关系的连接有两类：条件连接和自然

连接。

设 R 是 n 元关系，S 是 m 元关系，A 是 R 的属性，B 是 S 的属性，A 和 B 的值域具有相同的数据类型，$\theta \in \{=, \neq, >, <, \leqslant, \geqslant\}$。$R$ 和 S 的连接操作定义为

$$R \bowtie_{A\theta B} S=\{rs|r \in R \wedge s \in S \wedge (r[A]\theta s[B])\}=\delta_{A\theta B}(R\times S)$$

（1）条件连接。条件连接是两个关系先做笛卡尔积运算，然后再根据条件进行比对，留下符合条件的，如图 2.4 所示。

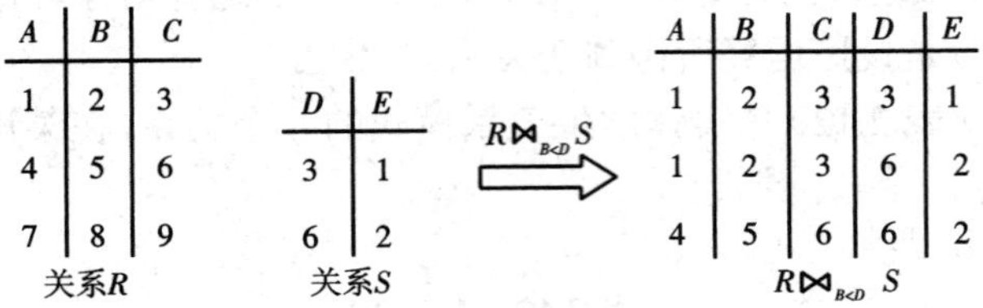

关系R

A	B	C
1	2	3
4	5	6
7	8	9

关系S

D	E
3	1
6	2

$R \bowtie_{B<D} S$ ⇒

$R \bowtie_{B<D} S$

A	B	C	D	E
1	2	3	3	1
1	2	3	6	2
4	5	6	6	2

图 2.4　条件连接

（2）自然连接。设 $Att(R)$ 和 $Att(S)$ 分别是 R 和 S 的属性集合，连接条件为 R.B=S.B，连接的结果关系的属性集合为 $Att(R) \cup (Att(S) - \{B\})$，即 B 在结果关系中只出现一次，称这样的连接操作为自然连接操作，如图 2.5 所示。

一般的连接操作是从行的角度进行运算。自然连接还需要取消重复列，所以是同时从行和列的角度进行运算。

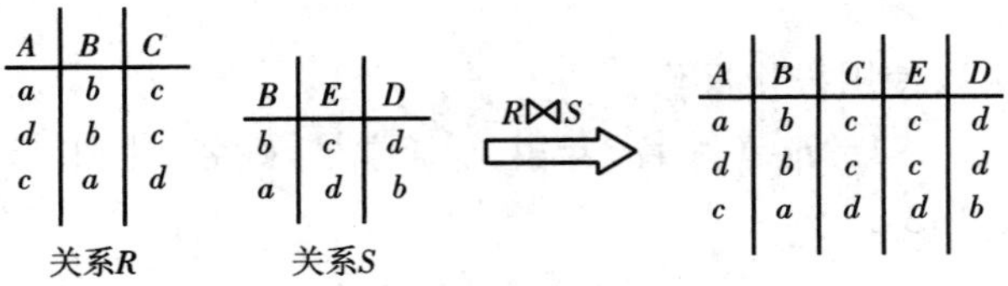

关系R

A	B	C
a	b	c
d	b	c
c	a	d

关系S

B	E	D
b	c	d
a	d	b

$R \bowtie S$ ⇒

A	B	C	E	D
a	b	c	c	d
d	b	c	c	d
c	a	d	d	b

图 2.5　自然连接

4）除法运算

给定关系 $R(X, Y)$ 和 $S(Y, Z)$，其中 X, Y, Z 为属性组。R 中的 Y 与 S 中的 Y 可以有不同的属性名，但必须出自相同的域集。

R 与 S 的除运算得到一个新的关系 $P(X)$，P 是 R 中满足下列条件的元组在 X 属性列上的投影：元组在 X 上的分量值 x 的象集 Yx 包含 S 在 Y 上投影的集合，记作

$$R \div S = \{tr[X] \mid tr \in R \wedge \pi Y(S) \subseteq Yx\}$$

Yx：x 在 R 中的象集，$x = tr[X]$。

除运算的过程：关系 R 有 $ABCD$，关系 S 有 CD，首先投影出 AB（因为 S 有 CD），再用 AB 和关系 S 做笛卡尔积运算；如果做的笛卡尔积运算记录在 R 关系中可以找到相对应的记录，那么投影出的 AB 就是结果了，如图 2.6 所示。

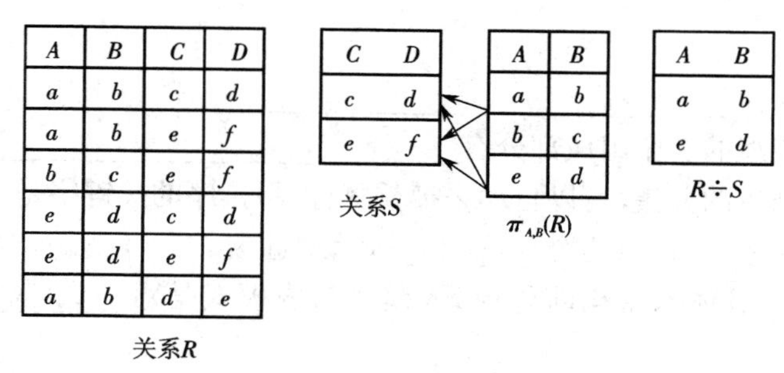

图 2.6 除法运算

小结

本章首先介绍了数据在信息世界的描述和相关的术语，这些术语在数据库技术中是最基础的名词，需要熟记；其次提出了 E-R 模型的概念，并且介绍了实体关系如何转化为 E-R 模型，为以后的数据库设计打下基础；最后介绍了关系代数的几种操作，这些操作将为下文的查询语句打下坚实的基础。

单元小测

一、选择题

（1）用二维表结构表达实体集的模型是（　　）。

A. 概念模型　　B. 层次模型　　C. 网状模型　　D. 关系模型

（2） 数据库设计中用关系模型表示实体和实体之间的联系。关系模型的结构是（　　）。

A. 层次结构　　B. 二维表结构　　C. 网状结构　　D. 封装结构

（3）关于关系范式的规范化，下列说法正确的是（　　）。

A. 数据库系统中的关系所属范式越高越好，因为所属范式越高，存储表所占内存越小

B. 数据库系统中的关系所属范式越低越好

C. 一般对表分解到 3NF 即可

D. 不能对表只分解到 2NF

（4）一辆汽车由多个零部件组成，且相同的零部件可适用于不同型号的汽车，则汽车实体集与零部件实体集之间的联系是（　　）。

A. 1 : M　　B. 1 : 1　　C. M : 1　　D. M : N

（5）以下不属于概念模型范围的是（　　）。

A. 属性（Attribute）　　B. 实体（Entity）

C. 关系（Relationship）　　D. 主键（PrimaryKey）

二、填空题

(1)数据模型分为 ________________、______________、____________ 三个层次。

(2)结构数据模型的 3 个组成部分有 ____________、________、____________。

(3)两个查询结果的并集,可以自动去掉重复行,不排序的关键字是 ________。

(4)在基本的关系中,任意两个 ________ 不允许重复。

(5)数据库的三级体系结构即外模式、模式与内模式是对 ____________ 的 3 个抽象级别。

经典面试题

(1)简述实体与属性。

(2)实体与实体之间有哪 3 种关系?

(3)关系模型的完整性规则是什么?

(4)传统关系运算有哪些?

(5)专门的关系运算有哪些?

第3章　数据库创建、表的管理和事务管理

本章要点（学会后请在方框里打钩）：

- □ 了解什么是数据库实例
- □ 了解界面方式创建数据库
- □ 理解什么是完整性约束
- □ 掌握 Oracle 中的数据类型
- □ 掌握数据定义相关 SQL 语句
- □ 掌握数据操纵相关 SQL 语句

数据库中的数据只能存储在表中，表是数据库中一个非常重要的模式对象。表的创建涉及数据类型和约束等问题。表创建后可以对表中的数据进行管理，即进行添加、修改、删除操作。这些操作会影响数据的更新，因此又引出数据库中一个重要的知识内容——事务管理。

3.1 数据库实例

数据库实例（Instance）也称作服务器（Server），是指用来访问数据库文件的存储结构（系统全局区）以及后台进程的集合。一个数据库可以被多个实例访问，这是 Oracle 系统的并行服务器选项。

每当启动数据库时，系统全局区首先被分配，并且有一个或者多个 Oracle 进程被启动。一个实例的系统全局区和进程为管理数据库和该数据库一个或者多个用户服务而存在。在 Oracle 系统中，首先启动实例，然后由实例装配数据库。

3.1.1 系统全局区

系统全局区（System Global Area，SGA）是所有用户进程共享的一块内存区域，也就是说 SGA 中的数据资源可以被多个用户进程共同使用。SGA 的目的是提高查询性能，允许大量的并发数据库活动。当启动一个实例时，该实例占用了操作系统一定的内存，这个数量基于初始化参数文件中设置的 SGA 的尺寸。当实例关闭时，被 SGA 占用的内存将退还给主系统内存。

SGA 不是一个物体，它是几个内存结构的组合体。SGA 的各种部件见表 3.1。

表 3.1 SGA 的各种部件

部件名称	说明
数据库缓冲区高速缓存	数据库缓冲区高速缓存（Database Buffer Cache）中存放着 Oracle 系统最近访问的数据块（数据块在高速缓冲区中也可称为缓存块）。当用户向数据库发出请求时（如检索某一条数据），如果在数据库缓冲区高速缓存中存在请求的数据，Oracle 系统会直接从数据库缓冲区高速缓存中读取数据并返回给用户；否则，Oracle 系统会打开数据库文件读取请求的数据
共享池	共享池（Shared Pool）是 SGA 保留的内存区域，用于缓存 SQL 语句、PL/SQL 语句、数据字典、资源锁、字符集以及其他控制结构等。共享池包含库高速缓存（Library Cache）和数据字典高速缓存
重做日志缓冲区	重做日志缓冲区（Redo Log Buffer Cache）用于存放对数据库进行修改操作时所产生的日志信息，这些日志信息在写入重做日志文件之前，首先被存放到重做日志缓冲区中。然后，在检查点启动或重做日志缓冲区中的信息量达到一定峰值时，由日志记录进程（Log Writer）将此缓冲区的内容写入重做日志文件
Java 池	Java 池用来给 Java 虚拟机提供内存空间，目的是支持在数据库中运行 Java 程序包，其大小由 JAVA_POOL_SIZE 参数决定

续表

部件名称	说明
大型共享池	大型共享池(Large Pool)在SGA区中不是必需的内存结构,只在某些特殊情况下,实例需要使用大型共享池来减轻共享池的访问压力时才使用,常用的情况有以下几种: (1)当使用恢复管理器进行备份和恢复操作时,大型共享池将作为I/O缓冲区使用; (2)使用I/O Slave仿真异步I/O功能时,大型共享池将被当作I/O缓冲区使用; (3)执行具有大量排序操作的SQL语句; (4)当使用并行查询时,大型共享池作为并行查询进程彼此交换信息的地方。 大型共享池的缓存区大小是通过LARGE_POOL_SIZE参数定义的,在Oracle 18c中,用户可以使用alter system命令动态修改其缓冲区的大小
流池	支持Oracle的流功能。Oracle流池用于数据库与数据库之间进行信息共享。如果没有用到Oracle流,就不需要设置该池。流池的大小由参数STREAMS_POOL_SIZE决定

当启动Oracle实例时,Oracle按需分配内存,直到达到MEMORY_TARGET初始化参数(初始化参数文件中的一项参数)设置的尺寸为止,该参数设置了总内存分配的限值。当总的内存分配已经达到MEMORY_TARGET的限值时,如果不再减少某些部件的内存分配,就不能动态地给其他部件增加内存。Oracle可以把内存从一个可动态定义的内存部件调换给另一个内存部件。

例如,可以把从共享池取出的内存分配给数据库缓冲区高速缓存。如果有一个作业只在一天中的特定的几个时间段运行,则可以编写一段简单的脚本,让其在作业执行前执行,以便修改各种部件之间的内存分配。在作业完成后,可以运行另一个脚本将内存分配恢复到原来的设置值。

3.1.2 后台进程

Oracle后台进程是一组运行Oracle服务器端的后台程序,是Oracle实例的重要组成部分。这组后台进程有若干个,它们分工明确,分别完成不同的系统功能。其中SMON、PMON、DBWR、LGWR和CKPT 5个后台程序必须正常运行,否则将导致数据库实例崩溃。此外,还有很多辅助进程用于与实际相关的辅助功能,如果这些辅助进程发生问题,某些功能会受到影响,但是一般不会导致数据库实例崩溃,如图3.1所示。

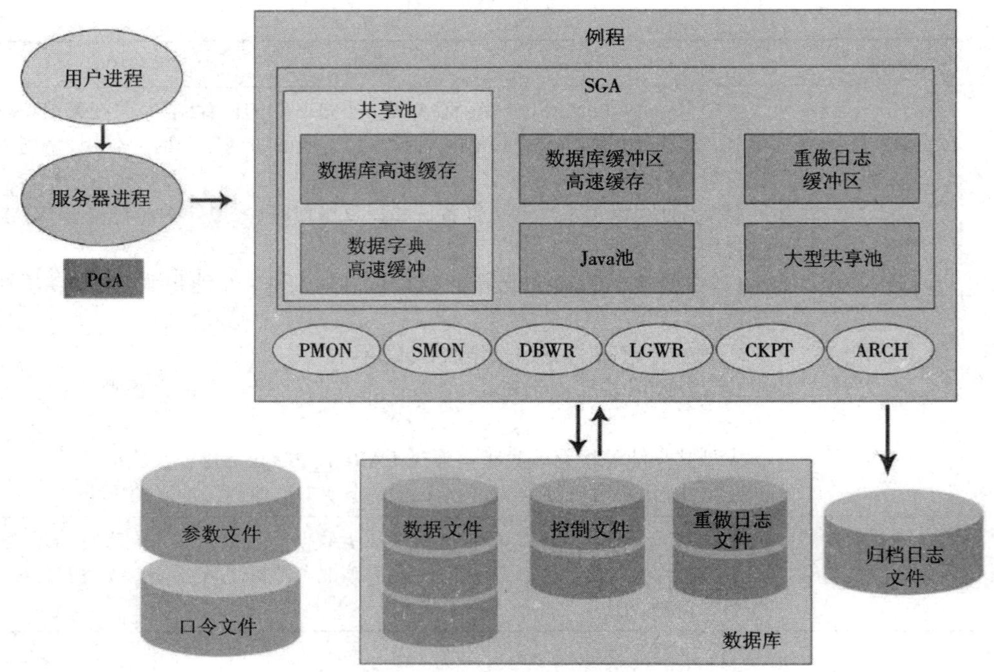

图 3.1　后台进程实例

主要后台进程的介绍见表 3.2。

表 3.2　主要后台进程的介绍

进程名称	说明
数据写入进程（DBWR）	数据写入进程的主要任务是将内存中的“脏”数据块写回数据文件。所谓的“脏”数据块是指数据库缓冲区高速缓存中被修改过的数据块，这些数据块的内容与数据文件的内容不一致。但 DBWR 并不是随时将所有的“脏”数据块都写入数据文件，只有满足一定的条件时，DBWR 进程才开始批量地将“脏”数据块写入数据文件。Oracle 这样做的目的是为了尽量减少 I/O 操作，提高 Oracle 服务器的性能
检查点进程（CKPT）	检查点进程可以被看作一个事件，当检查点事件发生时，CKPT 会要求 DBWR 将某些“脏”数据块写回数据文件。当数据进程发出数据请求时，Oracle 系统从数据文件中读取需要的数据并将其存放到数据库缓冲区高速缓存中，使用户认为数据的操作是在缓冲区中进行的。当用户操作数据时，会产生大量的日志信息并将其存储在重做日志缓冲区中。当 Oracle 系统满足一定条件时，日志写入进程会将日志信息写入重做日志组，当发生日志切换时（写入操作正要从一个日志文件组切换到另一个日志文件组时），就会启动检查点进程

续表

进程名称	说明
日志写入进程（LGWR）	日志写入进程用于将重做日志缓冲区中的数据写入重做日志文件。Oracle 系统首先将用户所做的修改日志信息写入日志文件，然后再将修改结果写入数据文件 Oracle 实例在运行中会产生大量日志信息，这些日志信息首先被记录在 SGA 的重做日志缓冲区中，当发生提交命令，或者重做日志缓冲区的信息满 1/3，或者日志信息存放超过 3 s 时，LGWR 进程就将日志信息从重做日志缓冲区中读出并写入日志文件组中序号较小的文件中，一个日志组写满后接着写另一个日志组。当 LGWR 进程将所有的日志文件都写过一遍后，它将再次转向第一个日志文件组重新覆盖，这个过程称之为日志切换
归档进程（ARCH）	归档进程是一个可选的进程，只有当 Oracle 数据库处于归档模式时，该进程才可能起到作用。若 Oracle 数据库处于归档模式，在各个日志文件组都被写满且即将被覆盖前，先由归档进程把即将被覆盖的日志文件中的日志信息读出，然后再把“读出的日志信息”写入归档日志文件 当系统比较繁忙导致 LGWR 进程处于等待 ARCH 进程时，可通过修改 LOG_ARCHIVE_MAX_PROCESSES 参数启动多个归档进程，从而提高归档写磁盘的速度
系统监控进程（SMON）	系统监控进程是在数据库系统启动时执行回复工作的强制性进程，比如在并行服务器模式下，SMON 可以回复另一条处于失败状态下的数据库，使系统切换到另外一台正常的服务器上
进程监控进程（PMON）	进程监控进程用于监控其他进程的状态，当有进程启动失败时，PMON 会清除失败的用户进程，释放用户进程所用的资源
锁进程（LCKN）	锁进程是一个可选进程，多个锁定进程出现在并行服务器模式下有利于数据库通信
恢复进程（RECO）	恢复进程是在分布式数据库模式下使用的一个可选进程，用于数据不一致时进行恢复操作
调度进程（DNNN）	调度进程是一个可选进程，它在共享服务器模式下使用，可以启动多个
快照进程（SNPN）	快照进程用于处理数据库快照的自动刷新，并通过 DBMS_JOB 包运行预定的数据库存储过程

3.2 界面方式创建数据库

创建数据库的最简单的方法是使用 Oracle 数据库配置向导来完成。数据库配置向导（Database Configuration Assistant，DBCA）是 Oracle 提供的一个图形化界面的工具，用来帮助数据库管理员快速、直观地创建数据库。

在安装 Oracle 数据库服务器系统时，如果不是选择创建数据库，就选择“仅安装服务器软件”；如果使用 Oracle 系统，就必须首先创建数据库。

第一步：选择"Configuration and Migration Tools"→"Database Configuration Assistant"，如图 3.2 所示。

图 3.2　操作界面

第二步：完成第一步后出现如图 3.3 所示的对话框，单击"Next"按钮，出现如图 3.4 所示的界面。

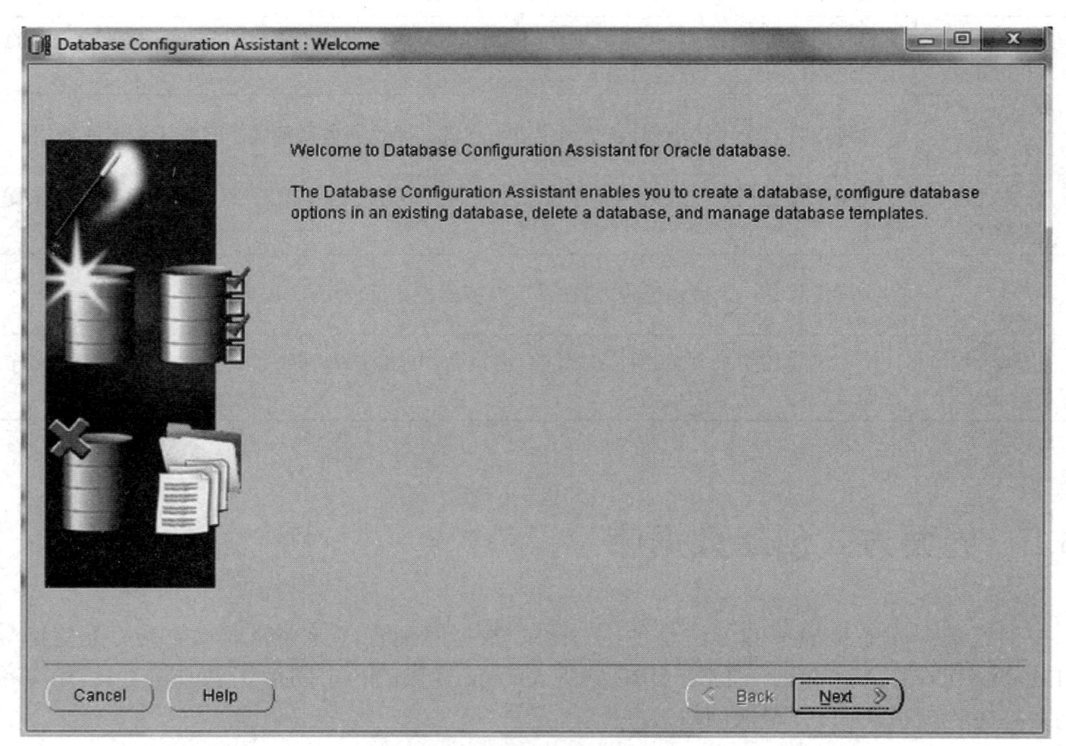

图 3.3　"Database Configuration Assistant：Welcome"对话框

第三步：创建数据库，选择图 3.4 中的"Create a Database"选项，再单击"Next"按钮，出现如图 3.5 所示的界面。

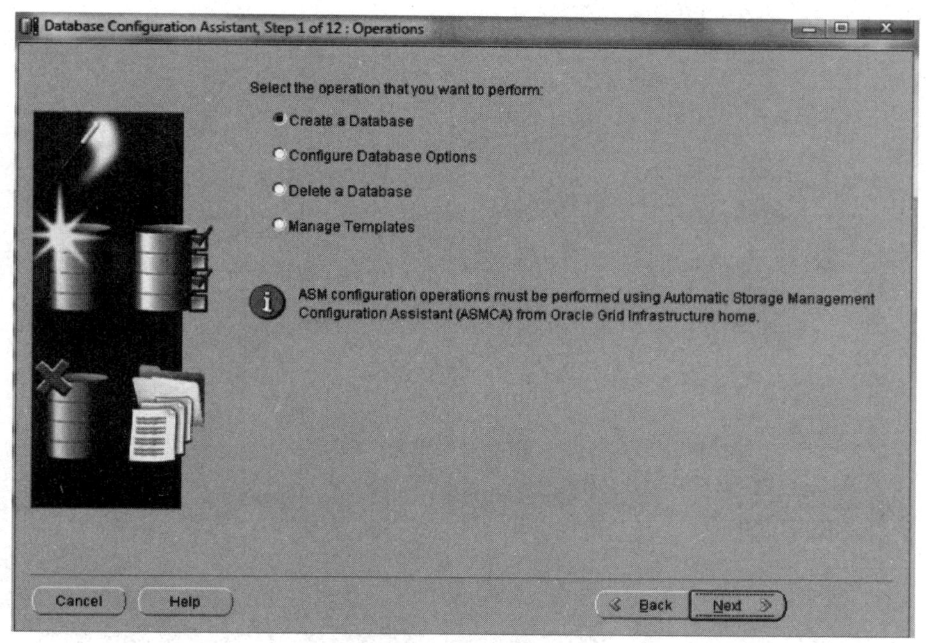

图 3.4　创建数据库

第四步：自定义数据库，选择图 3.5 中的“Custom Database”选项，再单击“Next”按钮，出现如图 3.6 所示的界面。

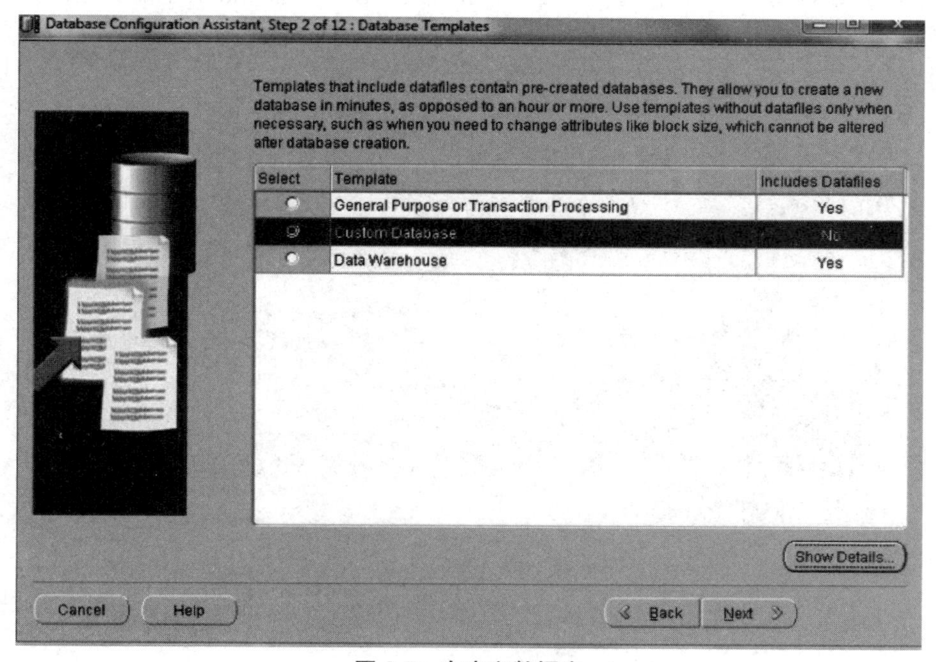

图 3.5　自定义数据库

第五步：在图 3.6 的界面中填写“Global Database Name”和“SID”信息，再单击“Next”按钮，出现如图 3.7 所示的界面。

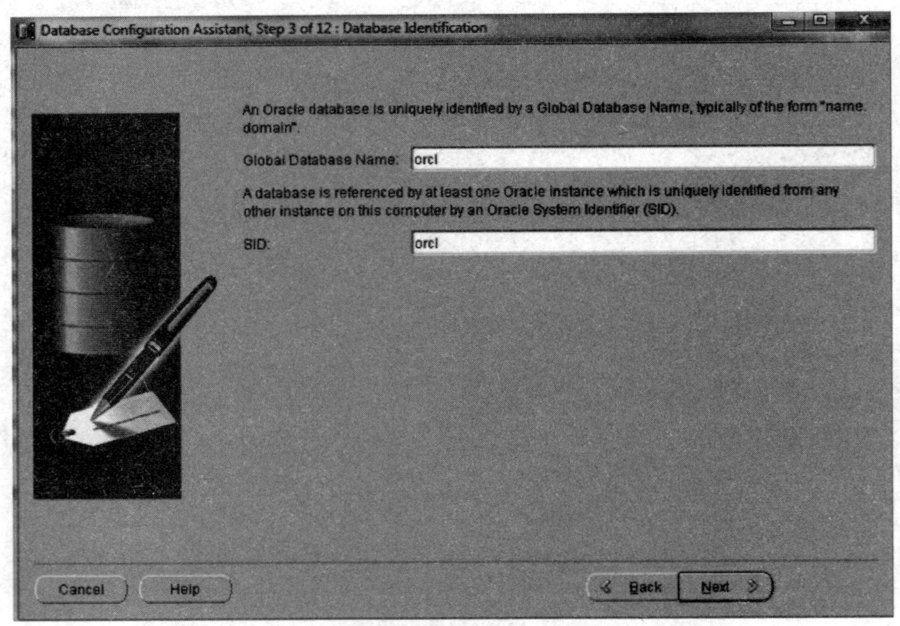

图 3.6　填写“Global Database Name”和“SID”信息

第六步：选择图 3.7 中的“Configure Database Control for local management”选项，启用本地恢复区并设置用户名和密码，再单击“Next”按钮，出现如图 3.8 所示的界面。

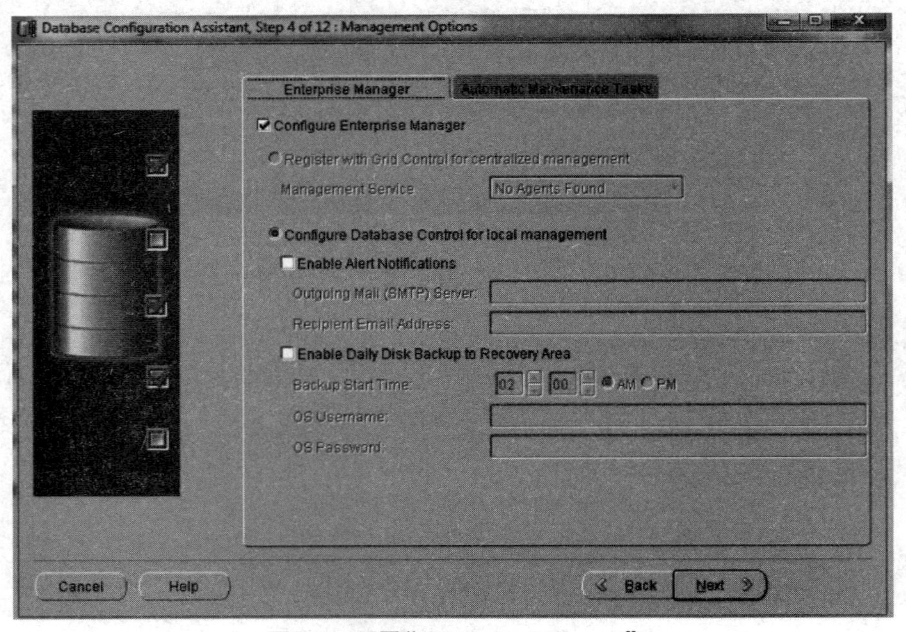

图 3.7　配置“Enterprise Manager”

第七步：选择图 3.8 中的“Use the Same Administrative Password for All Accounts”选项，并设置密码，再单击“Next”按钮，出现如图 3.9 所示的界面。

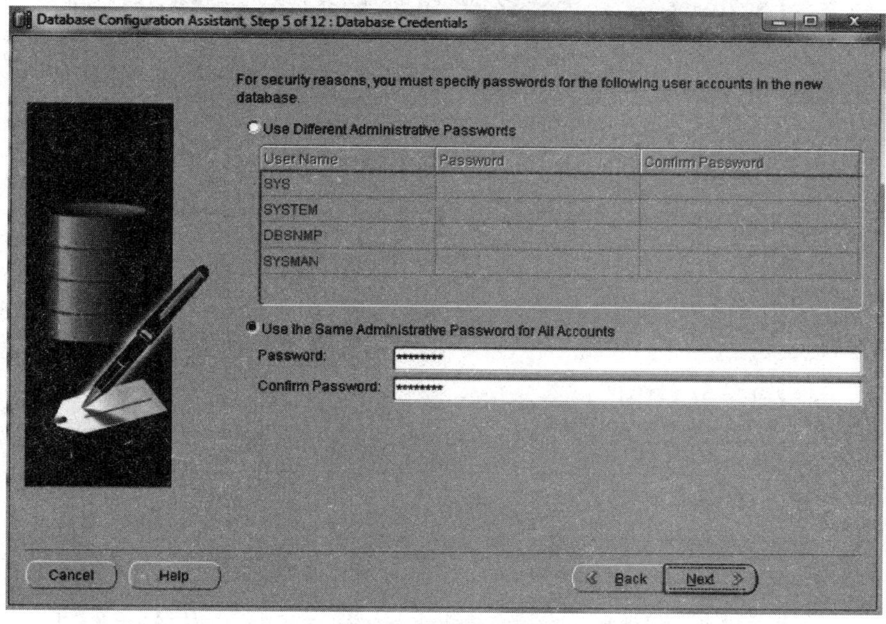

图 3.8　设置用户密码

第八步：完成配置，选择图 3.9 中的“Use Database File Locations from Template”选项，再单击“Next”按钮，出现如图 3.10 所示的界面。

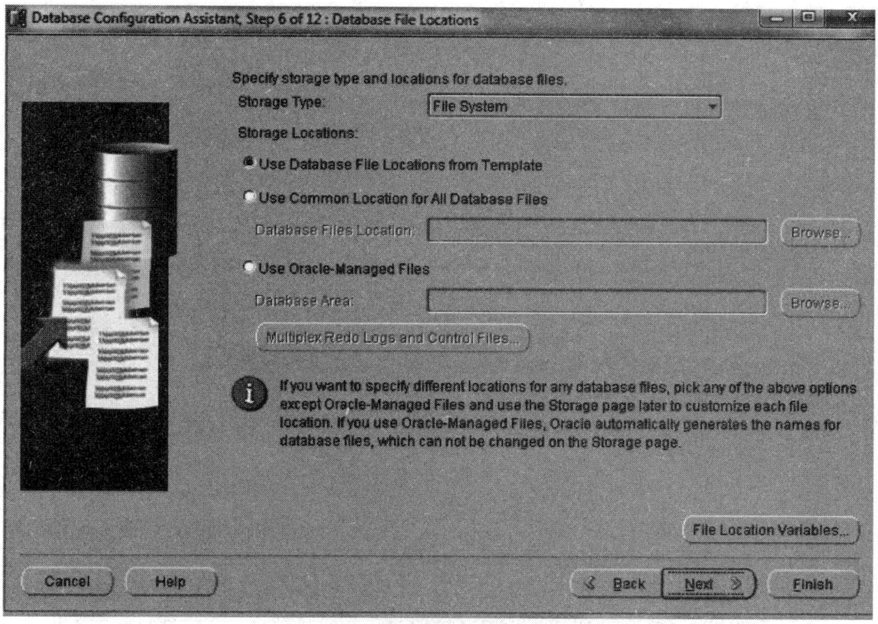

图 3.9　完成配置

第九步：单击图 3.10 中的“OK”按钮，出现如图 3.11 所示的界面。

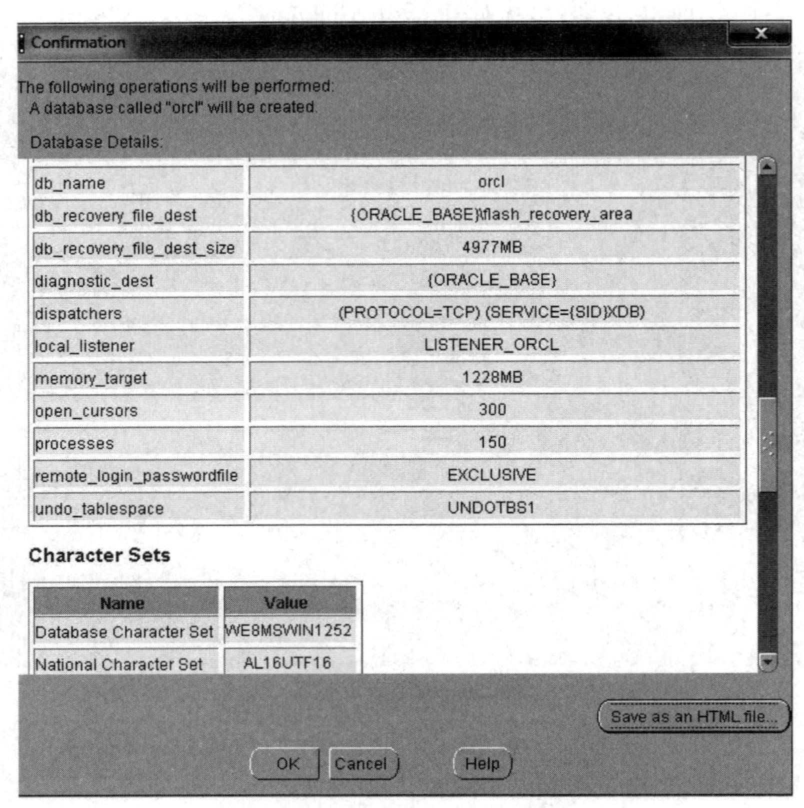

图 3.10 “Confirmation”对话框

第十步：等待创建进程完成，如图 3.11 所示。

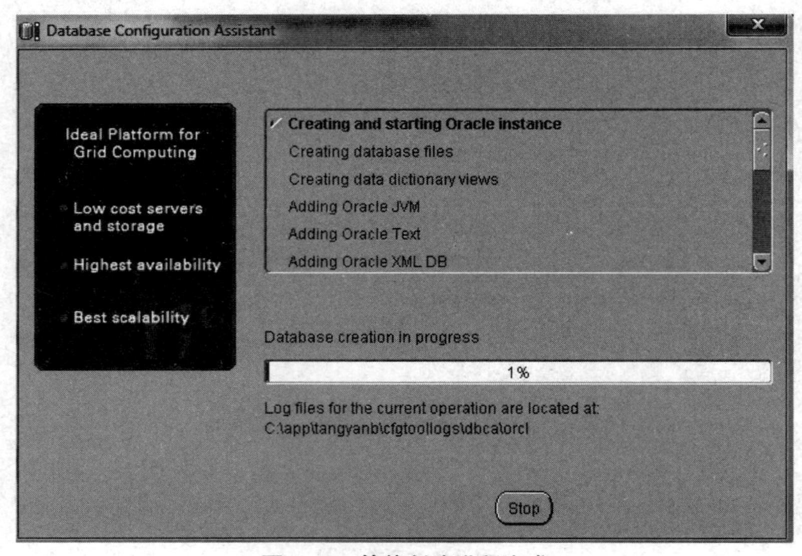

图 3.11 等待创建进程完成

可以使用 DBCA 完成以下任务：

（1）创建数据库；

（2）更改已有数据库的配置；

（3）删除数据库；

（4）管理模板。

3.3 表结构、数据类型以及完整性约束

数据库中的每一个表都被一个模式（或用户）所拥有，因此表是一种典型的模式对象。在创建数据表时，Oracle 将在一个指定的表空间中为其分配存储空间。最初创建的是一个裸的逻辑存储结构，其中不包含任何数据记录。

3.3.1 表和表结构

表是日常工作和生活中经常使用的一种表示数据以及关系的形式，表 3.3 就是用来表示学生情况的一个学生表。

表 3.3 学生表

学号	姓名	性别	年龄	系别
0811101	李勇	男	21	计算机系
0811102	刘晨	男	20	计算机系
0811103	王敏	女	20	计算机系
0811104	张小红	女	19	计算机系
0821101	张立	男	20	信息管理系
0821102	吴宾	女	19	信息管理系
0821103	张海	男	20	信息管理系
0831101	钱小平	女	21	通信工程系
0831102	王大力	男	20	通信工程系
0831103	张姗姗	女	19	通信工程系

每个表都有一个名字，以标识该表。表 3.3 的名字是“学生表”，共有 5 列，每一列都有一个列名（一般就用标题作为列名），描述了学生某一方面的属性。每个表由若干行组成，表的第一行为各列标题，其余各行都是数据。

关系数据库使用表来表示实体及其联系。表包括的概念见表 3.4。

表 3.4　表包括的概念

名称	说明
表结构	每个数据库包含了若干个表。每个表包含一组固定的列，而列由数据类型和长度两部分组成，以描述该表所跟踪的实体的属性
记录	每个表包含若干个行数据，它们是表的“值”，表中的一行称为一条记录。因此，表是记录的有限集合
字段	每条记录由若干数据项构成，将构成数据的每个数据项称为字段
关键字	若表中记录的某一字段或字段组合能作为标识记录，则称该字段或字段组合为候选关键字。若一个表有多个候选关键字，则选定其中一个为主关键字，也称为主键。当一个表仅有一个候选关键字时，该候选关键字就是主关键字，可以唯一标识记录行

3.3.2　数据类型

表是最常见的一种组织数据的方式，一张表一般有多个列（即多个字段）。每个字段都有特定的属性，包括字段名、数据类型、字段长度、约束、默认值等，这些属性在创建表时被确定。从用户的角度来看，数据库中的数据的逻辑结构是一张二维的平面表，在表中通过行和列来组织数据。在表中每一行存放一条信息，通常称表中的一行为一条记录。

Oracle 提供多种内置的列的数据类型，常用的包括字符类型、数值类型、日期和时间类型、LOB 类型和 ROWID 类型。除了这些类型之外，用户还可以定义数据类型。5 种常用的数据类型的使用方法如下。

1. 字符类型

字符类型用于声明包含字母和数字数据的字段。字符类型再进行细分可包含定长字符串和变长字符串两种，它们分别对应 CHAR 数据类型和 VARCHAR2 数据类型。

1）CHAR 数据类型

CHAR 数据类型用于存储固定长度的字符串。一旦定义了 CHAR 类型的列，该列就会一直保持声明时规定的长度大小。当为该列的某个单元格（行与列的交叉处就是单元格）赋予长度较短的数据时，Oracle 会用空格自动填充空余部分；如果字段保存的字符长度大于规定的长度，则 Oracle 会产生错误信息。CHAR 数据类型的长度范围为 1~2 000。

2）VARCHAR2 数据类型

VARCHAR2 数据类型与 CHAR 数据类型相似，都用于存储字符串数据。但 VARCHAR2 数据类型的字段用于存储变长、非固定长度的字符串。将字段定义为 VARCHAR2 数据类型时，该字段的长度将根据实际字符数据的长度自动调整，即当该列的字符串长度小于定义的长度时，系统不会使用空格填充，而是保留实际的字符串长度。因此，在大多数情况下，都会使用 VARCHAR2 数据类型替换 CHAR 数据类型。

2. 数值类型

数值类型的字段用于存储带符号的整数或浮点数。Oracle 中的 NUMBER 数据类型有精度（PERCISION）和范围（SCALE）两种参数。精度指定所有数字位的个数，范围指定小数的位数，这两个参数都是可选的。如果插入字段的数据超过指定的位数，Oracle 将自动进行四舍五入。例如字段的数据类型为 NUMBER（5，2），如果插入的数据为 3.141 592 6，则实际上字段中保存的数据为 3.14。

3. 日期和时间类型

Oracle 提供的日期时间数据类型是 DATE，它可以存储日期和时间的组合数据。用 DATE 数据类型存储日期和时间比使用字符数据类型存储日期和时间更简单，并且可以借助 Oracle 提供的日期和时间函数便捷地处理数据。

在 Oracle 中，可以使用不同的方法建立日期值。其中，最常用的获取日期值的方法是通过 SYSDATE 函数获取，调用该函数可以获取当前系统的日期值。除此之外，还可以使用 TO_DATE 函数将数值或字符串转换为 DATE 类型。Oracle 默认的日期和时间格式由初始化参数 NLS_DATE_FORMATE 指定，一般为 DD-MM-YY。

4. LOB 类型

LOB 类型用于大型的、未被结构化的数据，例如二进制文件、图片文件和其他类型的外部文件。LOB 类型的数据可以直接存储在数据库内部，也可以存储在外部文件中，而指向数据的指针只存储在数据库中。LOB 类型分为 BLOB、CLOB 和 BFILE 3 种类型。

1）BLOB 类型

BLOB 类型用于存储二进制对象。典型的 BLOB 类型包括图像文件、音频文件和视频文件等。在 BLOB 类型的字段中最多能够存储 128 MB 的二进制对象。

2）CLOB 类型

CLOB 类型用于存储字符格式的大型对象。CLOB 类型的字段最多能够存储 128 MB 的二进制对象。Oracle 先把数据转换成 Unicode 格式的编码，然后再将它存储到数据库中。

3）BFILE 类型

BFILE 类型用于存储二进制格式的文件。在 BFILE 类型的字段中最多可以将 128 MB 的二进制文件作为系统文件存储在数据库外部，文件的大小不能超过操作系统的限制。BFILE 类型的字段中仅保存二进制文件的指针，并且 BFILE 字段是只读的，不能通过数据库对其中的数据进行修改。

5. ROWID 类型

ROWID 类型被称为“伪列类型”，在 Oracle 内部用于保存表中的每条记录的物理地址。在 Oracle 内部是通过 ROWID 来定位所需记录的。由于 ROWID 实际上保存的是数据记录的物理地址，所以通过 ROWID 来访问数据记录的速度最快。为了便于使用，Oracle 自动为每一个表建立一个名为 ROWID 的字段，可以对这个字段进行查询、更新和删除等操作，利用 ROWID 访问表中的记录以实现最快的操作速度。常用的数据类型见表 3.5。

表 3.5　ROWID 类型

	数据类型	长度	说明
字符类型	CHAR（*n* BYTE/CHAR）	默认 1 B，*n* 值最大为 2 000	末尾填充空格以达到指定长度，超过最大长度报错；默认指定长度为字节数，字符长度范围为 1~4 B
	NCHAR（*n*）	默认 1 B，最大存储容量为 2 000 B	末尾填充空格以达到指定长度，*n* 为 Unicode 字符数；默认为 1 B
	NVARCHAR2（*n*）	最大长度必须指定，最大存储容量为 4 000 B	变长类型，*n* 为 Unicode 字符数
	VARCHAR2（*n* BYTE/CHAR）	最大长度必须指定，至少为 1 B 或者 1 字符，*n* 值最大为 4 000	变长类型，超过最大长度报错；默认存储的是长度为 0 的字符串
	VARCHAR	最大存储容量为 4 000 B	可变长度的字符串类型
数值类型	NUMBER（*P*，*S*）	1~22 B *P* 取值范围为 1~38 *S* 取值范围为 -84~127	存储定点数，值的绝对值范围为 1.0×10^{-130}~1.0×10^{126}，值大于或等于 1.0×10^{126} 时报错；*P* 为有意义的数字位数，正值 *S* 为小数位数，负值 *S* 表示四舍五入到小数点左边多少位
	BINARY_FLOAT	5 B，其中有一长度字节	32 位单精度浮点数类型 符号位 1 位，指数位 8 位，尾数位 23 位
	BINARY_DOUBLE	9 B，其中有一长度字节	64 位双精度浮点数类型
日期时间类型	DATE	7 B	默认值为 SYSDATE 的年、月、日为 01。包含一个时间字段，若插入值没有时间字段，则默认值为 00：00：00 or 12：00：00 for 24-hour and 12-hour clock time，没有分秒和时间区
	TIMESTAMP [（fractional_ seconds_precision）]	7~11 B	fractional_seconds_precision 为 Oracle 存储秒值小数部分位数，默认为 6，可选范围为 0~9，没有时间区
	TIMESTAMP [（fractional_seconds_precision）] WITH TIME ZONE	13 B	使用 UTC，包含字段 YEAR、MONTH、DAY、HOUR、MINUTE、SECOND、TIMEZONE_HOUR、TIMEZONE_MINUTE
	TIMESTAMP [（fractional_ seconds_precision）] WITH LOCAL TIME ZONE	7~11 B	存时使用数据库时区，取时使用会话时区
	INTERVAL YEAR（[year_precision）] TO MONTH	5 B	包含年、月的时间间隔类型。year_precision 是年字段的数字位数，默认为 2，可选范围为 0~9
	INTERVAL DAY [（day_ precision）] TO SECOND [（fractional_seconds_precision）]	11 B	day_precision 是月份字段的数字位数，默认为 2，可选范围为 0~9

续表

	数据类型	长度	说明
大对象类型	BLOB	最大为（4GB − 1）×数据库块大小	存储非结构化二进制文件；支持事务处理
	CLOB	最大为（4GB − 1）×数据库块大小	存储单字节或者多字节字符数据；支持事务处理
	NCLOB	最大为（4GB − 1）×数据库块大小	存储 Unicode 数据；支持事务处理
	BFILE	最大为 $2^{32} - 1$ B	LOB 地址指向文件系统上的一个二进制文件，维护目录和文件名；不参与事务处理；只支持只读操作
其他	LONG	最大为 2 GB	变长类型，存储字符串；创建表时不要使用该类型
	RAW（*n*）	最大 2 000 B，*n* 为字节数，必须指定 *n*	变长类型，字符集发生变化时不会改变值
	LONG RAW	最大为 2 GB	变长类型，不建议使用，建议转化为 BLOB 类型，字符集发生变化时不会改变值
	ROWID	10 B	代表记录的地址；显示为 18 位的字符串；用于定位数据库中一条记录的一个相对唯一地址值；通常情况下，该值在该行数据插入到数据库表时即被确定且唯一

3.3.3 数据的完整性约束

约束（Constraint）可以被看作是在数据库中定义的各种规则或者策略，用来保证数据的完整性和业务规则。在 Oracle 中可以建立的约束条件包括以下 5 种。

（1）主键约束（Primary Key）：唯一性、非空性。

（2）唯一约束（Unique）：唯一性，可以空，但只能有一个。

（3）检查约束（Check）：指约束表中的值或格式。

（4）外键约束（Foreign Key）：需要建立两表之间的关系。

（5）非空约束（Not Null）：该字段不能为空。

完整性约束是一种规则，不占用任何数据库空间。完整性约束存在数据字典中，在执行 SQL 或 PL/SQL 期间使用。

1）CHECK 约束

CHECK 约束是指约束表中某一个或者某些列中可接受的数据值或者数据格式。例如，可以要求 authors 表的 postcode 列只允许输入 6 位数字的邮政编码。其语法格式如下。

```
column_name data_type [CONSTRAINT constraint_name] CHECK (condition)
```

CHECK 约束具有如下特点。

（1）定义了 CHECK 约束的列必须满足约束表达式中指定的条件，但允许为 NULL。

（2）在约束表达式中必须引用表中的单个列或多个列，并且约束表达式的计算结果必须是一个布尔值。

（3）在约束表达式中不能包含子查询。

（4）在约束表达式中不能包含 SYSDATE、UID、USER、USERENV 等内置的函数，也不能包含 ROWID、ROWNUM 等伪列。

（5）CHECK 约束既可以在列级定义，也可以在表级定义。

在定义 CHECK 约束时约束名是可选的，如果名字没有设置，那么 Oracle 将产生一个以 SYS_ 开始的唯一的名字。

例如，设置 gender 字段值只能是 M 或者 F，代码如下。

```
1  gender VARCHAR2(1) constraint chk_gender CHECK (gender in ('M','F'))
```

2）NOT NULL 约束

NOT NULL 即非空约束，主要用于防止 NULL 值进入指定的列。该约束是在单列基础上定义的。在默认情况下，Oracle 允许在任何列中有 NULL 值。其语法格式如下。

```
column_name data_type [CONSTRAINT constraint_name] NOT NULL
```

NOT NULL 约束具有如下特点。

（1）定义了 NOT NULL 约束的列中不能包含 NULL 值或者无值，如果在某个列上定义了 NOT NULL 约束，则插入数据时就必须为该列提供数据。

（2）只能在单个列上定义 NOT NULL 约束。

（3）在同一个表中可以在多个列上分别定义 NOT NULL 约束。

例如，设置 birth 字段必须有值，代码如下。

```
1  birthDate NOT NULL
```

3）UNIQUE 约束

UNIQUE 约束可以保证表中多个数据列的任何两行的数据都不相同。UNIQUE 约束与表一起创建。其语法格式如下。

```
column_name data_type [CONSTRAINT constraint_name] UNIQUE
```

UNIQUE 约束具有如下特点。

（1）定义了 UNIQUE 约束的列中不能包含重复值，但如果在一个列上仅定义了

UNIQUE 约束，而没有定义 NOT NULL 约束，则该列可以包含多个 NULL 值或无值。

（2）可以为单个列定义 UNIQUE 约束，也可以为多个列的组合定义 UNIQUE 约束。因此，UNIQUE 约束可以在列级定义，也可以在表级定义。

（3）Oracle 会自动为具有 UNIQUE 约束的列建立一个唯一索引。如果这个列已经具有唯一或者非唯一索引，Oracle 将使用已有的索引。

（4）对同一个列，可以同时定义 UNIQUE 约束和 NOT NULL 约束。例如，基于单列的唯一约束示例，代码如下。

```
1 CONSTRAINT tb_supplier_u1 UNIQUE (supplier_id)
```

例如，基于多列的唯一约束示例，代码如下。

```
1 CONSTRAINT tb_products_u1 UNIQUE (product_id, product_name)
```

4）PRIMARY KEY 约束

PRIMARY KEY 约束是指主键约束，用于唯一标识一行记录，并且防止出现 NULL 值。在一个表中只能定义一个 PRIMARY KEY 约束。在创建表时，为列添加 PRIMARY KEY 约束，语法格式如下。

```
1 column_name data_type [ CONSTRAINT constraint_name]
2 PRIMARY KEY
```

或

```
1 [CONSTRAINT constraint_name]  PRIMARY KEY (column_name)
```

PRIMARY KEY 约束具有如下特点。

（1）定义了 PRIMARY KEY 约束的列或组合不能有重复的值，也不能有 NULL 值。

（2）可以为单个列定义 PRIMARY KEY 约束，也可以为多个列的组合定义 PRIMARY KEY 约束。因此 PRIMARY KEY 约束可以在列级定义，也可以在表级定义。

（3）Oracle 会自动为具有 PRIMARY KEY 约束的列建立一个唯一索引和一个 NOT NULL 约束。

（4）在一个表中只能定义一个 PRIMARY KEY 约束。例如，定义 stu_id 列为主键，代码如下。

```
1 stu_id VARCHAR2(30) constraint pk_sid PRIMARY KEY
```

或

```
1 constraint pk_sid primary key(stu_id)
```

5）FOREIGN KEY 约束

FOREIGN KEY 约束即外键约束，一般的外键约束会使用两个表进行关联，同时也存在同一个表进行自关联的情况。外键是指“当前表”（即外键表）引用“另外一个表”（即主键表）的某个列或者某几个列，而“另外一个表”中被引用的列必须具有主键约束或者唯一约束。在“主键表”的被引用列中不存在的数据不能出现在“外键表”的对应的列中。一般情况下，当删除引用表中的数据时，该数据也不能出现在“外键表”的外键列中。在创建表时，为列添加 FOREIGN KEY 约束，语法格式如下。

```
1 [CONSTRAINT constraint_name]  FOREIGN KEY(column_name) REFERENCES T_
OTHER(column_name)
```

FOREIGN KEY 约束具有如下特点。

（1）定义了 FOREIGN KEY 约束的列中只能包含相应的在其他表中引用的列的值，或者为 NULL。

（2）定义了 FOREIGN KEY 约束的外键列和相应的引用列可以存在于同一个表中，这种情况称为“自引用”。

（3）对同一个列，可以同时定义 FOREIGN KEY 约束和 NOT NULL 约束。

（4）FOREIGN KEY 约束必须参照主表的一个 PRIMARY KEY 约束或者 UNIQUE 约束。

（5）可以为单个列定义 FOREIGN KEY 约束，也可以为多个列的组合定义 FOREIGN KEY 约束。因此，FOREIGN KEY 约束可以在列级定义，也可以在表级定义。

外键级联操作：

① ON DELETE SET NULL 的作用：主表数据删除，从表的数据设置为 NULL；

② ON DELETE CASCADE 的作用：级联删除，主表数据删除，从表相关联的数据也被删除。

例如，首先创建一个 T_INVOICE 表，并设置 ID 字段为主键字段，然后创建外键表 T_INVOICE_DETAIL，设定 INVOICE_ID 字段为外键，代码如下。

```
1 CREATE TABLE T_INVOICE
2 (ID NUMBER(10) NOT NULL,
3 INVOICE_NO VARCHAR2(30)    NOT NULL,
4 CONSTRAINT PK_INVOICE_ID    PRIMARY KEY(ID));
5 CREATE TABLE T_INVOICE_DETAIL
6 (ID NUMBER(10) NOT NULL,
7 AMOUNT NUMBER(10,3),
8 PIECE NUMBER(10),
9 INVOICE_ID NUMBER(10),
10   CONSTRAINT PK_DETAIL_ID PRIMARY KEY(ID),
```

```
11  CONSTRAINT FK_INVOICE_ID
12  FOREIGN KEY(INVOICE_ID ) REFERENCES T_INVOICE(ID)
13  );
```

3.4 数据定义——表的创建、修改与删除

SQL 的数据定义功能通过数据定义语言（Data Definition Language，DDL）实现，它用来定义数据库的逻辑结果，包括定义基表、视图和索引。基本的 DDL 包括 3 类，即定义、修改和删除，分别对应 CREATE、ALTER、DROP 3 条语句。

创建表，实际上就是在数据库中定义表的结构。表的结构主要包括表与列的名称、列的数据类型以及建立在表或列上的约束。

修改表，是指修改表的结构，如增减列、修改数据类型、约束等。

创建表可以在 SQL*Plus 中通过 CREATE TABLE 命令完成；修改表可以在 SQL*Plus 中通过 ALTER TABLE 命令完成；删除表可以在 SQL*Plus 中通过 DROP TABLE 命令完成。

3.4.1 用 CREATE TABLE 命令创建表

在 Oracle 数据库中，CREATE TABLE 语句的基本语法格式如下。

```
1 CREATE [[GLOBAL] TEMPORORY|TABLE|schema.]table_name(
2 column1 datatype [DEFAULT exp1][column1 constraint],
3 column2 datatype [DEFAULT exp1][column2 constraint],
4 …
5 [table constraint])
6 [ON COMMIT(DELETE|PRESERVE)ROWS]
7 [ORGANIZITION{HEAP|INDEX|EXTERNAI…}]
8 [PARTITION BY …(…)]
9 [TABLESPACE tablespace_name]
10 [LOGGING|NOLOGGING]
11 [COMPRESS|NOCOMPRESS];
```

其中，各语句功能如下。

（1）column1 datatype 为列指定数据类型。

（2）DEFAULT exp1 为列指定默认值。

（3）column1 constraint 为列定义完整性约束。

（4）table constraint 为表定义完整性约束。

（5）[ORGANIZITION{HEAP|INDEX|EXTERNAI…}] 为表的类型，如关系型（标准、按堆组织）、临时型、索引型、外部型或者对象型。

（6）[PARTITION BY …(…)] 为分区及子分区信息。

（7）[TABLESPACE tablespace_name] 指示用于存储表或索引的表空间。

（8）[LOGGING|NOLOGGING] 指示是否保留重做日志。

（9）[COMPRESS|NOCOMPRESS] 指示是否压缩。

如果要在自己的方案中创建表，要求用户必须具有 CREATE TABLE 系统权限。如果要在其他方案中创建表，则要求用户必须具有 CREATE ANY TABLE 系统权限。

创建表时，Oracle 会为该表分配相应的表段。表段的名称与表名完全相同，并且所有数据都会被存放到该表段中。

例如，创建一个名为 IT_DEPT 的表，由部门编号 DEPTNO、部门名称 DNAME、位置 LOC 3 个属性构成，其中 DEPTNO 为主键，DNAME 不能为空，创建语句如下。

```
1 CREATE TABLE IT_DEPT
2 (
3 DEPTNO NUMBER(2,0) constraint PK_DNO PRIMARY KEY ,
4 DNAME VARCHAR2(50) NOT NULL,
5 LOC VARCHAR(50));
```

例如，创建一个名为 IT_EMPLOYEES 的表，由编号 EMPLOYEE_ID、名 FIRST_NAME、姓 LAST_NAME、邮箱 EMAIL、电话号码 PHONE_NUMBER、部门编号 JOB_ID、薪资 SALARY 和部门经理编号 MANAGER_ID 8 个属性组成。其中 EMPLOYEE_ID 为主键，LAST_NAME 不能为空，SALARY 值不能为负，默认为 0。JOB_ID 为表 IT_DEPT 的 DEPTNO 的外键，创建语句如下。

```
1 CREATE TABLE IT_EMPLOYEES
2 (
3 EMPLOYEE_ID NUMBER(4,0) PRIMARY KEY ,
4 FIRST_NAME VARCHAR2(20) ,
5 LAST_NAME VARCHAR(25) NOT NULL ,
6 EMAIL VARCHAR2(25) CONSTRAINT UN_EMAIL UNIQUE ,
7 PHONE_NUMBER VARCHAR2(20) ,
8 JOB_ID NUMBER(2,0) ,
9 SALARY NUMBER(8,2) DEFAULT 0 CHECK (SALARY >= 0),
10 MANAGER_ID NUMBER(4,0),
11 CONSTRAINT FK_DEPTNO FOREIGN KEY (JOB_ID) REFERENCES IT_
DEPT(DEPTNO) );
```

3.4.2 用 ALTER TABLE 命令修改表

随着应用环境和应用需求的变化，有时需要修改已建好的基表，SQL 语言用 ALTER

TABLE 语句修改基表，语法结构如下。

```
1 ALTER TABLE table_name
2 [ADD column_name  datatype  [constraint]]
3 [DROP constrant constraint_name | column column_name]
4 [MODIFY column_name datatype]
```

其中，table_name 表示要修改的基表；ADD 子句用于增加新列和新的完整性约束条件；DROP 子句用于删除指定的完整性约束条件或者删除某列；MODIFY 子句用于修改原有的列名或者数据类型。

例如，向 IT_EMPLOYEES 表中增加“雇员生日”列，其数据类型为日期型，代码如下。

```
1 ALTER TABLE IT_EMPLOYEES
2 ADD birthdaydate;
```

例如，将 IT_EMPLOYEES 表 PHONE_NUMBER 字段长度改为 30 位，代码如下。

```
1 ALTER TABLE IT_EMPLOYEES
2 MODIFY HONE_NUMBER VARCHAR2(30);
```

例如，删除 IT_EMPLOYEES 表 EMAIL 字段的 UNIQUE 约束，代码如下。

```
1 ALTER TABLE IT_EMPLOYEES
2 DROP CONSTRAINT UN_EMAIL;
```

注意：修改表结构，即使语法正确，修改也未必能够成功。在表中存在数据的情况下，如果修改数据类型、约束等和现有数据冲突，修改会失败。

3.4.3 用 DROP TABLE 命令删除表

当某个数据对象不再被需要时，可以将它删除，SQL 语言使用 DROP 语句来删除数据对象，其中删除数据表语法如下。

```
1 DROP TABLE table_name;
```

例如，删除 IT_EMPLOYEES 表的语句如下。

```
1 DROP TABLE IT_EMPLOYEES;
```

删除基表定义后，表中的数据和在该表上建立的约束等都将自动被删除。因此执行删除基表的操作一定要谨慎。

注意：在删除基表时，如果有外键引用的主表，那么要先删除从表再删除主表。另外在 Oracle 中，删除基表后建立在此表上的视图定义仍然保留在数据字典中，而当用户引用该视图时会报错。

3.4.4 创建和管理表空间

表空间就像一个文件夹，是存储数据库对象的容器。如果要创建表，首先要创建能够存储表的表空间。表空间分别可以通过 Oracle 企业管理器（OEM）图形界面方式和 PL/SQL 命令方式创建。

表空间由数据文件组成，数据文件是数据库实际存放数据的地方，数据库的所有系统数据和用户数据都必须放在数据文件夹中。每一个数据创建时，系统都会默认为它创建一个“SYSTEM”表空间，以存储系统信息。一个数据库至少有一个表空间（即 SYSTEM 表空间）。一般情况下，用户数据应该存放在单独的表空间中，所以必须创建和使用自己的表空间。

OEM 提供了创建和管理表空间的工具。使用 SYSTEM 用户登录 OEM，连接身份选择“SYSDBA”，在“服务器”属性页面中单击“表空间”，进入“表空间页面”。

例如，使用 OEM 创建永久性表空间 MYMR。在“表空间”页面中，单击“创建”按钮进入“创建表空间”页面。选择“一般信息”选项页面，在“名称”文本框中输入“MYMR”。

注意，只能使用数据库字符集中的字符，长度不超过 30，名称在数据库中必须是唯一的。

“一般信息”页面中包括区管理、类型和状态，见表 3.6。

表 3.6 “一般信息”选项页面包括的内容

名称	说明
区管理	区管理是对表空间分区的管理。区管理分本地管理和字典管理。本地管理是由使用者对表空间进行的管理，是表空间管理的默认方法；字典管理由数据字典进行管理。Oracle 系统强烈建议用户只创建本地管理的表空间。本地管理的表空间比字典管理的表空间更有效
类型	表空间有 3 种类型——永久性、临时性和还原性。永久性表空间指该表空间用于存放永久性数据库对象。临时性表空间指该表空间仅用于存放临时性数据库对象，任何永久性数据库对象都不能存放于临时性表空间中。在建立用户时，如果不指定表空间，默认的临时性表空间是 TEMP, 永久性表空间是 SYSTEM。为了避免应用系统与 Oracle 系统竞争 SYSTEM 表空间，Oracle 18c 允许 DBA 将非 TEMP 临时性表空间设置为默认临时性表空间，将其他表空间设置为永久性表空间。还原性表空间为支持事务处理回滚的表空间，这里选择“永久”选项
状态	状态选项用于设置表空间的状态，有读写、只读和脱机 3 种

为了解决存储文件空间不够的问题，Oracle 允许创建大文件（Bigfile）的表空间。大文件表空间就是可以创建带 BIGFILE 保留字的表空间，它只能包含一个数据文件或临时文件。文件最大可以是 2^{32} 或 4 GB 个的数据块。例如，如果块为 32 KB，那么单个文件最大可达 128 TB。大文件空间只限于本地化、SEGMENT SPACE MANAGEMENT AUTO 类型表

空间，仅在本地管理的表空间中才支持大文件表空间。

3.5 数据操纵——表中数据管理

SQL 的数据操纵功能通过数据操纵语言（Data Manipulation Language，DML）实现，它用于改变数据库中的数据，数据更新包括插入、删除和修改 3 种操作，分别对应 INSERT、DELETE 和 UPDATE 3 条语句。其中，删除数据还可以使用 TRUNCATE 来实现。

3.5.1 插入数据

INSERT 语句用于完成向数据表中插入数据的功能，既可以根据对列赋值一次插入一条记录，也可以根据 SELECT 查询子句获得的结果记录，批量插入指定数据。

1. 一般 INSERT INTO 语句

INSERT 语句的语法如下。

```
1 INSERT INTO [schema.]table[@db_link][(column1[,column2]…)]
2 VALUES(express1[,express2]…);
```

其中，table 表示要插入数据的表名；db_link 表示数据库链接名；column1、column2 表示表的列名；VALUES 表示给出要插入的值列表。

在 INSERT 语句的使用方式中，最为常见的形式是在 INSERT INTO 子句中插入数据的列，并在 VALUES 子句中为各个列提供一个值。

例如，用 INSERT 语句向表 IT_DEPT 中插入一条记录，代码如下。

```
1 INSERT INTO IT_DEPT(deptno,dname,loc)
2 VALUES(1,' 市场部 ',' 天津市西青区 ');
```

在向表的所有列中插入数据时，也可以省略 INSERT INTO 子句后的列表清单，使用这种方法时，必须根据表中定义的列的顺序为所有的列提供数据。

例如，用 INSERT 语句向表 IT_DEPT 中插入一条记录，代码如下。

```
1 INSERT INTO IT_DEPT
2 VALUES(2,' 培训部 ',' 天津市西青区 ');
```

如果上面示例的 VALUES 子句少指定了列的值，则在执行时就会收到错误信息，代码如下。

```
1 ORA-00947:没有足够的值
```

另外，如果省略列表清单，VALUES 的值序列没有按照建表时正确的列顺序要求的数据类型和约束插入值，插入操作也将失败。比如上述语句描述为如下形式，虽然值的数量相符，但是数据类型与对应顺序不符，也将报错，代码如下。

```
1 INSERT INTO IT_DEPT
2 VALUES(' 就业部 ',' 天津市西青区 ',3);
```

如果只需要给表中部分列赋值（不能违反表结构对应约束），则在 INSERT INTO 后面添加列序列。例如，用 INSERT 语句向表 IT_DEPT 中插入一条记录，LOC 字段不赋值，代码如下。

```
1 INSERT INTO IT_DEPT(deptno,dname)
2 VALUES(3,' 就业部 ');
```

2. INSERT ALL 插入多条记录

上面使用 INSERT INTO 语句一次性往表中插入一条记录，Oracle 提供的 INSERT ALL 语句可一次性向表中插入多条记录，语法如下。

```
1 INSERT ALL
2 INTO [schema.]table[@db_link][(column1[,column2]…)]
3 VALUES(express1[,express2]…)
4 INTO [schema.]table[@db_link][(column1[,column2]…)]
5 VALUES(express1[,express2]…)
6 …
7 SELECT * FROM dual;
```

其中，最下方 SELECT*FROM dual 必须添加，dual 是 Oracle 提供的伪表。例如，用 INSERT ALL 语句向表 IT_DEPT 中插入多条记录，代码如下。

```
1 INSERT ALL
2 INTO IT_DEPT(deptno,dname,loc) VALUES(4,' 开发部 ',NULL)
3 INTO IT_DEPT VALUES(5,' 服务部 ',' 天津市西青区 ')
4 INTO IT_DEPT(deptno,dname) VALUES(6,' 人资部 ')  SELECT * FROM dual;
```

3. 批量 INSERT

SQL 提供了一种批量插入数据的方法，即使用 SELECT 语句替换 VALUES 语句，由 SELECT 语句提供插入的数据，语法如下。

```
1 INSERT INTO [schema.]table[@db_link][(column1[,column2]…)]
2 Subquery;
```

其中，Subquery 是子查询语句，可以是任何合法的 SELECT 语句，其所选列的个数和类型该与前面的 column 相对应。

例如，从 scott.emp 表查询 empno、ename、mgr 字段的值插入到 IT_EMPLOYEES 对应的 employee_id 、last_name、manager_id 字段中，代码如下。

```
1 INSERT INTO IT_EMPLOYEES(employee_id,last_name,manager_id)
2 SELECT em.empno , em.ename , em.mgr
3 FROM scott.emp em;
```

在使用 INSERT 和 SELECT 的组合语句批量插入数据时，INSERT INTO 指定的列名可以与 SELECT 指定的列名不同，但是数据类型必须匹配，即 SELECT 返回的数据必须满足表中列的约束。

3.5.2 修改记录

当需要修改表中一列或多列的值时，可以使用 UPDATE 语句。使用 UPDATE 语句可以指定要修改的列和修改后的新值，使用 WHERE 子句可以限定被修改的行。使用 UPDATE 语句修改数据的语法形式如下。

```
1 UPDATE table_name
2 SET column1=express1[,column2=express2[,…]]
3 [WHERE condition];
```

其中，各选项含义如下。

（1）UPDATE 语句用于指定要修改的表名称，这部分是必不可少的。

（2）SET 子句用于设置要更新的列以及列的新值，需要后跟一个或多个要修改的表列，这也是必不可少的。

（3）WHERE 后跟更新限定条件，为可选项。

例如，为 3 部门所有员工提高 15% 的薪金，代码如下。

```
1 UPDATE IT_EMPLOYEES
2 SET salary = salary * 1.15
3 WHERE job_id=3;
```

以上使用了 WHERE 子句限定更新薪金的人员为 3 部门，如果未使用 WHERE 子句限定修改的行，则表中所有记录 salary 字段的值都会得到更新。

同 INSERT 语句一样，可以使用 SELECT 语句的查询结果来实现数据更新。

例如，将编号为 7369 的员工的薪水调整为 3 部门员工的平均薪金。

```
1 UPDATE IT_EMPLOYEES
2 SET salary=(
3 SELECT avg(salary) FROM IT_EMPLOYEES WHERE job_id=3)
4 WHERE EMPLOYEE_ID=7369;
```

注意：在使用 SELECT 语句提供新值时，必须保证 SELECT 语句返回单一的值，否则将出现错误。

3.5.3 删除记录

数据库向用户提供了插入数据的功能，当然也可以删除数据，从数据库的表中删除记录可以使用 DELETE 语句来完成。DELETE 语句的语法格式如下。

```
1 DELETE FROM table_name
2 [WHERE condition]
```

其中，关键字 DELETE FROM 后必须跟准备从数据库删除的表名。

例如，从 IT_EMPLOYEES 中删除编号为 7369 的员工，代码如下。

```
1 DELETE FROM IT_EMPLOYEES WHERE employee_id=7369;
```

提示：建议使用 DELETE 语句时一定带上 WHERE 子句，否则会把表中数据全部删除。

3.5.4 TRUNCATE 语句

如果用户确定要删除表中所有的记录，则建议使用 TRUNCATE 语句。使用 TRUNCATE 语句删除数据时，通常要比 DELETE 语句速度快。因为使用 TRUNCATE 语句删除数据时，不会产生回滚信息，因此执行 TRUNCATE 操作也不能被撤销。TRUNCATE 语句的语法如下。

```
1.TRUNCATE TABLE table_name;
```

例如，使用 TRUNCATE 语句删除 IT_EMPLOYEES 表中所有记录，代码如下。

```
1.TRUNCATE TABLE IT_EMPLOYEES;
```

说明：使用 DELETE 语句可以用 ROLLBACK 来恢复数据，而 TRUNCATE 语句则不能。

3.6 事务和锁

3.6.1 事务介绍

事务（Transaction）是一条或多条 SQL 语句组成的执行序列，这个序列中的所有语句都属于一个工作单元，是一个不可分割的整体，用于完成一个特定的业务逻辑。数据库对事务的处理方式是要么全部执行，要么一条语句也不执行，这样做的目的是保证数据的一致性和完整性。

1. 事务的特征

事务具有以下 4 个重要特征，简称为 ACID 属性。

1）原子性（Atomicity）

原子性是指事务包含的所有操作要么全部执行成功，要么全部失败回滚。

2）一致性（Consistency）

一致性是指事务的执行结果必须使数据库从一个一致性状态变换到另一个一致性状态。

3）隔离性（Isolation）

隔离性是指当多个用户并发访问数据库时，比如操作同一张表时，数据库为每一个用户开启的事务，不能被其他事务的操作所干扰，多个并发事务之间要相互隔离。关于事务的隔离性，数据库提供了多种隔离级别。

（4）持久性（Durability）

持久性是指一个事务一旦被提交了，则对数据库中的数据的改变就是永久性的，即便是在数据库系统遇到故障的情况下也不会丢失提交事务的操作。

2. 如果不考虑事务的隔离性，会出现的几种问题

1）脏读

脏读是指在一个事务处理过程中读取了另一个未提交的事务中的数据。

当一个事务正在多次修改某个数据，且多次修改的数据都未提交时，一个并发的事务来访问该数据，就会造成两个事务得到的数据不一致。例如用户 A 向用户 B 转账 100 元，对应 SQL 语句如下。

```
1 update account set money=money+100 where name='B'; ( 此时 A 通知 B)
2 update account set money=money-100 where name='A';
```

当只执行第一条 SQL 语句时，A 通知 B 查看账户，B 发现确实钱已到账（此时即发生了脏读），而之后无论第二条 SQL 语句是否执行，只要该事务不提交，则所有操作都将回滚，那么当 B 再次查看账户时就会发现钱其实并没有转入其账户。

2）不可重复读

不可重复读是指对于数据库中的某个数据，一个事务范围内多次查询却返回不同的数据值，这是由于在查询间隔时，被另一个事务修改并提交了。

例如，事务 T_1 在读取某一数据，而事务 T_2 立马修改了这个数据并且提交事务给数据库，事务 T_1 再次读取该数据就得到了不同的结果，发生了不可重复读。

不可重复读和脏读的区别是，脏读是某一事务读取了另一个事务未提交的脏数据，而不可重复读则是读取了前一事务提交的数据。

3）虚读（幻读）

幻读是事务非独立执行时发生的一种现象。例如，事务 T_1 对一个表中所有的行的某个数据项做了从“1”修改为“2”的操作，这时事务 T_2 又对这个表中插入了一行数据项，而这个数据项的数值还是“1”并且提交给数据库。操作事务 T_1 的用户如果再查看刚刚修改的数据，会发现还有一行没有修改，其实这行是从事务 T_2 中添加的，就好像产生幻觉一样，这就是幻读。

幻读和不可重复读都是读取了另一条已经提交的事务（这点与脏读不同）的数据，所不同的是不可重复读查询的都是同一个数据项，而幻读针对的是一个数据整体（比如数据的个数）。

3. 事务的隔离级别

MySQL 数据库提供的 4 种隔离级别如下。

（1）Serializable（串行化）：可避免脏读、不可重复读和幻读的发生。

（2）Repeatable Read（可重复读）：可避免脏读、不可重复读的发生。

（3）Read Committed（读已提交）：可避免脏读的发生。

（4）Read Uncommitted（读未提交）：最低级别，任何情况都无法保证。

以上 4 种隔离级别中最高的是 Serializable 级别，最低的是 Read Uncommitted。级别越高，执行效率就越低。在 MySQL 数据库中默认的隔离级别为 Repeatable Read。

Oracle 数据库中，只支持 Serializable 级别和 Read Committed 这两种级别，其中默认为 Read Committed 级别。

在不同隔离级别下的可预防的读现象如图 3.12 所示。

隔离级别	脏读	不可重现的读取	幻读
读取未提交的数据 Read Uncommitted	○	○	○
读取已提交的数据 Read Committed	×	○	○
可重复读取 Repeatable Read	×	×	○
串行化 Serializable	×	×	×

○可能发生　× 不可能发生

图 3.12　在不同隔离级别下的可预防的读现象

3.6.2 事务操作

Oracle 数据库中所有的事务都是从隐式开始的，当执行第一条 DML 语句或者一些需要进行事务处理的语句时，事务就开始了。当发生下列情况时，会终止当前事务。

（1）显式地使用提交或回滚语句。

（2）当在 DML 语句的后面执行 DDL 语句或 DCL 语句时。

（3）当用户进程异常终止或系统崩溃时。

1. 提交事务

执行 COMMIT 语句可以提交事务。当执行了 COMMIT 语句后，会确认事务的变化、结束事务、删除保存点、释放锁。在此之前，与当前事务相关的数据都会被加锁，直到当前事务进行了 COMMIT 操作，如果在这个过程中有其他回话试图操作相关数据（这些数据已经被当前事务加锁），那么其他回话会进行等待，或者直接返回错误。

注意：只有在提交事务之后，也就是进行 COMMIT 操作之后，数据才会真正发生改变，在进行 COMMIT 操作之前，数据全部被记录在 Oracle 日志系统。

2. 回退事务

事务的保存点（Savepoint）是事务中的一点，用于取消部分事务，保存点记录的是当前数据库的状态。在事务 COMMIT 提交前，可以使用 ROLLBACK 来回退到指定的保存点。

在事务 COMMIT 提交后，保存点会被删除，这时就无法进行回退操作了。

3. 取消部分事务

在事务描述的过程中可以利用 SAVEPOINT 先设置一个保存点，这样就可以利用 ROLLBACK TO 保存点名将事务回滚到指定的保存点。

4. 取消全部事务

ROLLBACK 就是取消当前事务的全部操作，也就说当前事务先前的操作会被全部取消。

例如，执行 ROLLBACK 语句的代码如下。

```
1 CREATE TABLE tb_temp(id number PRIMARY KEY ,info varchar2(30) );-- 事务操作
2 BEGIN
3 INSERT INTO tb_temp VALUES(1, ' 用户 ');
4 SAVEPOINT ta;
5 INSERT INTO tb_temp VALUES (2, ' 角色 ');
6 ROLLBACK to ta;
7 INSERT INTO tb_temp VALUES (3, ' 权限 ');
8 SAVEPOINT tb;
9 INSERT INTO tb_temp VALUES (4, 'schema');
10 COMMIT;
11 END;
12 SELECT * FROM tb_temp;
```

在上例中，插入 id 为 1 的记录后设置了保存点 ta，然后插入 id 为 2 的记录后执行 ROLLBACK to ta 回滚到保存点 ta，所以 id 为 2 的记录将被回滚撤销；下面又设置了保存点 tb 但并未使用该保存点。最后执行 COMMIT，表 tb_temp 中将保留 id 为 1、3、4 的 3 条记录。运行结果如图 3.13 所示。

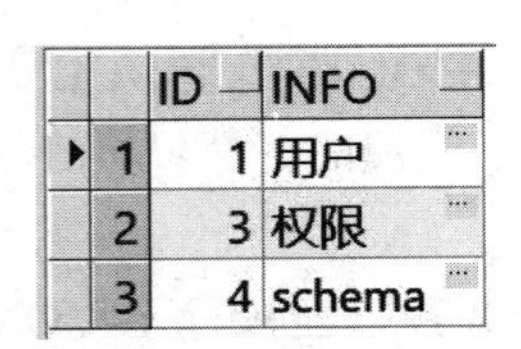

	ID	INFO
1	1	用户
2	3	权限
3	4	schema

图 3.13　运行结果

3.6.3　锁

数据库是一个多用户使用的共享资源。当多个用户并发地存取数据时，在数据库中就会发生多个事务同时存取同一数据的情况。若对并发操作不加控制就可能会读取和存储不正确的数据，破坏数据库的一致性。

如果是单用户的系统，那么完全没有必要加锁。加锁是因为存在多用户并发操作，为了确保资源的安全性（也就是 Oracle 的数据完整性和一致性）。Oracle 利用其锁机制来实现事务间的数据并发访问及数据一致性。

加锁是实现数据库并发控制的一个非常重要的手段。当事务对某个数据对象进行操作前，先向系统发出请求，对其加锁。加锁后事务就对该数据对象有了一定的控制，在该事务释放锁之前，其他的事务不能对此数据对象进行更新操作。

Oracle 的锁机制是一种轻量级的锁定机制，不是通过构建锁列表来进行数据的锁定管理，而是直接将锁作为数据块的属性，存储在数据块首部。

1. 分类

按用户和系统可以将锁分为自动锁和显示锁。

1）自动锁（Automatic Locks）

自动锁是指当进行一项数据库操作时，默认情况下，系统自动为此数据库操作获得所有有必要的锁。自动锁分为 DML 锁、DDL 锁和 System Locks 3 种。

2）显示锁（Manual Data Locks）

在某些情况下，为了使数据库操作执行得更好，需要用户显示地锁定数据库操作要用到的数据，显示锁是用户为数据库对象设定的。按锁级别可以将锁分为排他锁和共享锁。

（1）排他锁（Exclusive Lock，即 X 锁）。事务设置排他锁后，该事务单独获得此资源，另一事务不能在此事务提交之前获得相同对象的共享锁或排他锁。

（2）共享锁（Share Lock，即 S 锁）。共享锁是指一个事务对特定数据库资源进行共享访问，另一事务也可对此资源进行访问或获得相同的共享锁。

2. 悲观锁与乐观锁

1）悲观锁

悲观锁是指假设并发更新冲突会发生，即不管冲突是否真的发生，都会使用锁机制。

悲观锁的功能是:锁住读取的记录,防止其他事务读取和更新这些记录。而其他事务会一直阻塞,直到这个事务结束。悲观锁是在使用了数据库的事务隔离功能的基础上,独享占用的资源,以此保证读取数据的一致性,避免修改丢失。悲观锁可以使用 Repeatable Read 事务,它完全满足悲观锁的要求。

2)乐观锁

乐观锁是指乐观地认为数据在从被执行 SELECT 操作到 UPDATE 操作并提交的这段时间内不会被更改。乐观锁允许多个会话同时操作数据。由于被选出的结果集并没有被锁定,存在数据被其他用户更改的可能,因此 Oracle 建议使用悲观锁,因为这样更安全。比较常见的方式是使用版本列,每次更新时都和旧版本的数据进行比较。

3. 死锁

当两个用户都希望持有对方的资源时就会发生死锁,即当两个用户互相等待对方释放资源时 ,Oracle 认为产生了死锁。在这种情况下 , 将以牺牲一个用户作为代价 , 另一个用户继续执行 , 牺牲的用户的事务将回滚。

1)场景

①用户 1 对 A 表进行 UPDATE 操作,没有提交。

②用户 2 对 B 表进行 UPDATE 操作,没有提交。

此时双方不存在资源共享的问题。

③如果用户 2 此时对 A 表做 UPDATE 操作,则会发生阻塞,需要等到用户 1 的事务结束。

④如果此时用户 1 又对 B 表做 UPDATE 操作,则产生死锁。此时 Oracle 会选择其中一个用户进行回滚,另一个用户继续执行操作。

2)起因分析

Oracle 的死锁问题实际上很少见,如果发生,基本上都是不正确的程序设计造成的,经过调整后,基本上都会避免死锁的发生。

在 Oracle 系统中能自动发现死锁,并选择代价最小的,即完成工作量最少的事务予以撤销,释放该事务所拥有的全部锁,使其他的事务继续工作。

从系统性能上考虑,应该尽可能减少资源竞争,增大吞吐量,因此用户在给并发操作加锁时,应注意以下几点。

(1)对于 UPDATE 和 DELETE 操作,应只锁需要改动的行,在完成修改后立即提交。

(2)当多个事务正利用共享更新的方式进行更新时,不要使用共享锁,而应采用共享更新锁,这样其他用户就能使用行级锁,以增加并行性。

(3)尽可能将对一个表的操作的并发事务施加共享更新锁,从而可提高并行性。

(4)在应用负荷较高期间,不宜对基础数据结构(表、索引、簇和视图)进行修改。如果死锁不能自动释放,就需要执行 kill session 操作。

(5)查看有无死锁对象,语句如下。

```
1 SELECT 'alter system kill session ''' || sid || ',' || serial# || ''';' "Deadlock"
2 FROM v$session
3 WHERE sid IN (SELECT sid FROM v$lock WHERE block = 1);
```

如果有死锁对象，会返回类似图 3.14 所示的信息。

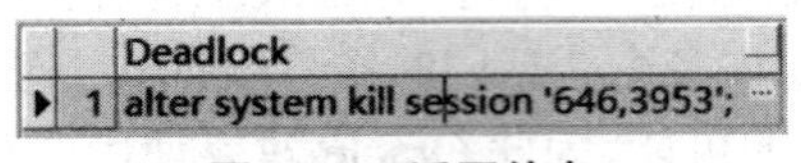

图 3.14　返回信息

（1）执行 kill session，语句如下。

```
1 alter system kill session '646,3953';
```

注意：对于 sid 在 100 以下的情况应当谨慎，可能该进程对应某个 application，如对应某个事务，可以 kill。

（2）查看导致死锁的 SQL，语句如下。

```
1 SELECT s.sid, q.sql_text
2 FROM v$sqltext q, v$session s
3 WHERE q.address = s.sql_address AND s.sid = &sid -- &sid 是第一步查询出来的
4 ORDER BY piece;
```

执行后，输入对应的 sid 即可查看对应的 SQL。

小结

本章简要介绍了 Oracle 相关的后台进程，如何使用图形界面建立数据库，Oracle 数据库的数据类型以及表空间的相关知识。

SQL 的全称是结构化查询语言（Structure Query Lanaguage），是数据库操作的国际标准语言，也是所有的数据库产品均要支持的语言。本章通过相关示例，介绍了 SQL 的数据定义和数据操纵语言。

本章还介绍了事务和锁机制，事务是数据库中非常重要的概念，需要着重理解。

单元小测

一、选择题

（1）以下哪一个语句不属于 DDL 语句（　　）。

A. drop　　B. update　　C. alter　　D. create

(2)删除 emp 表中所有数据，且可以 rollback，以下语句哪个命令可以实现(　　)。

A. truncate table emp;　　B. drop table emp;

C. delete * from emp;　　D. delete from emp;

(3)基于 emp 表请选择正确的 SQL 语句，要求显示出：人名—薪水(　　)。

A. SELECT ename|| ---||sal FROM emp;

B. SELECT ename||+ "---" +||sal FROM emp;

C. SELECT ename+|| '---' ||+sal FROM emp;

D. SELECT ename||' --- '||sal FROM emp;

(4)约束条件，应该使用以下哪条 SQL 语句(　　)。

A. alter table emp add primary key emp(ename);

B. alter table emp add constraint pk_emp primary key(ename);

C. alter table emp modify empno primary key;

D. alter table emp modify constraint primary key (ename);

(5)以下哪个语句执行需要开启事务(　　)。

A. truncate table emp;　　B. drop table emp;

C. delete * from emp;　　D. delete from emp;

二、填空题

(1)写出常用的3个以上聚合函数 ____________________。

(2) ____________________ 用于执行外部 SQL 文件。

(3)Oracle 数据库中表示用于存储二进制数据的大对象类型是 ____________________。

(4)Oracle 中定义主键使用短语 ____________________ 设置。

(5)Oracle 中设计 table 时，其中有一个字段要求为：整数部分7位，小数部分2位的数值类型，应该用 ____________________ 来定义类型。

经典面试题

(1)Oracle 的主要数据类型有哪些？

(2)如何使用 INSERT 命令一次性插入多条记录？

(3)如何使用 ALTER 命令添加约束和列？

(4)简述 DELETE，DROP，TRUNCATE3 条命令的作用和区别。

(5)事务的4个特征是什么？

跟我上机

(1)用 SQL 语句建立下列关系表。

Student 表

列名	说明	数据类型	约束
Sno	学号	普通编码定长字符串，长度为 7	主键
Sname	姓名	普通编码定长字符串，长度为 10	非空
Ssex	性别	普通编码定长字符串，长度为 2	取值范围 { 男，女 }
Sage	年龄	整型	大于 0
Dept	所在系	普通编码定长字符串，长度为 20	—

Course 表

列名	说明	数据类型	约束
Cno	课程号	普通编码定长字符串，长度为 10	主键
Cname	课程名	普通编码定长字符串，长度为 20	非空
Credit	学分	整型	大于 0
Semester	开课学期	整型	—

SC 表

列名	说明	数据类型	约束
Sno	学号	普通编码定长字符串，长度为 7	主键，引用 Student 表的外键
Cno	课程号	普通编码定长字符串，长度为 10	主键，引用 Course 表的外键
Grade	成绩	整型	取值范围：0~100

（2）向已创建的二维表输入数据。

Student 表数据

Sno	Sname	SSex	Sage	Dept
0811101	李勇	男	21	计算机系
0811102	刘晨	男	20	计算机系
0811103	王敏	女	20	计算机系
0811104	张小红	女	19	计算机系
0821101	张立	男	20	信息管理系
0821102	吴宾	女	19	信息管理系
0821103	张海	男	20	信息管理系
0831101	钱小平	女	21	通信工程系

续表

Sno	Sname	SSex	Sage	Dept
0831102	王大力	男	20	通信工程系
0831103	张姗姗	女	19	通信工程系

Course 表数据

Cno	Cname	Credit	Semester
C001	高等数学	4	1
C002	大学英语	3	1
C003	大学英语	3	2
C004	计算机文化学	2	2
C005	Java	2	3
C006	数据库基础	4	5
C007	数据结构	4	4
C008	计算机网络	4	4

SC 表数据

Sno	Cno	Grade
0811101	C001	96
0811101	C002	80
0811101	C003	84
0811101	C005	62
0811102	C001	92
0811102	C002	90
0811102	C004	84
0811102	C006	76
0811102	C003	85
0811102	C005	73
0811102	C007	Null
0811103	C001	50
0811103	C004	80
0831101	C001	50
0831101	C004	80

续表

Sno	Cno	Grade
0831102	C007	Null
0831103	C004	78
0831103	C005	65
0831103	C007	Null

（3）完成下列更新语句。

①将所有学生的年龄加 1。

②将 C001 号课程的学分改为 5。

③将计算机系全体学生的成绩加 5。

④将 Java 课程改为第 2 学期开设，3 个学分。

⑤将 SC 表复制成为 SCnew，在 SCnew 中删除所有学生的选课记录。语句为 create table SCnew as select * from SC。

⑥在 SCnew 中删除所有不及格学生的选课记录。

⑦在 SCnew 中删除计算机系不及格学生的选课记录。

⑧在 SCnew 中将学分最低的课程的学分加 2。

第 4 章　数据库的查询和视图

本章要点（学会后请在方框里打钩）：

- □　理解 3 种关系运算——选择、投影和连接
- □　掌握数据库中单表数据查询操作
- □　掌握数据库中多表连接查询操作
- □　理解多表连接的方式
- □　掌握视图的创建和管理

在数据库应用中，最常用的操作就是查询，它是数据库的基础操作（如统计、插入、删除以及修改）的基础。在 SQL 语言中对数据库的数据查询使用 SELECT 语句。SELECT 语句功能非常强大，使用灵活。本章重点讨论利用 SELECT 语句对数据库进行各种查询的方法。

4.1 选择和投影

Oracle 是一个关系型数据库，关系型数据库建立在关系模型的基础之上，具有严格的数学理论基础。关系型数据库对数据的操作除了包括几何代数的并和差等运算外，还定义了一组专门的关系运算——连接、选择和投影。关系运算的特点是运算的对象和结果都是表。

4.1.1 选择

选择（Selection），简单地说就是通过一定的条件把自己所需要的数据检索出来。选择是单目运算，运算的对象是一个表。该运算按给定的条件，从表中选出满足条件的行形成一个表，作为运算结果。学生情况见表 4.1。

表 4.1 学生情况

学号	姓名	性别	平均成绩
104215	王敏	男	74
104211	李晓林	女	82
104210	胡小平	男	88

例如，要在表 4.1 中找到性别为女且平均成绩在 80 分以上的行，形成一个新表，该选择运算的结果如图 4.1 所示。

学号	姓名	性别	平均成绩
104215	王敏	男	74
104211	李晓林	女	82
104210	胡小平	男	88

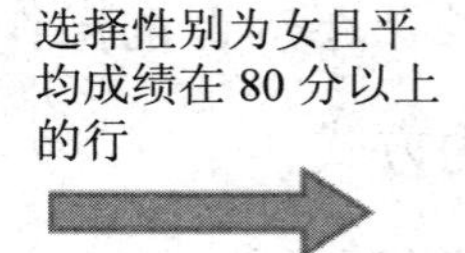

选择后的结果

学号	姓名	性别	平均成绩
104211	李晓林	女	82

图 4.1 运算结果

4.1.2 投影

投影（Projection）也是单目运算。投影操作是指从一个表 A 中生成一个新的表 B，而这个新的表 B 只包含原来表 A 中的部分列。投影是选择表中指定的列，这样在查询结果中只显示指定的数据列，减少了显示的数据量，可提高查询的效率。

例如，在下表中对“学号”和“平均成绩”投影，投影得到的结果如图 4.2 所示。

学号	姓名	性别	平均成绩
104215	王敏	男	74
104211	李晓林	女	82
104210	胡小平	男	88

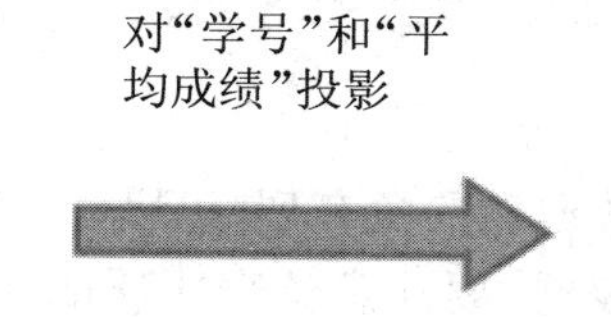

选择后的结果

学号	平均成绩
104215	74
104211	82
104210	88

图 4.2 投影结果

表的选择和投影运算分别从行和列两个方向上分割表，而后面章节要讨论的连接运算则是对两个表的操作。

4.2 数据库的查询

用户对表或视图最常进行的操作就是检索数据，检索数据可以通过 SELECT 语句来实现，该语句由多个子句组成，通过这些子句可以完成筛选、投影和连接等各种数据库操作，最终得到用户想要的查询结果。该语句的基本语法格式如下。

```
1 SELECT {[distinct|all] columns|*}  [INTO table_name]
2 FROM {tables|views| other select}
3 [WHERE conditions]
4 [GROUP BY columns]
5 [HAVING conditions]
6 [ORDER BY columns]
```

在上面的语法中，共有 7 个子句，它们的功能分别如下。

（1）SELECT 子句：用于选择数据表、视图中的列。

（2）INTO 子句：用于将原表的结构和数据插入新表中。

（3）FROM 子句：指定查询表。

（4）WHERE 子句：用于对检索的数据进行筛选。

（5）GROUP BY 子句：用于对检索结果进行分组显示。

（6）HAVING 子句：用于从使用 GROUP BY 子句分组后的查询中筛选数据行。

（7）ORDER BY 子句：用于对结果集进行排序（包括升序和降序）。

4.2.1 选择列

选择表中的列组成结果表，通过 SELECT 语句中的 SELECT 子句来表示。选择列的语法格式如下。

```
1 SELECT{[distinct|all] columns|*} [into table_name]
2 FROM{tables|views| other select};
```

1. 查询所有的列

如果要检索指定数据表的所有列，可以在 SELECT 语句后面使用星号（*）来实现。

在检索一个数据表时，要注意该表所属的模式。如果在指定表所属的模式内部检索数据，则可以直接使用表名；如果不在指定表所属的模式内部检索数据，则不但要查看当前模式是否具有查询的权限，还要在表名前面加上其所属的模式名词。

例如，SELECT 语句中使用星号（*）来检索 dept 表中所有的数据，语法格式如下。

```
1 SELECT * FROM dept;
```

查询后得到的结果如图 4.3 所示。

DEPTNO	DNAME	LOC
10	ACCOUNTING	NEW YORK
20	RESEARCH	DALLAS
40	OPERATIONS	BASTON

图 4.3　查询结果

2. 查询指定的列

用户可以指定查询表中的某些列而不是全部列，并且被指定列的顺序不受限制，指定部分列也称为投影操作。列名紧跟在 SELECT 关键字的后面，每个列名之间用逗号隔开，其语法格式如下。

```
1 SELECT column_name1, column_name2, column_name3…
```

例如，检索 dept 表中的指定列（DNAME,LOC），代码如下。

```
1 SELECT DNAME,LOC FROM dept;
```

查询后得到的结果如图 4.4 所示。

	DNAME	LOC
▶	ACCOUNTING	NEW YORK
	RESEARCH	DALLAS
	OPERATIONS	BASTON

图 4.4　查询结果

3. 为列指定别名

由于数据库表的列名都是英文的缩写，用户为了方便查看检索结果，常常需要为列指定别名。在 Oracle 系统中，为列指定别名既可以使用 as 关键字，也可以不使用任何关键字而直接指定。

例如，检索 dept 表的指定列（DNAME，LOC），并使用 as 关键字为这些列指定中文的别名，代码如下。

```
1 SELECT dname as '部门名称', loc  as '部门地址' FROM dept
```

运行结果如图 4.5 所示。

部门名称	部门地址
ACCOUNTING	NEW YORK
RESEARCH	DALLAS
OPERATIONS	BASTON

图 4.5 运行结果

4. 计算列值

在使用 SELECT 语句时，对于数值数据和日期数据都可以使用算术表达式。在 SELECT 语句中可以使用算术运算符，包括加（+）、减（—）、乘（*）、除（/）和括号。另外，在 SELECT 语句中可以执行单独的数学运算，还可以执行单独的日期运算以及与列名关联的运算。

例如，检索 emp 表的 sal 列，把其值调整为原来的 1.1 倍，代码如下。

```
1 SELECT ename, sal as  salary, salary*(1+0.1) FROM emp;
```

运行结果如图 4.6 所示。

	ENAME	SALARY	SAL*(1+0.1)
1	SMITH	1000.00	1100
2	ALLEN	1415.58	1557.138
3	WARD	1105.92	1216.512
4	JONES	3000.00	3300
5	MARTIN	1105.92	1216.512
6	BLAKE	2850.00	3135
7	CLARK	2450.00	2695
8	SCOTT	3000.00	3300
9	KING	5000.00	5500
10	TURNER	1327.10	1459.81
11	ADAMS	1300.00	1430
12	JAMES	1150.00	1265
13	FORD	3000.00	3300

图 4.6 运行结果

算术运算符的优先级：

（1）先乘除后加减；

（2）在表达式中同一优先级的运算符的计算顺序是从左到右；

（3）如果使用括号，括号中的运算符优先；

（4）如果有多重括号嵌套，内存括号中的运算符优先。

5. 消除结果集中的重复行

在默认情况下，结果集中包含所有符合查询条件的数据行，这样就有可能出现重复数据。在实际的应用中，重复的数据除了占用较大的显示空间外，不会给用户带来太多有价值的东西，这样就需要除去重复记录，保留唯一的记录即可。在 SELECT 语句中，可以使用 DISTINCT 关键字来限制在查询结果中显示重复的数据，该关键字用在 SELECT 语句的列表前面。

不使用 DISTINCT 关键字和使用 DISTINCT 关键字的区别如下。

（1）不使用 DISTINCT 关键字，显示 emp 表中的 job（职务）列，代码如下。

```
1  SELECT job FROM emp;
```

运行结果如图 4.7 所示。

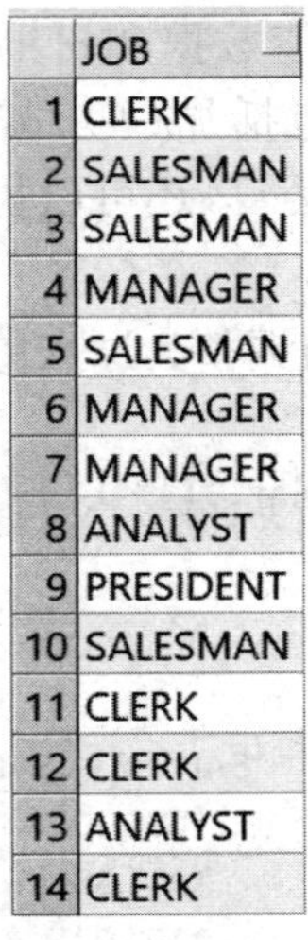

	JOB
1	CLERK
2	SALESMAN
3	SALESMAN
4	MANAGER
5	SALESMAN
6	MANAGER
7	MANAGER
8	ANALYST
9	PRESIDENT
10	SALESMAN
11	CLERK
12	CLERK
13	ANALYST
14	CLERK

图 4.7　运行结果

（2）使用 DISTINCT 关键字，显示 emp 表中的 job（职务）列，代码如下。

```
1  SELECT DISTINCT job FROM emp;
```

运行结果如图 4.8 所示。

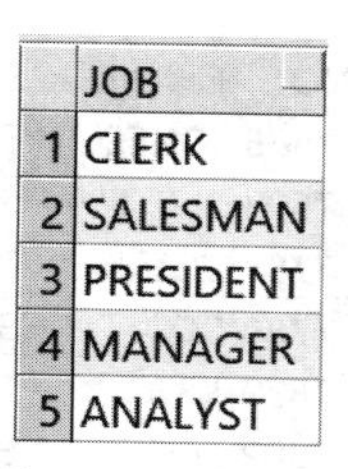

	JOB
1	CLERK
2	SALESMAN
3	PRESIDENT
4	MANAGER
5	ANALYST

图 4.8　运行结果

4.2.2　选择行

选择行通过 WHERE 子句指定条件实现，该子句必须紧跟在 FROM 子句之后，其基本语法格式如下。

```
1 WHERE<search_condition>
```

其中，<search_condition> 为查询条件，语法格式如下。

```
1 { [NOT] <predicate> | (<search_condition>)}
2 [{AND | OR}] [NOT] { <predicate>|(<search_condition>)}]}[…n]
```

其中，<predicate> 为判定运行，结果为 TRUE、FALSE 或者 UNKNOWN，经常用到的语法格式如下。

```
1 {expression}
```

1. 表达式比较

比较运算用于比较两个表达式的值，共有 7 个，分别是 =（等于）、<（小于）、<=（小于等于）、>(大于)、>=(大于等于)、<>(不等于)、!=(不等于)。比较运算的语法格式如下。

```
1 expression {=|<|<=|>|>=|<>|!=} expression
```

当两个表达式值均不为空值（NULL）时，比较运算返回逻辑值 TRUE 或 FALSE；当两个表达式中有一个为空值或者都为空值时，比较运算将返回 UNKNOWN。例如，查询 emp 表中工资（sal）大于 1 500 的数据记录，代码如下。

```
1 SELECT empno,ename,sal FROM emp
2 WHERE sal > 1 500;
```

运行结果如图 4.9 所示。

	EMPNO	ENAME	SAL
1	7566	JONES	3000.00
2	7698	BLAKE	2850.00
3	7782	CLARK	2450.00
4	7788	SCOTT	3000.00
5	7839	KING	5000.00
6	7902	FORD	3000.00

图 4.9　运行结果

2. 模式匹配

LIKE 关键字用于指出一个字符串是否和指定的字符串相匹配，其运算对象可以是 CHAR、VARCHAR2 和 DATE 类型的数据，返回逻辑值 TRUE 或者 FALSE。LIKE 关键字表达式的语法格式如下。

```
1 str_exp [NOT] LIKE str_exp [ESCAPE 'escape_character']
```

LIKE 可以使用“%”和“_”两个通配符。

（1）“%”：代表 0 个或者多个字符。

（2）“_”：代表一个且只能是一个字符。

例如，“K%”表示以字母 K 开头的任意长度的字符串，“%M%”表示包含字母 M 的任意长度的字符串，“_MRKJ”表示 5 个字符长度且后面 4 个字符是 MRKJ 的字符串。

例如，在 emp 表中，使用 LIKE 关键字匹配以字母 S 开头的任意长度的员工名称和代码如下。

```
1 SELECT * FROM emp
2 WHERE ename LIKE 'S%';
```

运行结果如图 4.10 所示。

	EMPNO	ENAME	JOB	SALARY	BONUS	HIREDATE	MGR	DEPTNO
1	1001	张无忌	MANAGER	10000	2000	12-12月-20	1005	10
2	1002	小苍	ANALYST	8000	1000	01-1月 -21	1001	10
3	1003	李怡	ANALYST	9000	1000	11-1月 -19	1001	10
4	1004	郭芙蓉	PROGRAMMER	5000	(null)	01-7月 -19	1001	10
5	1005	张三丰	PRESIDENT	15000	(null)	15-5月 -20	(null)	20
6	1006	燕小六	MANAGER	5000	400	01-2月 -19	1005	20
7	1007	陆无双	CLERK	3000	500	01-2月 -19	1006	20

图 4.10　运行结果

3. 范围比较

用于范围比较的关键字有两个：IN 和 BETWEEN。

1）IN 关键字

当测试一个数据值是否匹配一组目标值中的一个时，通常用 IN 关键字来指定列表的搜索条件。IN 关键字的格式如下。

```
1 IN(目标值1,目标值2,目标值3,目标值4,…)
```

目标值的项目之间用逗号分隔,并且括在括号中。

例如,在 emp 表中,使用 IN 关键字查询职务为“PRESIDENT”“MANAGER”“ANALYST”中任意一种的员工信息,代码如下。

```
1 SELECT * FROM emp
2 WHERE job IN('PRESIDENT','MANAGER','ANALYST');
```

运行结果如图 4.11 所示。

	EMPNO	ENAME	JOB	SALARY	BONUS	HIREDATE	MGR	DEPTNO
1	1001	张无忌	MANAGER	10000	2000	12-12月-20	1005	10
2	1006	燕小六	MANAGER	5000	400	01-2月 -19	1005	20
3	1008	黄蓉	MANAGER	5000	500	01-5月 -20	1005	30

图 4.11 运行结果

例如,在 emp 表中 , 使用 NOT IN 关键字查询职务不在指定目标列(“PRESIDENT”“MANAGER”“ANALYST”)范围的员工信息,代码如下。

```
1 SELECT * FROM emp
2 WHERE job NOT IN('PRESIDENT','MANAGER','ANALYST');
```

运行结果如图 4.12 所示。

	EMPNO	ENAME	JOB	SALARY	BONUS	HIREDATE	MGR	DEPTNO
1	1004	郭芙蓉	PROGRAMMER	5000	(null)	01-7月 -19	1001	10
2	1007	陆无双	CLERK	3000	500	01-2月 -19	1006	20
3	1009	韦小宝	SALESMAN	4000	(null)	20-2月 -21	1008	30
4	1010	郭靖	SALESMAN	4500	500	10-5月 -20	1008	30

图 4.12 运行结果

2)BETWEEN 关键字

需要返回某一个数据值是否位于两个给定的值之间,可以使用范围条件进行检索。通常使用“BETWEEN…AND…”和“NOTBETWEEN…AND…”来指定范围条件。

使用“BETWEEN…AND…”作为查询条件时,指定的第一个值必须小于第二个值。因为“BETWEEN…AND…”表达的是查询条件“大于或等于第一个值,并且小于或等于第二个值”。即“BETWEEN…AND…”,要包含两端的值,等价于比较运算(≤…≤)。

例如,在 emp 表中 , 查询薪水在 10 000~20 000 的员工信息,代码如下。

```
1 SELECT * FROM emp
2 WHERE salary BETWEEN 10000 AND 20000;
```

运行结果如图 4.13 所示。

	EMPNO	ENAME	JOB	SALARY	BONUS	HIREDATE	MGR	DEPTNO
1	1001	张无忌	MANAGER	10000	2000	12-12月-20	1005	10
2	1005	张三丰	PRESIDENT	15000	(null)	15-5月 -20	(null)	20

图 4.13　运行结果

例如,“NOT BETWEEN…AND…”语句返回某一个数据值在两个指定值的范围之外,但不包含两个指定的值,代码如下。

```
1 SELECT * FROM emp
2 WHERE salary NOT BETWEEN 10000 AND 20000;
```

运行结果如图 4.14 所示。

	EMPNO	ENAME	JOB	SALARY	BONUS	HIREDATE	MGR	DEPTNO
1	1002	小苍	ANALYST	8000	1000	01-1月 -21	1001	10
2	1003	李怡	ANALYST	9000	1000	11-1月 -19	1001	10
3	1004	郭芙蓉	PROGRAMMER	5000	(null)	01-7月 -19	1001	10
4	1006	燕小六	MANAGER	5000	400	01-2月 -19	1005	20
5	1007	陆无双	CLERK	3000	500	01-2月 -19	1006	20
6	1008	黄蓉	MANAGER	5000	500	01-5月 -20	1005	30
7	1009	韦小宝	SALESMAN	4000	(null)	20-2月 -21	1008	30
8	1010	郭靖	SALESMAN	4500	500	10-5月 -20	1008	30

图 4.14　运行结果

4. 空值比较

空值从技术上来说就是未知的、不确定的值,但空值与空字符串不同,因为空值是不存在的值,而空字符串是长度为 0 的字符串。因为空值代表的是未知的值,所以并不是所有的空值都相等。

例如,emp 表中有两个员工的职位未知,但无法证明这两个员工的职位是一样的。这样就不能用“=”运算符来检测空值。所以, SQL 引入了 IS NULL 关键字来检测特殊值之间的等价性,并且 IS NULL 关键字通常在 WHERE 子句中使用,代码如下。

```
1 SELECT * FROM emp
2 WHERE job IS NULL;
```

运行结果如图 4.15 所示。

图 4.15　运行结果

5. 子查询

在查询条件中，可以使用另一个查询结果作为查询条件的一部分，例如把判定列值是否与某个查询结果集中的值相等作为查询条件的一部分使之成为子查询。PL/SQL 允许 SELECT 多层嵌套使用，用于表示复杂的查询。子查询除了可以用在 SELECT 语句中，还可以用在 INSERT、UPDATE 和 DELETE 语句中。

子查询通常与谓语 IN、EXISTS 以及比较运算符结合使用。

1）单行子查询

单行子查询是指返回一行数据的子查询语句。当在 WHERE 子句中引用单行子查询时，可以使用比较运算符（=、>、<、>=、<= 和 <>）。

例如，在 emp 表中，查询既不是最高工资，也不是最低工资的员工信息，代码如下。

```
1 SELECT empno,ename,sal
2 FROM emp
3 WHERE sal > (SELECT min(sal) FROM emp)
4 AND sal < (SELECT max(sal) FROM emp);
```

运行结果如图 4.16 所示。

	EMPNO	ENAME	SAL
1	7499	ALLEN	1415.58
2	7521	WARD	1105.92
3	7566	JONES	3000.00
4	7654	MARTIN	1105.92
5	7698	BLAKE	2850.00
6	7782	CLARK	2450.00
7	7788	SCOTT	3000.00
8	7844	TURNER	1327.10
9	7876	ADAMS	1300.00
10	7900	JAMES	1150.00
11	7902	FORD	3000.00
12	7934	MILLER	1500.00

图 4.16 运行结果

在上面的语句中，如果内层子查询语句的执行结果为空值，那么外层的 Oracle 系统会提示无法执行。另外，子查询中也不能包含 ORDER BY 子句，如果非要对数据进行排序，那么只能在外查询语句中使用 ORDER BY 子句。

2）多行子查询

多行子查询指返回多行数据的子查询语句。当在 WHERE 子句中使用多行子查询时，必须使用多行比较符（IN、ANY 和 ALL）。

（1）使用 IN 运算符。当在多行运算查询中使用 IN 运算符时，外查询会尝试与子查询结果中的任何一个结果进行匹配，只要有一个匹配成功，则外查询就返回当前检索的记录。例如，查询部门名称为 SALES 的员工编号、名称、职务信息，代码如下。

```
1 SELECT empno,ename,job
2 FROM emp
3 WHERE deptno IN
4 (SELECT deptno FROM dept WHERE dname='SALES');
```

运行结果如图 4.17 所示。

	EMPNO	ENAME	JOB
1	7499	ALLEN	SALESMAN
2	7521	WARD	SALESMAN
3	7654	MARTIN	SALESMAN
4	7698	BLAKE	MANAGER
5	7844	TURNER	SALESMAN
6	7900	JAMES	CLERK

图 4.17　运行结果

（2）使用 ANY 运算符。 ANY 运算符必须与单行运算符结合使用，并且返回行只需匹配子查询的任何一个结果即可。

例如，查询薪水高于部门编号为 30 的任何一个员工的员工编号、名称和职务信息，代码如下。

```
1 SELECT empno,ename,job
2 FROM emp
3 WHERE sal >ANY(SELECT sal FROM emp WHERE deptno=30);
```

运行结果如图 4.18 所示。

	EMPNO	ENAME	JOB
1	7839	KING	PRESIDENT
2	7902	FORD	ANALYST
3	7788	SCOTT	ANALYST
4	7566	JONES	MANAGER
5	7698	BLAKE	MANAGER
6	7782	CLARK	MANAGER
7	7934	MILLER	CLERK
8	7499	ALLEN	SALESMAN
9	7844	TURNER	SALESMAN
10	7876	ADAMS	CLERK
11	7900	JAMES	CLERK

图 4.18　运行结果

（3）使用 ALL 运算符。ALL 运算符必须与单行运算符结合使用，并且返回行必须匹配所有子查询结果。

例如，查询薪水高于部门编号为 30 的所有员工的员工编号、名称和职务信息，代码如下。

```
1 SELECT empno,ename,job
2 FROM emp
3 WHERE sal >ALL(SELECT sal FROM emp WHERE deptno=30);
```

运行结果如图 4.19 所示。

	EMPNO	ENAME	JOB
1	7788	SCOTT	ANALYST
2	7566	JONES	MANAGER
3	7902	FORD	ANALYST
4	7839	KING	PRESIDENT

图 4.19　运行结果

3）关联子查询

在单行子查询和多行子查询中，内查询和外查询是分开执行的，外查询只是使用内查询的结果。在一些有特殊需求的子查询中，内查询的执行需要借助于外查询，而外查询的执行又离不开内查询，内查询和外查询是相互关联的，这种子查询被称为关联子查询。

例如，查询工资高于相同职务的平均工资的员工编号、名称和薪水信息，查询结果按照职务信息升序显示，代码如下。

```
1 SELECT empno,ename,sal
2 FROM emp f
3 WHERE sal >
4 (SELECT avg(sal) FROM emp WHERE job = f.job)
5 ORDER BY job;
```

运行结果如图 4.20 所示。

	EMPNO	ENAME	SAL
1	7934	MILLER	1500.00
2	7876	ADAMS	1300.00
3	7566	JONES	3000.00
4	7698	BLAKE	2850.00
5	7499	ALLEN	1415.58
6	7844	TURNER	1327.10

图 4.20　运行结果

在上面的查询语句中，内查询使用关联子查询计算每个职位的平均工资。而关联子查询必须知道职位的名称，为此外查询就使用 f.job 字段值为内查询提供职位名称，以便计算某个职位的平均工资。如果外查询正在检索的数据行的工资高于平均工资，则该行的员工信息会显示出来，否则不显示。

在执行关联子查询的过程中，必须遍历数据表中的每条数据，因此如果被遍历的数据表中有大量的数据记录，则关联子查询的执行速度会比较缓慢。

4.2.3 统计

为了简化表空间的管理并提高性能，Oracle 建议将不同类型的数据对象存放到不同的表空间中，在创建数据库后，数据库管理员还应根据具体的应用情况，建立不同类型的表空间。例如，建立专门存放表数据和不同簇数据的表空间等，因此建立表空间的工作就显得非常重要，在创建表空间时必须考虑以下几点。

1. 聚合函数

聚合函数可以针对一组数据进行计算，并得到相应的结果。常用的操作有计算平均值、统计记录数、计算最大值等。Oracle 18c 提供的主要聚合函数见表 4.2。

表 4.2　Oracle 18c 提供的主要聚合函数

函数	说明
AVG（x[DISTINCT|ALL]）	计算选择列表项的平均值，列表项目可以是一个列或多个列的表达式
COUNt(x[DISTINCT|ALL])	返回查询结果中的记录数
MAX(x[DISTINCT|ALL])	返回选择列表项目中的最大数，列表项目可以是一个列或多个列的表达式
MIN（x[DISTINCT|ALL]）	返回选择列表项目中的最小数，列表项目可以是一个列或多个列的表达式
SUM(x[DISTINCT|ALL])	返回选择列表项目的数值总和，列表项目可以是一个列或多个列的表达式
VARUANCE（x[DISTINCT|ALL]）	返回选择列表项目的统计方差，列表项目可以是一个列或多个列的表达式
STDDEV(x[DISTINCT|ALL])	返回选择列表项目的标准偏差，列表项目可以是一个列或多个列的表达式

例如，使用 COUNT 函数计算员工总数、AVG 函数计算平均工资，具体代码如下。

```
1 SELECT  count(empno) as 员工总数 ,avg(sal) as 平均工资
2 FROM emp;
```

运行结果如图 4.21 所示。

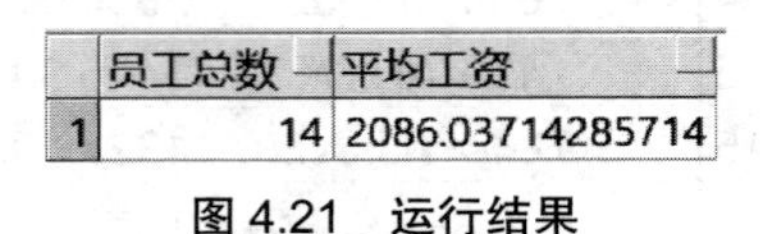

	员工总数	平均工资
1	14	2086.03714285714

图 4.21　运行结果

2. GROUP BY

GROUP BY 子句通常与聚集函数一起使用。GROUP BY 子句和聚集函数可以实现对查询结果中的每一组数据进行分类统计。所以，在结果中每组数据都有一个与之对应的统计值。

例如，在 emp 表中，使用 GROUP BY 子句按照部门 id 对工资记录进行分组，并计算平均工资（avg）、工资总和（sum）以及最高工资（max）和部门人数，具体代码如下。

```
1 SELECT deptno,round(avg(sal),2) as 平均工资 ,sum(sal) as 工资总和 ,max(sal) as 最高工资 , count(empno) as 部门人数
2 FROM emp
3 GROUP BY deptno;
```

其中，round( ) 为 Oracle 内置四舍五入函数。

运行结果如图 4.22 所示。

	DEPTNO	平均工资	工资总和	最高工资	部门人数
1	30	1492.42	8954.52	2850	6
2	20	2260	11300	3000	5
3	10	2983.33	8950	5000	3

图 4.22 运行结果

在使用 GROUP BY 子句时，要注意以下几点。

（1）在 SELECT 子句的后面只可以有统计函数和进行分组的列名两种表达式。

（2）在 SELECT 子句中的列名必须是进行分组的列名，除此之外添加其他的列名都是错误的，但是 GROUP BY 子句后面的列名可以不出现在 SELECT 子句中。

（3）在默认情况下，按照 GROUP BY 子句指定的分组列升序排列，如果需要重新排列，可以使用 ORDER BY 子句指定新的排列顺序。

3. HAVING 子句

HAVING 子句通常与 GROUP BY 子句一起使用，在完成分组结果的统计后，可以使用 HAVING 子句对分组的结果做进一步的筛选。如果不使用 GROUP BY 子句，HAVING 子句的功能与 WHERE 子句一样。HAVING 子句和 WHERE 子句的相似之处是定义搜索条件，唯一不同的是 HAVING 子句中可以包含聚合函数，比如常用的聚合函数 COUNT、AVG、SUM 等；在 WHERE 子句中则不可以使用聚合函数。

如果在 SELECT 语句中使用了 GROUP BY 子句，那么 HAVING 子句将应用于 GROUP BY 子句创建的组。如果指定了 WHERE 子句，而没有指定 GROUP BY 子句，那么 HAVING 子句将应用于 WHERE 子句的输出，并且整个输出被看作一个组。如果在 SELECT 语句中既没有指定 WHERE 子句，也没有指定 GROUP BY 子句，那么 HAVING 子句将应用于 FROM 子句的输出，并且将其看作一个组。

对 HAVING 子句作用的理解有一个办法，就是记住 SELECT 语句中的子句处理顺序。

在 SELECT 语句中，首先由 FROM 子句找到数据表，WHERE 子句则接收 FROM 子句输出的数据，HAVING 子句则接收来自 GROUP BY、WHERE 和 FROM 子句的输出。

例如，在 emp 表中，通过分组的方式计算每个部门的平均工资，然后再通过 HAVING 子句过滤平均工资大于 2 000 元的记录信息，代码如下。

```
1 SELECT  deptno, round(avg(sal),2) as 平均工资
2 FROM emp
3 GROUP BY deptno
4 HAVING avg(sal) >2 000;
```

运行结果如图 4.23 所示。

	DEPTNO	平均工资
1	20	2260
2	10	2983.33

图 4.23　运行结果

从进行结果中可以看出，SELECT 语句使用 GROUP BY 子句对 emp 表进行分组统计，然后再由 HAVING 子句根据统计值做进一步筛选。

上面的示例无法使用 WHERE 子句直接过滤平均工资大于 2 000 元的部门信息，因为在 WHERE 子句中不可以使用聚合函数（如 AVG）。

通常情况下，HAVING 子句与 GROUP BY 子句一起使用，这样可以汇总相关的数据后再进一步筛选汇总的数据。

4.2.4　排序

在检索数据时，如果把数据从数据库中直接读取出来，查询结果将按照默认的顺序排列，但往往这种默认的排列顺序并不是用户所需要的。尤其是返回数据量较大时，用户查看自己想要的数据非常不方便，依次需要对检索的结果集进行排序。在 SELECT 语句中，可以使用 ORDER BY 子句对检索的结果集进行排序，该子句位于 FROM 子句之后，其语法格式如下。

```
1 SELECT columns_list
2 FROM table_name
3 [WHERE condition_expression]
4 [GROUP BY columns_list]
5 ORDER BY {order_by_expression[ASC|DESC]} [···n]
```

（1）columns_list：字段列表，在 GROUP BY 子句中也可以指定多个列分组。

（2）table_name：表名。

（3）ondition_expression：筛选条件表达式。

（4）order_by_expression：要排序的列名或表达式。

关键字 ASC 表示按升序排列，这也是默认的排列方式；关键字 DESC 表示按降序排列。ORDER BY 子句可以根据查询结果中的一个列或多个列对查询结果进行排序，并且第一个排序项是主要的排序依据，其他的是次要的排序依据。

例如，检索 emp 表中的所有数据，并按照部门编号（deptno）、员工编号（empno）排序，具体代码如下。

```
1 SELECT *
2 FROM emp
3 ORDER BY deptno , empno;
```

运行结果如图 4.24 所示。

	EMPNO	ENAME	JOB	SALARY	BONUS	HIREDATE	MGR	DEPTNO
1	1001	张无忌	MANAGER	10000	2000	12-12月-20	1005	10
2	1002	小苍	ANALYST	8000	1000	01-1月 -21	1001	10
3	1003	李怡	ANALYST	9000	1000	11-1月 -19	1001	10
4	1004	郭芙蓉	PROGRAMMER	5000	(null)	01-7月 -19	1001	10
5	1005	张三丰	PRESIDENT	15000	(null)	15-5月 -20	(null)	20
6	1006	燕小六	MANAGER	5000	400	01-2月 -19	1005	20
7	1007	陆无双	CLERK	3000	500	01-2月 -19	1006	20
8	1008	黄蓉	MANAGER	5000	500	01-5月 -20	1005	30
9	1009	韦小宝	SALESMAN	4000	(null)	20-2月 -21	1008	30
10	1010	郭靖	SALESMAN	4500	500	10-5月 -20	1008	30

图 4.24　运行结果

4.3　连接和视图

4.3.1　连接

连接（JOIN）是把两个表中的行按照给定的条件进行拼接而形成新表。

例如，有 A 表和 B 表，连接的条件为 T1=T3，则连接后的结果如图 4.25 所示。

A 表

T1	T2
1	A
6	F
2	B

B 表

T3	T4	T5
1	3	M
2	0	N

T1=T3

等值连接

连接后的表

T1	T2	T3	T4	T5
1	A	1	3	M
2	B	2	0	N

图 4.25　等值连接的结果

两个表连接最常用的条件是两个表的某些列值相等，这样的连接称为等值连接，上面的例子就是等值连接。

数据库应用中最常用的是自然连接。进行自然连接运算要求两个表有共同属性(列),自然连接运算的结果是在参与操作的两个表的共同属性上进行等值连接后,再去除重复属性所得的新表。

例如,有A表和B表,自然连接后的结果如图4.26所示。

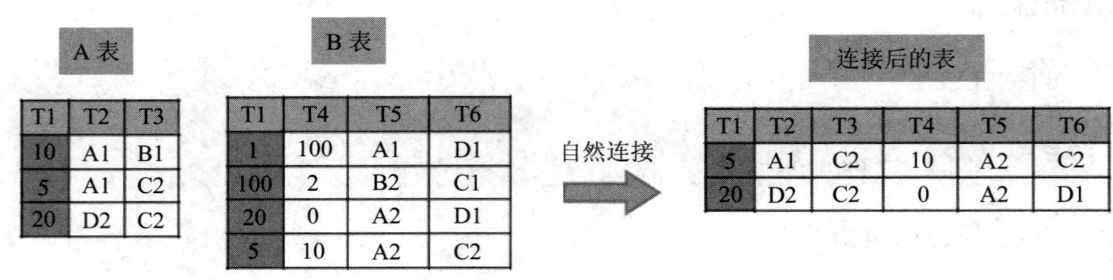

T1	T2	T3
10	A1	B1
5	A1	C2
20	D2	C2

T1	T4	T5	T6
1	100	A1	D1
100	2	B2	C1
20	0	A2	D1
5	10	A2	C2

T1	T2	T3	T4	T5	T6
5	A1	C2	10	A2	C2
20	D2	C2	0	A2	D1

图4.26 自然连接的结果

在实际的数据库管理系统中,对表的连接大多数是自然连接,所以自然连接也简称为连接。

4.3.2 视图

视图是一个虚拟表,由存储和查询构成,可以将它的输出看作一个表。视图同真的表一样,也可以包含一系列带有名称的行和列。但是,视图并不在数据库中存储数据值,其数据值来自定义视图的查询语句所引用的表,数据库只在数据字典中存储视图的定义信息。

视图可以建立在关系表上,也可以建立在其他视图上,或者同时建立在两者之上。视图看上去非常像数据库中的表,甚至可以在视图中进行 INSERT、UPDATE 和 DELETE 操作。通过视图修改数据时,实际上就是在修改基本表中的数据。与之相对应,改变基本表中的数据也会反映到由该表组成的视图中。

4.4 多表连接的方式

4.4.1 表别名

在多表关联查询时,如果多个表之间存在同名的列,则必须使用表名来限定列的引用。

例如,dept 表和 emp 表都有 deptno 列,那么当用户使用该列关联查询两个表时,就需要通过指定表名来区分这两个列。但是因为每次限定列必须输入表名,随着查询越来越复杂,语句也变得冗长。对于这种情况,SQL 语言提供了设定表别名的机制,简短的表别名就可以替代原有的较长的表名称,可以大大缩减语句的长度。

例如,通过 deptno 列来关联 emp 表和 dept 表,并检索两个表中相关的信息,代码如下。

```
1 SELECT e.empno as 编号 , e.ename as 名称 , d.dname as 部门
2 FROM emp e,dept d
3 WHERE e.deptno=d.deptno
4 AND e.job='MANAGER';
```

运行结果如图 4.27 所示。

	编号	名称	部门
1	7782	CLARK	ACCOUNTING
2	7566	JONES	RESEARCH
3	7698	BLAKE	SALES

图 4.27 运行结果

在上面的 SELECT 语句中，FROM 子句最先执行，然后是 WHERE 子句和 SELECT 子句，这样在 FROM 子句中指定表的别名后，当需要限定引用列时，其他所有子句都可以使用表的别名。

另外，一旦在 FROM 子句中为表指定了别名，则必须在剩余的子句中都使用表的别名，而不允许再使用原来的表名称，否则将出现“'EMP' 'JOB': 标识符无效”的提示。

使用表的别名的注意事项如下。

（1）表的别名在 FROM 子句中定义，别名放在表名之后，它们之间用空格隔开。

（2）表的别名一经定义，在整个的查询语句中就只能使用表的别名而不能再使用表名称。

（3）表的别名只在所定义的查询语句中有效。

（4）应该选择有意义的别名，表的别名最长为 30 个字符，但越短越好。

4.4.2 内连接

内连接是一种常用的多表关联查询方式，一般使用关键字 INNER JOIN 实现。其中，INNER 关键字可以省略，当只使用 JOIN 关键字时，语句只表示内连接操作。在使用内连接查询多个表时，必须在 FROM 子句之后定义一个 ON 子句，ON 子句指定内连接操作，列出与连接条件匹配的数据行，它使用比较运算法比较被连接表的连接条件。若进一步限制查询范围，则可以直接在后面添加 WHERE 子句。内连接的语法格式如下。

```
1 SELECT columns_list
2 FROM table_name1 [INNER] JOIN table_name2
3 ON  join_condition;
```

（1）columns_list：字段列表。

（2）table_name1 和 table_name2：两个要实现内连接的表。

（3）join_condition：实现内连接的条件表达式。

例如，通过 deptno 字段内连接 emp 表和 dept 表，并检索这两个表中相关字段的信息，代码如下。

```
1 SELECT e.empno as 员工编号 , e.ename as 员工名称 ,
2 d.dname as 部门
3 FROM emp e INNER JOIN dept d ON e.deptno=d.deptno;
```

运行结果如图 4.28 所示。

	员工编号	员工名称	部门
1	7369	SMITH	RESEARCH
2	7499	ALLEN	SALES
3	7521	WARD	SALES
4	7566	JONES	RESEARCH
5	7654	MARTIN	SALES
6	7698	BLAKE	SALES
7	7782	CLARK	ACCOUNTING
8	7788	SCOTT	RESEARCH
9	7839	KING	ACCOUNTING
10	7844	TURNER	SALES
11	7876	ADAMS	RESEARCH
12	7900	JAMES	SALES
13	7902	FORD	RESEARCH
14	7934	MILLER	ACCOUNTING

图 4.28　运行结果

4.4.3　外连接

使用内连接进行多表查询时，返回的查询结果中只包含符合查询条件和连接条件的行。内连接消除了与另一个表中的所有不匹配的行，而外连接扩展了内连接的结果集，除了返回所有匹配的行外，还会返回一部分或全部不匹配的行，这主要取决于外连接的种类。外连接通常有以下 3 种。

（1）左外连接：关键字 LEFT OUTER JOIN 或 LEFT JOIN。

（2）右外连接：关键字 RIGHT OUTER JOIN 或 RIGHT JOIN。

（3）完全外连接：关键字 FULL OUTER JOIN 或 FULL JOIN。

与内连接不同的是，外连接不只是列出与连接条件匹配的行，还能够列出左表（左外连接时）、右表（右外连接时）或两个表（完全外连接时）中所有符合条件的数据行。

1）左外连接

左外连接的查询结果中不仅包含满足条件的行，而且还包含左表中不满足条件的数据行。

例如，首先使用 INSERT 语句在 emp 表中插入新纪录，然后 emp 表和 dept 表之间通过 deptno 列进行左外连接，代码如下。

```
1 INSERT INTO emp(empno,ename,job,deptno)
2 VALUES(1009,'EAST','SALESMAN',null);
3 COMMIT;
4 SELECT e.empno,e.ename,e.job,d.deptno,d.dname
5 FROM emp e LEFT JOIN dept d ON e.deptno=d.deptno;
```

运行结果如图 4.29 所示。

	EMPNO	ENAME	JOB	DEPTNO	DNAME
1	7934	MILLER	CLERK	10	ACCOUNTING
2	7839	KING	PRESIDENT	10	ACCOUNTING
3	7782	CLARK	MANAGER	10	ACCOUNTING
4	7902	FORD	ANALYST	20	RESEARCH
5	7876	ADAMS	CLERK	20	RESEARCH
6	7788	SCOTT	ANALYST	20	RESEARCH
7	7566	JONES	MANAGER	20	RESEARCH
8	7369	SMITH	CLERK	20	RESEARCH
9	7900	JAMES	CLERK	30	SALES
10	7844	TURNER	SALESMAN	30	SALES
11	7698	BLAKE	MANAGER	30	SALES
12	7654	MARTIN	SALESMAN	30	SALES
13	7521	WARD	SALESMAN	30	SALES
14	7499	ALLEN	SALESMAN	30	SALES
15	1009	EAST	SALESMAN		

图 4.29 运行结果

从上面的查询结果中可以看到，虽然新插入数据行的 deptno 列值为 NULL，但该行记录仍然出现在查询结果中，这说明左外连接的查询结果包含左表中不满足“连接条件”的数据行。

2）右外连接

同理，右外连接的查询结果中不仅包含满足条件的数据行，而且还包含右表中不满足连接条件的数据行。

例如，emp 表和 dept 表之间通过 deptno 列进行右外连接，其中 dept 表中 deptno 为 40 的记录在 emp 表中并无对应员工，具体代码如下。

```
1 SELECT e.empno,e.ename,e.job,d.deptno,d.dname,e.deptno
2 FROM emp e RIGHT JOIN dept d ON e.deptno=d.deptno;
```

运行结果如图 4.30 所示。

	EMPNO	ENAME	JOB	DEPTNO	DNAME	DEPTNO
1	7369	SMITH	CLERK	20	RESEARCH	20
2	7499	ALLEN	SALESMAN	30	SALES	30
3	7521	WARD	SALESMAN	30	SALES	30
4	7566	JONES	MANAGER	20	RESEARCH	20
5	7654	MARTIN	SALESMAN	30	SALES	30
6	7698	BLAKE	MANAGER	30	SALES	30
7	7782	CLARK	MANAGER	10	ACCOUNTING	10
8	7788	SCOTT	ANALYST	20	RESEARCH	20
9	7839	KING	PRESIDENT	10	ACCOUNTING	10
10	7844	TURNER	SALESMAN	30	SALES	30
11	7876	ADAMS	CLERK	20	RESEARCH	20
12	7900	JAMES	CLERK	30	SALES	30
13	7902	FORD	ANALYST	20	RESEARCH	20
14	7934	MILLER	CLERK	10	ACCOUNTING	10
15				40	OPERATIONS	

图 4.30 运行结果

在外连接中，也可以使用外连接的连接运算符。外连接的连接运算符为（+），可以放在等号的左面，也可以放在等号的右面，但一定要放在缺少相应信息的那一面，如放在 e.deptno 所在的一面。

上面的查询语句还可以写为如下形式。

```
1 SELECT  e.empno,e.ename,e.job, d.deptno,d.dname,e.deptno
2 FROM emp e, dept d
3 WHERE e.deptno(+)=d.deptno;
```

使用（+）操作符应注意：

（1）当使用（+）操作符执行外连接时，如果在 WHERE 子句中包含多个条件，则必须在所有条件中都包含（+）操作符；

（2）（+）操作符只适用于列，不能用在表达式上；

（3）（+）操作符不能与 ON 和 IN 操作符一起使用。

3）完全外连接

在执行完全外连接时，Oracle 会执行一个完整的左连接和右连接查询，然后将查询结果合并，并消除重复的记录行。

例如，emp 表和 dept 表之间通过 deptno 列进行完全外连接，具体代码如下。

```
1 SELECT e.empno,e.ename,e.job,d.deptno,d.dname
2 FROM emp e FULL JOIN dept d ON e.deptno=d.deptno;
```

运行结果如图 4.31 所示。

	EMPNO	ENAME	JOB	DEPTNO	DNAME
1	7369	SMITH	CLERK	20	RESEARCH
2	7499	ALLEN	SALESMAN	30	SALES
3	7521	WARD	SALESMAN	30	SALES
4	7566	JONES	MANAGER	20	RESEARCH
5	7654	MARTIN	SALESMAN	30	SALES
6	7698	BLAKE	MANAGER	30	SALES
7	7782	CLARK	MANAGER	10	ACCOUNTING
8	7788	SCOTT	ANALYST	20	RESEARCH
9	7839	KING	PRESIDENT	10	ACCOUNTING
10	7844	TURNER	SALESMAN	30	SALES
11	7876	ADAMS	CLERK	20	RESEARCH
12	7900	JAMES	CLERK	30	SALES
13	7902	FORD	ANALYST	20	RESEARCH
14	7934	MILLER	CLERK	10	ACCOUNTING
15	1009	EAST	SALESMAN		
16				40	OPERATIONS

图 4.31 运行结果

4.4.4 自然连接

自然连接和内连接的功能相似，是指在检索多个表时，Oracle 会将第一个表中的列与第二个表中具有相同名称的列自动连接。在自然连接中，用户不需要明确指定进行连接的列，这个任务由 Oracle 系统自动完成，自然连接使用 NATURAL JOIN 关键字。

例如，在 emp 表中检索工资大于 2 000 的记录，并实现 emp 表与 dept 表的自然连接，代码如下。

```
1 SELECT e.empno,e.ename,e.job, deptno,d.dname
2 FROM emp e NATURAL JOIN dept d;
```

运行结果如图 4.32 所示。

	EMPNO	ENAME	JOB	DEPTNO	DNAME
1	7369	SMITH	CLERK	20	RESEARCH
2	7499	ALLEN	SALESMAN	30	SALES
3	7521	WARD	SALESMAN	30	SALES
4	7566	JONES	MANAGER	20	RESEARCH
5	7654	MARTIN	SALESMAN	30	SALES
6	7698	BLAKE	MANAGER	30	SALES
7	7782	CLARK	MANAGER	10	ACCOUNTING
8	7788	SCOTT	ANALYST	20	RESEARCH
9	7839	KING	PRESIDENT	10	ACCOUNTING
10	7844	TURNER	SALESMAN	30	SALES
11	7876	ADAMS	CLERK	20	RESEARCH
12	7900	JAMES	CLERK	30	SALES
13	7902	FORD	ANALYST	20	RESEARCH
14	7934	MILLER	CLERK	10	ACCOUNTING

图 4.32 运行结果

由于自然连接强制要求表之间必须具有相同的列名称，这样在设计表时容易出现不可预知的错误，所以在实际应用系统开发中很少用到自然连接。但这毕竟是一种多表关联查询数据的方式，在某些特定情况下还是有一定使用价值的。另外，需要注意的是，在使用自然连接时，不能为列指定限定词（即表名或表的别名），否则 Oracle 系统会出现"ORA-25155：NATUEAL 连接中使用的列不能有限定词"的错误提示。

4.4.5 自连接

在应用系统开发中，用户可能会拥有"自引用式"的外键。"自引用式"外键是指表中的一个列可以是该表主键的一个外键。

自连接主要用于自参考表上显示上下级关系或层次关系。自参照表是指在同一张表的不同列之间具有参照关系或主从关系的表。例如，emp 表包含 empno 列和 mgr 列，两者之间就具有参照关系。这样用户就可以通过 mgr 列和 empno 列的关系，实现查询某个管理员的下属员工信息。因为自连接是在同一张表之间进行连接查询，所以必须定义表别名。

例如，查询所有管理者所管理的下属员工信息，具体代码如下。

```
1 SELECT  e1.ename as 上层管理者 ,e2.ename as 下属员工
2 FROM emp e1, emp e2
3 WHERE e1.empno = e2.mgr;
```

运行结果如图 4.33 所示。

	上层管理者	下属员工
1	FORD	SMITH
2	BLAKE	ALLEN
3	BLAKE	WARD
4	KING	JONES
5	BLAKE	MARTIN
6	KING	BLAKE
7	KING	CLARK
8	JONES	SCOTT
9	BLAKE	TURNER
10	SCOTT	ADAMS
11	BLAKE	JAMES
12	JONES	FORD
13	CLARK	MILLER

图 4.33 运行结果

4.4.6 交叉连接

交叉连接实际上就是不需要任何连接条件的连接，使用 CROSS JOIN 关键字来实现。例如，通过交叉连接 dept 表和 emp 表，计算出查询结果的行数，代码如下。

```
1 SELECT count(*)
2 FROM dept CROSS JOIN emp;
```

运行结果如图 4.34 所示。

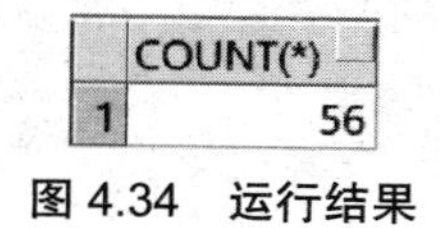

	COUNT(*)
1	56

图 4.34　运行结果

4.5　视图的创建和管理

4.5.1　创建视图

视图在数据库中是作为一个对象来存储的。创建视图前,要保证创建视图的用户已被数据库所有者授权可以使用 CREATE VIEW 语句,并且有权操作视图所涉及的表或其他视图。可以使用 PL/SQL 的 CREATE VIEW 语句创建视图。

创建视图是使用 CREATE VIEW 语句完成的。为了在当前用户模式中创建视图,要求数据库用户必须拥有 CREATE VIEW 系统权限;如果要在其他用户模式中创建视图,则用户必须拥有 CREATE VIEW 权限系统,创建视图最基本的语法格式如下。

```
1 CREATE  [OR REPLACE] VIEW<view_name> [alias [,alias]…) ]
2 AS<subquery>
3 [with check option] [constraint constraint_name]
4 [with read only]
```

(1)alias:用于指定视图列的别名。

(2)subquery:用于指定视图对应的子查询语句。

(3)with check option:用于指定在视图上定义 CHECK 约束。

(4)with read only:用于定义只读视图。

在创建视图时,如果不提供视图列别名, Oracle 会自动使用子查询的列名或列别名;如果视图子查询包含函数或表达式,则必须定义列别名。

例如,创建一个查询部门编号为 20 的所有员工信息的视图,代码如下。

```
1 CREATE VIEW view_emp
2 AS
3 SELECT *
4 FROM emp WHERE deptno=20;
```

例如,创建一个视图,要求能够查询每个部门的工资情况,代码如下。

```
1 CREATE VIEW view_deptsal
2 AS
3 SELECT deptno , avg(sal) as avg_sal , sum(sal) as sum_sal
4 FROM emp
5 WHERE deptno is not null
6 GROUP BY deptno;
```

4.5.2 查询视图

用户可以通过 SELECT 语句像查询普通的数据表一样查询视图的信息。

例如，通过 SELECT 语句查询视图 view_deptsal，代码如下。

```
1 SELECT * FROM view_deptsal;
```

运行结果如图 4.35 所示。

	DEPTNO	AVG_SAL	SUM_SAL
1	30	1566.66666666667	9400
2	20	2175	10875
3	10	2916.66666666667	8750

图 4.35　运行结果

4.5.3 更新视图

通过更新（包括插入、修改和删除操作）视图数据可以修改基表数据。但并不是所有的视图都可以被更新，只有满足更新条件的视图，才能执行更新操作。

1. 可更新视图

可更新视图需要满足以下条件：

（1）没有使用连接函数、聚合函数和组函数；

（2）创建视图的 SELECT 语句中没有聚合函数且没有 GROUP BY、ONNECT BY、START WITH 语句及 DISTINCT 关键字；

（3）创建视图的 SELECT 语句中不包含从基表列通过计算所得的列；

（4）创建视图没有包含只读属性。

例如，向视图 view_emp 中插入一条记录，然后修改这条记录的 ename 字段值，接着查询 view_ emp 视图中的信息，最后删除记录并提交到数据库，代码如下。

```
1 --往视图中插入记录
2 INSERT INTO view_emp
3 VALUES(9000,'JOE', 'CLERK',7902,null,to_date( '2020-05-10' , 'YYYY-MM-DD' ),null,20);
4 COMMIT;
5 --更新视图数据
6 UPDATE view_emp
7 SET ename='ROSE'
8 WHERE empno=9000;
9 COMMIT;
10 --插入并更新后分别查看视图数据和视图创建所基于的表的数据
11 SELECT * from view_emp;
12 SELECT * from emp;
13 --从视图删除数据
14 DELETE from view_emp
15 WHERE empno=9000;
16 COMMIT;
17 --删除数据后分别查看视图数据和视图创建所基于的表的数据
18 SELECT * from view_emp;
19 SELECT * from emp;
```

插入并更新视图数据后分别查看视图 view_emp 和表 emp 中的数据，如图 4.36 和图 4.37 所示。

	EMPNO	ENAME	JOB	SALARY	BONUS	HIREDATE	MGR
1	1005	张三丰	PRESIDENT	15000	(null)	15-5月 -20	(null)
2	1006	燕小六	MANAGER	5000	400	01-2月 -19	1005
3	1007	陆无双	CLERK	3000	500	01-2月 -19	1006
4	9000	ROSE	CLERK	7902	(null)	10-5月 -20	(null)
5	9000	ROSE	CLERK	7902	(null)	10-5月 -20	(null)

图 4.36 视图 view_emp 中的数据

	EMPNO	ENAME	JOB	SALARY	BONUS	HIREDATE	MGR	DEPTNO
1	1001	张无忌	MANAGER	10000	2000	12-12月-20	1005	10
2	1002	小苍	ANALYST	8000	1000	01-1月 -21	1001	10
3	1003	李怡	ANALYST	9000	1000	11-1月 -19	1001	10
4	1004	郭芙蓉	PROGRAMMER	5000	(null)	01-7月 -19	1001	10
5	1005	张三丰	PRESIDENT	15000	(null)	15-5月 -20	(null)	20
6	1006	燕小六	MANAGER	5000	400	01-2月 -19	1005	20
7	1007	陆无双	CLERK	3000	500	01-2月 -19	1006	20
8	1008	黄蓉	MANAGER	5000	500	01-5月 -20	1005	30
9	1009	韦小宝	SALESMAN	4000	(null)	20-2月 -21	1008	30
10	1010	郭靖	SALESMAN	4500	500	10-5月 -20	1008	30
11	9000	ROSE	CLERK	7902	(null)	10-5月 -20	(null)	20

图 4.37　表 emp 中的数据

删除视图数据后分别查看视图 view_emp 和表 emp 中的数据，如图 4.38 和图 4.39 所示。

	EMPNO	ENAME	JOB	SALARY	BONUS	HIREDATE	MGR	DEPTNO
1	1005	张三丰	PRESIDENT	15000	(null)	15-5月 -20	(null)	20
2	1006	燕小六	MANAGER	5000	400	01-2月 -19	1005	20
3	1007	陆无双	CLERK	3000	500	01-2月 -19	1006	20

图 4.38　视图 view_emp 中的数据

	EMPNO	ENAME	JOB	SALARY	BONUS	HIREDATE	MGR	DEPTNO
1	1001	张无忌	MANAGER	10000	2000	12-12月-20	1005	10
2	1002	小苍	ANALYST	8000	1000	01-1月 -21	1001	10
3	1003	李怡	ANALYST	9000	1000	11-1月 -19	1001	10
4	1004	郭芙蓉	PROGRAMMER	5000	(null)	01-7月 -19	1001	10
5	1005	张三丰	PRESIDENT	15000	(null)	15-5月 -20	(null)	20
6	1006	燕小六	MANAGER	5000	400	01-2月 -19	1005	20
7	1007	陆无双	CLERK	3000	500	01-2月 -19	1006	20
8	1008	黄蓉	MANAGER	5000	500	01-5月 -20	1005	30
9	1009	韦小宝	SALESMAN	4000	(null)	20-2月 -21	1008	30
10	1010	郭靖	SALESMAN	4500	500	10-5月 -20	1008	30

图 4.39　表 emp 中的数据

系统在执行 CREATE VIEW 语句创建视图时，只是将视图的定义信息存入数据字典，并不会执行其中的 SELECT 语句。在对视图进行查询时，系统才会根据视图的定义从基本表中获取数据。由于 SELECT 是使用最广泛、最灵活的语句，通过它可以构建一些复杂的查询，进而构造一个复杂的视图。

2. 修改数据

UPDATE 语句可以通过视图修改基本表的数据。

例如，将视图 view_emp 中员工编号是 7566 的员工的工资改为 3 000 元，代码如下。

```
1 UPDATE view_emp
2 SET salary=3000
3 WHERE empno=1006;
4 COMMIT;
5 SELECT * FROM view_emp;
6 SELECT * FROM emp;
```

更新后分别查看视图 view_emp 和表 emp 中的数据，如图 4.40 和图 4.41 所示。

	EMPNO	ENAME	JOB	SALARY	BONUS	HIREDATE	MGR	DEPTNO
1	1005	张三丰	PRESIDENT	15000	(null)	15-5月 -20	(null)	20
2	1006	燕小六	MANAGER	3000	400	01-2月 -19	1005	20
3	1007	陆无双	CLERK	3000	500	01-2月 -19	1006	20

图 4.40 视图 view_emp 中的数据

	EMPNO	ENAME	JOB	SALARY	BONUS	HIREDATE	MGR	DEPTNO
1	1001	张无忌	MANAGER	10000	2000	12-12月-20	1005	10
2	1002	小苍	ANALYST	8000	1000	01-1月 -21	1001	10
3	1003	李怡	ANALYST	9000	1000	11-1月 -19	1001	10
4	1004	郭芙蓉	PROGRAMMER	5000	(null)	01-7月 -19	1001	10
5	1005	张三丰	PRESIDENT	15000	(null)	15-5月 -20	(null)	20
6	1006	燕小六	MANAGER	3000	400	01-2月 -19	1005	20
7	1007	陆无双	CLERK	3000	500	01-2月 -19	1006	20
8	1008	黄蓉	MANAGER	5000	500	01-5月 -20	1005	30
9	1009	韦小宝	SALESMAN	4000	(null)	20-2月 -21	1008	30
10	1010	郭靖	SALESMAN	4500	500	10-5月 -20	1008	30

图 4.41 表 emp 中的数据

4.5.4 修改视图

修改视图定义同样可以通过 SQL Developer 工具和 PL/SQL 进行。

1. 使用 SQL Developer 语句修改视图

在“视图”节点找到要修改的视图，单击鼠标右键选择“编辑”菜单项，弹出“编辑视图”窗口，在窗口中的“SQL 查询”栏输入要修改的 SELECT 语句。在“查看信息”选项页中设置“是否强制创建视图”和“READ ONLY”选项。修改完成后单击“确定”按钮即可。

2. 使用 SQL 命令修改视图

Oracle 提供 ALTER VIEW 语句，但它不是用于修改视图定义，而是用于重新编译或验证现有视图。在 Oracle 18c 系统中，没有单独的修改视图的语句，修改视图定义的语句就是创建视图的语句。

例如，修改视图 view_emp，使该视图实现查询部门编号为 30 的所有员工信息的功能(原查询信息是部门编号为 20 的记录)，代码如下。

```
1 CREATE OR REPLACE VIEW view_emp
2 AS
3 SELECT *
4 FROM emp WHERE deptno=30;
```

4.5.5 删除视图

当视图不再被需要时，用户可以执行 DROP VIEW 语句删除视图。用户可以直接删除其自身模式中的视图，如果要删除其他用户模式中的视图，则要求该用户必须具有 DROP ANY VIEW 系统权限。

例如，删除视图 emp_view，代码如下。

```
1 DROP VIEW view_emp;
```

小结

本章首先介绍了 3 种关系运算——选择、投影和连接；其次重点讲解了数据库中数据的单表查询操作以及多表连接查询操作，SQL 语句的 SELECT 操作是数据库命令中非常重要的一个部分，需要牢牢掌握；最后介绍了基于 SELECT 操作如何创建视图，如何基于视图进行数据的更新，并介绍了视图的管理操作。

单元小测

一、选择题

（1）下面关于删除视图的说法哪一个是正确的（　　）。

A. 删除视图后应立即用 COMMIT 语句使更改生效

B. 删除视图后，和视图关联的表中的数据不再存在

C. 视图被删除后视图中的数据也将被删除

D. 用 drop view 删除视图

（2）关于视图的说法正确的是（　　）。

A. 视图与表一样，也占用系统空间

B. 视图实际上只是在需要时，执行它所代表的 SQL 语句

C. 视图不用记录在数据字典中

D. 视图其实就是表

（3）如果在 WHERE 子句中有两个条件只要满足一个即可，应该用以下哪个逻辑符来连接（　　）。

A. OR　　B. NOT　　C. AND　　D. NONE

（4）在从表中分组查询数据时，分组的筛选条件要放在哪个子句中（　　）。

A. FROM　　B. WHERE　　C. HAVING　　D. GROUP BY

（5）在客户定单表 (CUSTOMER) 中有一列为单价（PRICE），写一个 SELECT 命令显示所有单价在 500 以上的查询语句（　　）。

A. SELECT * FROM CUSTOMER WHERE PRICE>500;

B. SELECT * FROM CUSTOMER WHERE PRICE BETWEEN 500 AND *;

C. SELECT * FROM CUSTOMER WHERE PRICE LIKE '%500%';

D. SELECT * FROM CUSTOMER WHERE PRICE>=500;

二、填空题

（1）Oracle 中获得当前系统时间的查询语句是 ______________________。

（2）从雇员表 emp 中查出公司的平均工资，可以用 _______________ 函数实现。

（3）从表 emp 中提取前 10 条记录的语句是 __________________________ 。

（4）在 Oracle 中，使用 __________ 命令可以显示表的结构，使用 ___________ 命令可以提交对表的修改。

（5）Oracle 中视图对象使用关键字_______ 表示。

经典面试题

（1）WHERE 和 HAVING 子句的差异有哪些？

（2）聚合函数有哪些？

（3）多表连接方式有哪些？

（4）外连接有哪几种？

（5）视图和表有什么差异？

跟我上机

1. 单表查询

（1）查询全体学生的学号与姓名。

（2）查询全体学生的姓名、学号和所在系。

（3）查询全体学生的详细信息。

（4）查询全体学生的姓名及其出生年份。

（5）查询计算机系全体学生。

（6）查询年龄 20 岁以下的所有学生的姓名及年龄。

（7）查询成绩不及格学生的学号。

（8）查询考试成绩在 80~90 之间的学生学号、课程号和成绩。

（9）查询考试成绩不在 80~90 之间的学生学号、课程号和成绩。

（10）查询信息管理系、通信工程系和计算机系学生的姓名和性别。

（11）查询信息管理系、通信工程系和计算机系 3 个系之外的其他系学生的姓名和性别。

（12）查询姓“张”的学生的详细信息。

（13）查询姓“张”、姓“李”和姓“刘”的学生的详细信息。

（14）查询姓名中第二个字为“小”或“大”的学生的姓名和学号。

（15）查询所有不姓“刘”的学生的姓名。

（16）在 Student 表中查询学号的最后一位不是 2、3、5 的学生的信息。

（17）查询没有考试的学生的学号和相应的课程号。

（18）查询计算机系男生的姓名。

（19）查询 C002 和 C003 课程中考试成绩在 80~90 之间的学生的学号、课程号和成绩。

（20）查询选修 C002 课程的学生的学号及成绩，查询结果按成绩降序排列。

（21）查询全体学生详细信息，结果按系名升序排列，同一个系的学生按出生日期降序排列。

（22）统计学生总人数。

（23）统计选修了课程的学生人数。

（24）计算学号为“0811101”的学生的考试总成绩。

（25）计算学生号“0831103”学生的平均成绩。

（26）查询 C001 课程考试成绩的最高分和最低分。

（27）统计每门课程的选课人数，列出课程号和选课人数。

（28）统计每位学生的选课门数和平均成绩。

（29）统计每个系的女生人数。

（30）统计每个系的男生人数和女生人数以及男生的最大年龄和女生的最大年龄，结果按系名的升序排序。

（31）查询选课门数超过 3 的学生的学号和选课门数。

（32）查询选课门数大于或等于 4 的学生的平均成绩和选课门数。

（33）查询计算机系和信息管理系每个系的学生人数。

2. 多表连接查询

（1）查询计算机系学生的修课情况，要求列出学生的名字、所修课的课程号和成绩。

（2）查询信息管理系选修了计算机文化学的学生姓名和成绩。

（3）查询所有选修了 Java 课程的学生情况，列出学生姓名和所在系。

（4）统计每个系的学生的考试平均成绩。

（5）统计计算机系学生每门课程的选课人数、平均成绩、最高成绩和最低成绩。

（6）查询与刘晨在同一个系学习的学生的姓名和所在的系。

（7）查询与“数据结构”在同一个学期开设的课程的课程名和开课学期。

（8）查询至少被两位学生选的课程的课程号。

（9）查询全体学生的选课情况，包括已选修课程的学生和没有选修课程的学生。

（10）查询没人选的课程的课程名。

（11）查询计算机系没有选课的学生，列出学生姓名和性别。

（12）统计计算机系每位学生的选课门数，包括没有选课的学生。

（13）查询信息管理系选课门数少于3的学生的学号和选课门数，包括没有选课的学生，查询结果按选课门数递增排序。

（14）查询考试成绩最高的3个成绩，列出学号、课程号和成绩。

（15）查询Java考试成绩最高的前3名的学生的姓名、所在系和VB考试成绩。

（16）查询选课人数最少的两门课程（不包括没有人选的课程），列出课程号和选课人数。

（17）在计算机系选课门数超过2的学生中，查询考试平均成绩前两名（包括并列的情况）的学生的学号、选课门数和平均成绩。

（18）将计算机系的学生信息保存到#ComputerStudent局部临时表中。

（19）将选修了Java课程的学生的学号及成绩存入永久表Java_Grade中。

（20）统计每个学期开设的课程总门数，将结果保存到永久表Cno_Count表中。

（21）利用19题生成的表Java_Grade，查询第二学期开设的课程名、学分和课程总门数。

3. 视图操作

（1）建立查询信息管理系学生的学号、姓名、性别和出生日期的视图。

（2）建立查询信息管理系选修了C001课程的学生学号、姓名和成绩的视图。

（3）利用1题建立的视图，建立查询信息管理系1991年4月1日之后出生的学生的学号、姓名和出生日期的视图。

（4）定义一个查询学生出生年份的视图，内容包括学号、姓名和出生年份。

（5）定义一个查询每个学生的学号及平均成绩的视图S_G。

（6）利用1题建立的视图，查询信息管理系男生的信息。

（7）查询信息管理系选修了C001课程且成绩大于或等于60的学生的学号、姓名和成绩。

（8）查询信息管理系学生的学号、姓名、所选课程名。

（9）利用第5题建立的视图，查询平均成绩大于或等于80的学生的学号和平均成绩。

（10）修改S_G视图，使其统计每个学生的考试平均成绩和修课总门数。

第5章 Oracle模式对象——索引、同义词、序列

本章要点（学会后请在方框里打钩）：

□ 理解什么是索引

□ 掌握索引的分类与使用

□ 掌握索引的创建、更新与删除

□ 理解什么是同义词

□ 掌握同义词的创建和使用

□ 掌握序列的创建和使用

一个模式（Schema）为模式对象（Schema Object）的一个集合，每一个数据库用户对应一个模式。模式对象为直接引用数据库数据的逻辑结构，模式对象包含表、视图、索引、序列、同义词、数据库链、过程和包等结构。模式对象是逻辑数据存储结构，每一种模式对象在磁盘上设有一个相应文件存储其信息。一个模式对象以逻辑结构存储在数据库的一个表空间中，每一个对象的数据物理地包含在表空间的一个或多个数据文件中。

5.1 索引的创建和管理

在关系型数据库中，用户查找数据与行的物理位置没有关系。为了能找到数据，表中的每一行都用一个 RowID 来标识，当 Oracle 数据库中存储大量记录时，就意味着有大量的 RowID 存在。Oracle 如何能够快速找到指定的 RowID 呢？这时就需要使用索引对象，它可以实现服务器在表中快速查找记录的功能。

5.1.1 索引的概念和分类

1. 索引的概念

如果一个数据表中存在大量的数据记录，当对表执行指定条件的查询时，常规的查询方法会将所有的记录都读取出来，然后再把读取的每一条记录与查询条件进行比对，最后返回满足条件的记录。这样使操作的时间和 I/O 开销都十分巨大。对于这种情况，可以考虑通过建立索引来减小系统开销。

如果将表看作一本书，索引的作用则类似于书中的目录。在没有目录的情况下，要在书中查找指定的内容必须阅读全书，而有了目录之后，只需要通过目录就可以快速找到包含内容的页码（相当于 RowID）。

2. 索引分类

用户可以在 Oracle 中创建多种类型的索引，以适应各种表的特点。按照索引数据的存储方式可以将索引分为 B 树索引、位图索引、反向键索引和基于函数的索引；按照索引列的唯一性又可以分为唯一索引和非唯一索引；按照索引列的个数可以分为单列索引和复合索引。

（1）B 树索引。B 树索引是最常用的一种索引类型，也是 Oracle 数据库的默认索引类型。B 树指的是平衡树（Balanced Tree），它是使用平衡算法来管理索引的。

B 树索引适用于：

①表中存储的数据行数很多；

②列中存储的数据的不同值很多；

③查询的数据量不超过全部数据行的 5%，否则应使用全表扫描。

（2）位图索引。当要建立索引列的数据有大量的重复值和一个列的基数小于 1% 时，适用于位图索引（如性别等）。

（3）反向键索引。反向键索引是一种特殊类型的 B 树索引，在物理上反转索引的列值，但是列的顺序保持不变。反向键索引通常建立在值是连续增长的列上。如果在 WHERE 子句中使用范围查询条件，如 between、>、<等，由于索引值被反转，不会按照原来的排序进行查询，查询时必须执行全表扫描，所以反向键索引不适用于范围查询。另外，位图索引不能执行反向键索引操作。

反向键：如 1105 反向转换后是 5011，9517 反向转换后是 7159。

（4）基于函数的索引。基于函数的索引会先对列的函数或表达式进行计算，然后将计算的结果存入索引中。创建这种类型的索引时需要注意以下几点：

①创建时必须具有 QUERY REWRITE 系统权限；

②表达式中不能出现聚合函数；

③不能在 LOB 类型的列上创建。

（5）唯一索引和非唯一索引。根据索引值是否相同，可以将索引分为唯一索引和非唯一索引。

（6）单列索引和复合索引。单列索引是建立在表的单一列上的索引，大部分的索引是单列索引，如果把表的多个列作为一个整体并在其上建立索引，则将所建的索引称为复合索引。复合索引中的多个列不一定是表中相邻的列，但是由于在索引定义中所使用列的顺序很重要，因此一般将最常被访问的列放在前面。

5.1.2 建立索引的注意事项

建立和规划索引时，必须选择合适的表和列，如果选择的表和列不合适，不仅无法提高查询速度，反而会极大地降低 DML 操作的速度，所以建立索引必须注意以下几点。

（1）索引应建立在 WHERE 子句频繁引用的表的列上，如果在大表上频繁地将某列或某几列作为条件执行索引操作，并且检索行数低于总行数的 15%，那么就应该考虑在这些列上建立索引。

如果经常需要基于某列或某几列执行排序操作，那么在这些列上建立索引可以提高数据排序的速度。

（2）限制表中索引的个数。索引虽然主要用于加快查询速度，但会降低 DML 操作的速度，索引越多，DML 操作的速度就越慢，尤其会极大地影响 INSERT 和 DELETE 操作的速度。因此，规划索引时，必须仔细衡量查询和 DML 的需求。

（3）指定索引块空间的使用参数。基于表建立索引时，Oracle 会将相应表列数据添加到索引块。为索引块添加数据时，Oracle 会按照 PCTFREE 参数在索引块上预留部分空间，该预留空间是为以后的 INSERT 操作准备的。如果以后在表上执行大量的 INSERT 操作，那么在建立索引时就要设置较大的 PCTFREE 参数。

（4）将表和索引部署到相同的表空间，可以简化表空间的管理；将表和索引部署到不同的表空间，可以提高访问性能。

（5）当在大表上建立索引时，使用 NOLOGGING 选项可以最小化重做记录；使用 NOLOGGING 选项可以节省重做日志空间，缩短索引建立的时间，提高索引并行建立的性能。另外，不要在小表上建立索引。

（6）为了提高多表连接的性能，应该在连接列上建立索引。

5.1.3 创建索引

在创建数据库表时，如果表中包含唯一关键字或主关键字，则 Oracle 18c 自动为这两个关键字所包含的列建立索引。如果不特别指定，系统将默认为该索引定义一个名字。

在 Oracle 中创建索引的 PL/SQL 命令为 CREATE INDEX。在创建索引时，Oracle 首先对将要建立索引的字段进行排序，然后将排序后的值和对应记录的 RowID 存储在索引段中。建立索引可以使用 CREATE INDEX 语句，通常由表的所有者来建立索引。如果要以其他用户身份建立索引，则要求用户必须具有 CREATE ANY INDEX 系统权限或者相应表的 INDEX 对象权限。创建索引语法如下。

```
1 CREATE [UNIQUE] | [BITMAP] INDEX index_name
2 ON table_name([column1 [ASC|DESC],column2 [ASC|DESC],…] | [express])
3 [TABLESPACE tablespace_name]
4 [PCTFREE n1]
5 [STORAGE (INITIAL n2)]
6 [NOLOGGING]
7 [NOLINE]
8 [REVERSE]|[NOSORT];
```

其中，如果不指定 BITMAP 选项，则默认创建的是 B 树索引。

（1）UNIQUE：表示唯一索引。

（2）BITMAP：表示创建位图索引。

（3）PCTFREE n1：指定索引在数据块中的空闲空间。

（4）NOLOGGING：表示创建和重建索引时允许对表做 DML 操作，默认情况下不使用。

（5）NOSORT：表示创建索引时不进行排序，默认不使用，如果数据已经是按照该索引顺序排列的则可以使用。

（6）REVERSE：表示创建反向键索引。

1. 建立 B 树索引

B 树索引是 Oracle 数据库最常用的索引类型（也是默认的），是以 B 树结构组织存放索引数据的。默认情况下，B 树索引中的数据是以升序方式排列的。如果表包含的数据非常多，并且经常在 WHERE 子句中引用某列或某几列，则应该基于该列或这几列建立 B 树索引。B 树索引由根节点、分支节点和叶子节点组成，如图 5.1 所示。

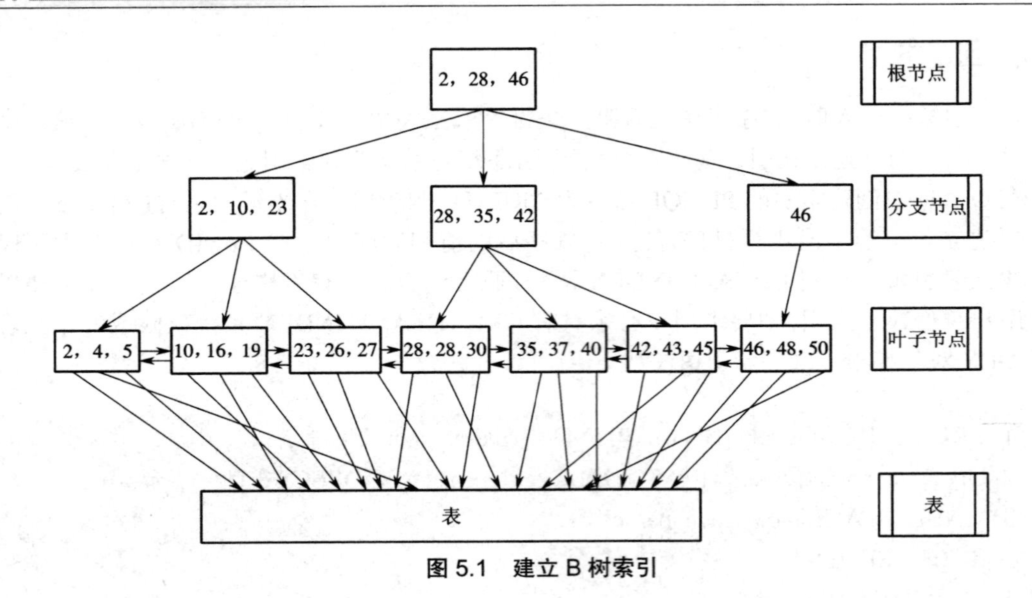

图 5.1　建立 B 树索引

（1）根节点：索引顶级块，它包含指向下一级节点的信息。

（2）分支节点：包含指向下一级节点（分支节点或叶子节点）的信息。

（3）叶子节点：通常也称叶子，包含索引入口数据，索引入口包含索引列的值和记录行对应的物理地址。

在 B 树索引中无论用户要搜索哪个分支的叶子节点，都可以保证所经过的索引层次是相同的。Oracle 采用这种方式的索引，可以确保无论索引条目位于何处，都只需要消耗相同的 I/O 即可获取它，这就是该索引被称为 B 树索引的原因。

如果在 WHERE 子句中经常应用某列或者某几列，应该基于这些列建立 B 树索引。

例如，基于 emp 表的 ename 字段创建 B 树索引，代码如下。

```
1 CREAGTE INDEX index_emp_ename
2 ON
3 emp(ename);
```

注意：对于性别，可取值的范围只有“男”和“女”，并且男和女的比例可能各占该表数据的 50%，这时添加 B 树索引需要取出一半的数据，而这是完全没有必要的。相反，如果某个字段的取值范围很广，几乎没有重复，比如身份证号，此时使用 B 树索引较为合适。

2. 建立位图索引

如果用户查询的列的基数非常小，即只有几个固定值，如性别、婚姻状况、行政区等。要为这些基数值比较小的列建索引，就需要建立位图索引。

对于性别这个列，位图索引形成两个向量，男向量为 10100…，向量的每一位表示该行是否是男，如果是男则为 1，否为 0；同理，女向量为 01011…，如图 5.2 所示。

RowID	1	2	3	4	5	...
男	1	0	1	0	0	
女	0	1	0	1	1	...

图 5.2 “性别”列位图索引

对于婚姻状况这一列，位图索引生成 3 个向量，已婚为 11000…，未婚为 00101…，离婚为 00010…，如图 5.3 所示。

RowId	1	2	3	4	5	...
已婚	1	1	0	0	0	
未婚	0	0	1	0	1	
离婚	0	0	0	1	0	

图 5.3 “婚姻”列位图索引

当使用查询语句“select * from table where Gender=' 男 ' and Marital=' 未婚 ';”时首先取出男向量 10100…，然后取出未婚向量 00101…，将两个向量做 and 操作，这时生成新向量 00100…，可以发现第三位为 1，表示该表的第三行数据就是需要查询的结果，如图 5.4 所示。

RowID	1	2	3	4	5
男	1	0	1	0	0
and					
未婚	0	0	1	0	1
结果	0	0	1	0	0

图 5.4 查询结果

例如，基于 Student 表的 ssex 字段创建位图索引，代码如下。

```
1 CREATE BITMAP INDEX index_gender
2 ON student(ssex);
```

3. 建立反向键索引

在常规的 B 树索引中，如果主键列是递增的，那么往表中添加新的数据时，B 树索引将直接访问最后一个数据，而不是一个节点一个节点的访问。造成这种情况的原因是随着数据行的不断插入以及原有数据行的删除，B 树索引的很多空间会浪费，如 1012 节点上方的几个数据行都是空的，而且 B 树索引将会变得越来越不均匀，如图 5.5 所示。

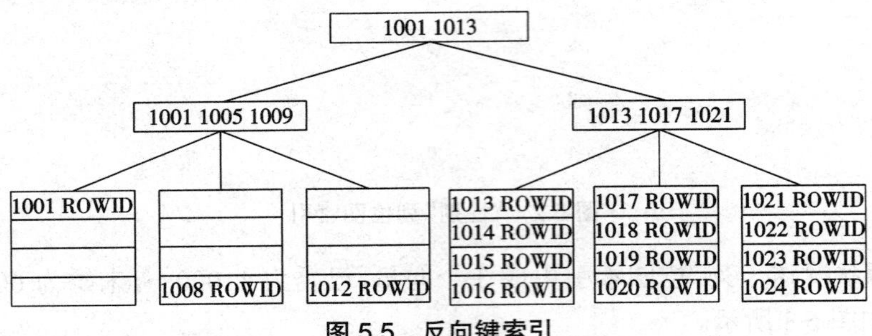

图 5.5　反向键索引

如果用户使用序列编号在表中添加新的纪录，则反向键索引首先反向转换每个键值的字节，然后对反向后的新数据再进行索引。

例如，用户输入的索引键是 4201，那么反向键索引将其反向转换为 1024，这样索引键就变成非递增了，也就意味着如果将反向后的索引键添加到叶子节点中，可能在任意的叶子节点中进行，从而使新的数据在值的范围上的分布式比原来的均匀。

例如，创建 tb_log 日志表，然后基于该表的 id 字段创建反向键索引，代码如下。

```
1 -- 创建日志表 tb_log
2 CREATE TABLE tb_log(id int, loguser varchar2(40) , logindt timestamp);
3 -- 基于 tb_log 的 id 字段创建反向键索引
4 CREATE INDEX index_log
5 ON
6 tb_log(id)
7 REVERSE;
```

4. 创建函数的索引

例如，基于 emp 表 ename 字段大写值创建索引，代码如下。

```
1 CREATE INDEX index_emp_ename2
2 ON
3 emp(UPPER(ename));
```

5. 创建复合索引

例如，基于 emp 表 ename 和 job 字段创建复合索引，代码如下。

```
1 CREATE INDEX index_emp_ename_job
2 ON
3 emp(ename , job)
```

5.1.4 维护索引

创建索引之后，还要经常性地对其进行修改和维护。索引的修改和维护包括改变索引的物理存储特性、为索引添加空间、收回索引占用的空间和重新创建索引等。

修改索引通常使用 ALTER INDEX 语句完成。一般情况下，修改索引由索引的所有者完成，如果要以其他用户身份修改索引，则要求该用户必须具有 ALTER ANY INDEX 系统权限或在相应表上的 INDEX 对象权限。

（1）将索引修改为反向键索引或普通索引，语法如下。

```
1 ALTER INDEX index_name
2 REBUILD NOREVERSE | REVERSE;
```

（2）将索引重命名，语法如下。

```
1 ALTER INDEX index_name
2 RENAME TO new_name;
```

例如，首先创建日志表 tb_log2，并设置 id 字段为主键，然后将基于 id 字段的 B 树索引修改为反向键索引，代码如下。

```
1 --创建日志表 tb_log2
2 CREATE TABLE tb_log2(
3 id int constraint pk_logid primary key,loguser varchar2(40) ,logindt timestamp);
4 --id 字段为主键字段，则自动创建了 B 树索引，将该索引修改为反向键索引
5 ALTER INDEX pk_logid
6 REBUILD REVERSE;
```

例如，将索引 index_emp_ename 重命名为 index_emp_name，代码如下。

```
1 ALTER INDEX index_emp_ename
2 RENAME TO index_emp_name;
```

5.1.5 删除索引

使用 SQL 命令删除索引的语法格式如下。

```
1 DROP INDEX [schema.]index_name;
```

其中，index_name 是要删除的索引的名称。

例如，删除索引 index_emp_name，代码如下。

```
1 DROP INDEX index_emp_ename
```

5.2 同义词

Oracle 数据库中对权限的管理是通过方案来进行的，一个方案通常就是一个用户名。

比如 Oracle 的两个用户：SCOTT 和 Hr，当用户 SCOTT 进入 Oracle 后，其创建的数据库对象可以称为 SCOTT 方案对象，为了让 Hr 方案的用户可以访问，除了要给 Hr 用户分配必要的权限（如检索权限）之外，Hr 用户访问 SCOTT 用户的对象必须使用“SCOTT. 数据库对象名”这样的格式。也就是说每次访问都要用上面这种格式，那么有没有一种更好的访问方式呢？ Oracle 的同义词提供了该功能。

创建同义词的目的是为了简化对目标对象的访问，特别是对于分布式数据库查询，可以简化对查询语句的编写，且同义词不占用实际存储空间，如同视图一样，只在数据字典中保存同义词的定义。

5.2.1 同义词的分类

根据同义词允许被访问的用户限制，可以将同义词分为两类。

（1）私有同义词。私有同义词只能被创建该同义词的用户所拥有和访问，但是用户可以授权其他用户访问该同义词。

（2）公有同义词。公有同义词被 public 用户组所拥有，数据库的任何用户都可以使用该同义词。

5.2.2 创建同义词

创建同义词需要 create synonym,create public synonym 系统权限，其语法格式如下。

```
1 CREATE [OR REPLACE] [PUBLIC] SYNONYM [schema.]synonym_name
2 FOR object_name;
```

例如，为 SCOTT 用户的 emp 表创建公有同义词 employee，代码如下。

```
1 CREATE [OR REPLACE] [PUBLIC] SYNONYM employee
2 FOR scott.emp;
```

5.2.3 使用同义词

创建了同义词之后，可以在其他地方引用它，以此来代替基表的引用。

例如，查看 SCOTT 用户的 emp 表的所有数据，可以使用同义词 employee 来代替，代码如下。

```
1 SELECT * FROM employee;
```

在以后的使用过程中,若基表的名字变了,只需要修改同义词的定义即可。

5.2.4 删除同义词

如果一个对象(如表)被删除了,则同时也要将相应的同义词删除,因为此时再引用同义词将产生错误,另外也为了清理数据字典。删除公有同义词需要拥有 drop public synonym 权限。删除同义词语法如下。

```
1 DROP [PUBLIC] SYNONYM synonym_name;
```

例如,删除同义词 employee 来代替,代码如下。

```
1 DROP [PUBLIC] SYNONYM employee;
```

5.3 序列

序列是 Oracle 提供的用于产生一系列唯一数字的数据库对象。序列会自动生成顺序递增的序列号,以实现自动提供唯一的主键值。序列可以在多用户并发环境中使用,并且可以为所有用户生成不重复的顺序数字,而不需要任何额外的 I/O 开销。

序列的主要用途是生成表的主键值,可以在插入语句中引用,也可以通过查询当前值,使序列增至下一个值,因此可以使用序列实现记录的唯一性。

5.3.1 创建序列

创建序列需要 CREATE SEQUENCE 系统权限,其语法格式如下。

```
1 CREATE SEQUENCE seq_name
2 [INCREMENT BY n]
3 [START WITH n]
4 [{MAXVALUE n | NOMAXVALUE}]
5 [{MINVALUE n | NOMINVALUE}]
6 [{CYCLE | NOCYCLE}]
7 [{CACHE n | NOCACHE}];
```

其中,各选项含义如下。

(1)INCREMENT BY n:递增的序列值是 n,如果 n 是正数就递增,如果是负数就递减,默认是 1。

（2）MAXVALUE：序列生成器能产生的最大值，而 NOMAXVALUE 为默认选项，代表没有最大值定义，对于递减序列最大值是 -1。

（3）MINVALUE：序列生成器能产生的最小值，而 NOMINVALUE 为默认选项，代表没有最小值定义。

（4）CYCLE | NOCYCLE：表示当序列生成器的值达到限制值后是否循环。

（5）CACHE：用于定义存放序列的内存块的大小，默认为 20，而 NOCACHE 表示不进行内存缓冲。

例如，创建递增序列 seq_temp，增量为 1，初始值为 10，该序列不循环，不使用内存，默认最小值为 1，最大值为 9999999，代码如下。

```
1 CREATE SEQUENCE seq_temp
2 increment by 1 start with 10 maxvalue 9999999 nocyclenocache;
```

5.3.2 删除序列

删除序列应该是序列的创建者或者是拥有 DROP ANY SEQUENCE 系统权限的用户可以执行的操作。序列一旦删除就不能被引用了。

删除序列的语法格式如下。

```
1 DROP SEQUENCE seq_name;
```

例如，删除序列 seq_temp，代码如下。

```
1 DROP SEQUENCE seq_temp;
```

5.3.3 使用序列

创建序列后，可以使用序列的 CURRVAL 和 NEXTVAL 两个属性来引用序列的值。调用 NEXTVAL 将生成序列中的下一个序列号，调用时需要指出序列名，其格式如下。

```
序列名 .NEXTVAL
```

CURRVAL 用于产生序列的当前值，无论调用多少次都不会产生序列的下一个值。如果序列还没有通过调用 NEXTVAL 产生过序列的下一个值，则先引用 CURRVAL 没有意义。调用 CURRVAL 也一样需要指出序列名，其格式如下。

```
1 序列名 .CURRVAL
```

例如，创建日志表 tb_log, 设置 id 为 int 类型主键，然后创建序列 seq_log, 利用序列所提供的值来完成为 tb_log 表中 id 赋值，从而达到 tb_log 的 id 自增长的目的，代码如下。

```
1 -- 创建表 tb_log
2 CREATE TABLE tb_log(id int primary key, loguser varchar2(40) , logindt timestamp);
3 -- 创建序列 seq_log
4 CREATE SEQUENCE seq_log;
5 -- 为表中自增长字段提供值
6 INSERT INTO tb_log VALUES(seq_log.nextval , 'rounding' , systimestamp);
7 COMMIT;
8 -- 查看表中数据
9 SELECT * FROM tb_log;
10   -- 查看序列当前值
11   SELECT seq_log.curval FROM dual;
```

运行结果如图 5.6 和图 5.7 所示。

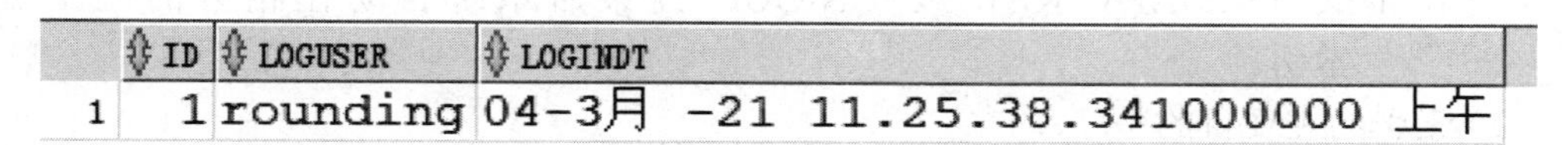

	ID	LOGUSER	LOGINDT
1	1	rounding	04-3月 -21 11.25.38.341000000 上午

图 5.6　运行结果 1

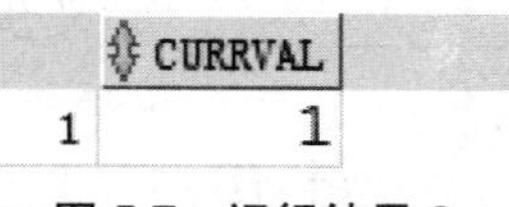

	CURRVAL
1	1

图 5.7　运行结果 2

小结

本章介绍了 3 个 Oracle 模式对象：索引、同义词和序列。利用索引可以提高数据查询的速度，但是一旦创建索引也将影响数据更新的性能，因此在创建索引时要合理地选择相应的索引类型以及所要创建索引的字段。利用同义词可以简化对数据库对象的访问，同义词只是起到别名的作用。Oracle 中利用序列可实现字段值自增长，后面在介绍触发器时会继续使用序列实现字段值自增长。

单元小测

一、选择题

（1）如果表中某列上包含大量重复值，这列适合建立什么类型的索引（　　）。

A. B-Tree　　B. BitMap　　C. 唯一性索引　　D. 基于函数的索引

（2）关于索引的说法错误的是（　　）。

A. 索引对于表来说，可有可无　　B. 索引是用来提高查询速度的

C. 索引是用来装饰表，使表格好看一点　　D. 索引会影响更新的速度

（3）当定义了一个序列（SEQUTEST）后，使用序列方法正确的是（　　）。

A. 直接使用 SEQUTEST.CURRVAL

B. 必须先使用 SEQUTEST.NEXTVAL 然后才能使用 SEQUTEST.CURRVAL

C. 只能使用 SEQUTEST.NEXTVAL

D. 必须两者一起使用

（4）可以使用那些伪列来访问序列（　　）。

A. nextval 和 curval　　B. nextval 和 previousval

C. cache 和 nocache　　D. 以上都不对

（5）（　　）是 oracle 提供的一个对象，可以生成唯一的连续的整数。

A. 同义词　　B. 序列　　C. 视图　　D. 索引

二、填空题

（1）在定义 PRIMARY KEY 或 UNIQUE 约束后系统自动在相应的列上创建__________索引。

（2）索引的主要目的是____________________。

（3）调用______________将生成序列中的下一个序列号，调用时需要指出序列名。___________用于产生序列的当前值，无论调用多少次都不会产生序列的下一个值。

（4）Oracle 序列使用短语___________定义步长，短语____________定义起始值。

（5）用户可以创建公有________或私有________的同义词。公有同义词由特殊的用户组________所拥有，数据库中的每个用户都能够访问。

经典面试题

（1）如何理解索引？

（2）Oracle 中索引如何分类？

（3）什么情况下使用位图索引，什么情况下使用反向键索引？

（4）同义词有什么作用？

（5）序列有哪两个属性，如何使用？

跟我上机

（1）基于表 sc 的 grade 字段创建索引。

（2）将表 student 的主键 sno 字段所对应的索引修改为反向键索引。

（3）基于表 student 的 sname 字段的第一个字符创建索引。

（4）删除上题所创建的索引。

（5）创建表 student 的公有同义词 stu，然后基于该同义词往表中插入一条记录。

（6）删除上题所创建的同义词。

（7）创建表 temp_user，含有字段 id、uname 和 upass，然后创建序列 seq _user，最后往表 temp_user 中插入记录，其中 id 字段使用序列 seq _user 的值来进行填充，从而实现 id 字段值的自增长。

（8）删除序列 seq _user，删除表 temp_user。

第 6 章　PL/SQL 编程基础

本章要点（学会后请在方框里打钩）：

- □ 掌握 PL/SQL 代码块的基本结构
- □ 掌握 PL/SQL 中的运算符
- □ 掌握 PL/SQL 中变量的使用
- □ 掌握 PL/SQL 的基本数据类型和特殊数据类型
- □ 掌握 PL/SQL 的选择结构和循环结构语句
- □ 掌握 PL/SQL 的异常处理

SQL 语言只是访问、操作数据库的语言，而不是程序设计语言，因此不能用于程序开发。PL/SQL 是 Oracle 在标准 SQL 语言上进行过程性扩展后形成的程序设计语言，是一种 Oracle 数据库特有的、支持应用开发的语言。

6.1 PL/SQL 概述

Oracle 的 PL/SQL 语言集结构化查询和 Oracle 自身过程控制为一体的强大语言，PL/SQL 不但支持更多的数据类型，拥有自身的变量申明、赋值语句，而且还有条件、循环等流程控制语句。PL/SQL 将过程控制结构与 SQL 数据处理能力相结合形成强大的编程语言，可以创建过程和函数以及程序包。

PL/SQL 是一种块结构的语言，将一组语句放在一个块中，一次性地发送给服务器，由服务器和自身引擎两个执行器执行代码。

6.1.1 PL/SQL 的特点

使用 PL/SQL 可以编写具有很多高级功能的程序。除了使用 PL/SQL 外，还可以通过多条 SQL 语句来实现这些高级功能，但是每条语句都需要在客户端和服务器端传递，而且每条语句的执行结果也需要在网络中进行交互，这样就占用了大量的网络带宽，消耗了大量的网络传递时间；而在网络中传输的结果，往往是中间结果，并不是最后结果。

虽然通过多个 SQL 语句也可能实现同样的功能，但相比而言，PL/SQL 具有一些更为显著的优点。

（1）支持 SQL。SQL 是访问数据库的标准语言，通过 SQL 命令，用户可以操纵数据库的数据。PL/SQL 支持所有的 SQL 数据操纵命令、游标控制命令、事务控制命令、SQL 函数、运算符和伪列。同时 PL/SQL 和 SQL 语言紧密集成，PL/SQL 支持所有的 SQL 数据类型和 NULL 值。

（2）支持面向对象的编程。PL/SQL 支持面向对象的编程，在 PL/SQL 中可以创建类型、对类型进行继承以及在子程序中重载方法等。

（3）更好的性能。SQL 是非过程语言，只能一条一条地执行，而 PL/SQL 是统一进行编译后执行，同时还可以把编译好的 PL/SQL 块存储起来，以备重用，缩短了应用程序和服务器之间的通信时间，所以 PL/SQL 是高效而快速的。

（4）可移植性。使用 PL/SQL 编写的应用程序语言，可以移植到任何操作平台的 Oracle 服务器，同时还可以编写可移植程序库，在不同环境中使用。

（5）安全性。可以通过存储过程对客户机和服务器之间的应用程序逻辑进行分割，这样可以限制对 Oracle 数据库的访问，数据库还可以授权和撤销其他用户的访问权利。

6.1.2 PL/SQL 的基本结构

和所有过程化语言一样，PL/SQL 也是一种模块式结构语言，一个完整的 PL/SQL 语句块由声明部分，执行部分和异常处理部分（执行异常部分）组成。

```
1 [DECLARE]
2 /* 声明部分：在此声明 PL/SQL 用到的变量、类型及游标等 */
3 BEGIN
4 /* 执行部分：过程及 SQL 语句，即程序的主要部分，实现块的功能 */
5 [EXCEPTION]
6 /* 执行异常部分：错误处理 */
7 END;/* 结束 */
```

其中，只有执行部分是必须要有的，声明部分和异常处理部分（执行异常部分）是可选的。如果没有声明部分，结构就以 BEGIN 关键字开始，如果没有异常处理部分，关键字 EXCEPTION 将被省略。

6.1.3 PL/SQL 注释

注释增强了程序的可读性，使程序更容易理解，在进行编译时会被 PL/SQL 编译器忽略。注释有单行注释和多行注释两种。

1. 单行注释

单行注释由两个连续的“-”开始，注释符号后面到行尾均为注释部分。

```
1 DECLARE   v_sal number;   -- 保存数值的变量
2 BEGIN
3 SELECT avg(sal) INTO v_sal FROM emp; -- 查询员工平均工资存入变量 v_sal
4 DBMS_OUTPUT.PUT_LINE(v_sal);   -- 查看变量的值
5 END;
```

2. 多行注释

多行注释由“/*”开头，由“*/”结尾，注释符号中间的内容均为注释部分。

```
1 DECLARE
2 v_sal number;  /* 保存数值的变量 */
3 BEGIN
4 SELECT avg(sal) INTO v_sal from emp; /* 查询员工平均工资存入变量 v_sal */
5 DBMS_OUTPUT.PUT_LINE(v_sal);  /* 查看变量的值 */
6 END;
```

6.2 PL/SQL 字符集

和其他所有程序设计语言一样，PL/SQL 也有一个字符集。用户能从键盘上输入的字符都是 PL/SQL 的字符。此外，在某些场合，还有使用某些字符的规则。

PL/SQL 语言允许使用的字符集包括：

（1）大写和小写字母；

（2）数字 0~9；

（3）非显示的字符、制表符、空格和回车；

（4）运算符；

（5）间隔符，包括 ()、{}、[]、&、$、^ 等。

6.2.1 运算符

运算符是一个符号，使编译器执行特定的数学或逻辑操作。PL/SQL 语言有丰富的内置运算符，具体有以下几种类型：

（1）算术运算符；

（2）关系运算符；

（3）逻辑运算符。

1. 算术运算符

表 6.1 列出了 PL/SQL 支持的所有算术运算符。

表 6.1 所有 PL/SQL 支持的算术运算符

运算符	描述	示例
+	两个操作数相加	A+B=15
-	第一个操作数减去第二个操作数	A-B=5
*	两个操作数相乘	A*B=50
/	两个操作数相除	A/B=2
**	乘方运算	A**B=100 000

2. 关系运算符

关系运算符用于比较两个表达式或值，并返回一个布尔类型的结果。表 6.2 列出了 PL/SQL 支持的所有关系运算符。

表 6.2 所有 PL/SQL 支持的关系运算符

运算符	描述	示例
=	检查两个操作数的值是否相等，如果值相等，则条件为真	（A=B）结果为 true
!= <> ~=	检查两个操作数的值是否相等，如果值不相等，则条件变为真	（A！=B）结果为 true

续表

运算符	描述	示例
＞	检查左边操作数的值是否大于右边操作数的值，如果是，那么条件为真	（A ＞ B）结果为 true
＜	检查左边的操作数的值是否小于右边操作数的值，如果是，那么条件为真	（A ＜ B）结果为 true
＞=	检查左边的操作数的值是否大于或等于右边操作数的值，如果是，那么条件为真	（A ＞ =B）结果为 true
＜=	检查左边的操作数的值是否小于或等于右边操作数的值，如果，是那么条件为真	（A ＜ =B）结果为 true

3. 逻辑运算符

表 6.3 显示了 PL/SQL 支持的逻辑运算符。这些操作符进行布尔运算，并产生布尔类型的结果。

表 6.3　PL/SQL 支持的逻辑运算符

运算符	描述	示例
and	逻辑与运算，如果两个操作数为 true，则条件为 true	（A and B）结果为 true
or	逻辑或运算，如果任何一个操作数为 true，则条件为 true	（A or B）结果为 true
not	逻辑非运算，用于表示操作数的逻辑值的反值。如果条件为 true，则逻辑非运算将使其变为 false	not（A and B）结果为 false

4. PL/SQL 运算符优先级

运算符优先级确定表达式分组，影响一个表达式的计算顺序。某些运算符的优先级高于其他运算符，例如乘法运算符的优先级比加法运算符的优先级高，因此 x =7+ 3* 2，x 被赋值 13，而不是 20，因为运算符“*”的优先级高于“+”，所以先做 3* 2 的运算，再将运算结果加上 7。在表达式中，高优先级的运算符将先计算。PL/SQL 运算符优先级见表 6.4。

表 6.4　PL/SQL 运算符优先级

运算符	操作符
**	指数运算
+,-	加法，取反
*,/	乘法，除法
+,-,||	加，减，并置
=,＜,＞,＜=,＞=,＜＞,!=,~=,^= IS NULL，LIKE，BETWEEN，IN	比较

续表

运算符	操作符
NOT	逻辑否定
AND	关联
OR	包含

6.2.2 其他符号

PL/SQL 为了支持编程，还使用了一些其他符号。表 6.5 列出了部分常用符号，同时也是使用 PL/SQL 的用户都必须了解的。

表 6.5 PL/SQL 使用的部分常用符号

符号	意义	样例
()	列表分隔	('Json','King')
;	语句结束	select * from emp;
.	项分离	select * from acount.table_name
‘	字符串界定	'king'
:=	赋值	a:=a+1
||	并置	Full_name:='Narth'||'Yebba'

6.3 变量、常量和数据类型

6.3.1 定义变量和常量

1. 定义变量

变量是指值在程序运行中可以改变的数据存储结构，定义变量必须包含的元素是变量名和数据类型，另外还有可选择的初始值，其语法格式如下。

```
1 <变量名><数据类型>[(长度):=<初始值>];
```

例如，定义一个用于存储国家名称的变量，并且设置变量的初始值为“中国”，代码如下。

```
1 var_countryname varchar2(50):='中国';
```

2. 变量赋值

(1)直接赋值,语法格式如下。

```
1 变量名 := 常量或表达式 ;
```

如:

```
1 v_num  NUMBER:=5;
```

(2)通过 SELECT…INTO 语句赋值,语法格式如下。

```
1 SELECT  列值 INTO  变量名 …;
```

3. 定义常量

常量是指值在程序运行过程中不可改变的数据存储结构,定义常量必须包含的元素是常量名、数据类型、常量值和 constant 关键字,其语法格式如下。

```
1 < 常量名 >constant < 数据类型 > :=< 常量值 >;
```

对于一些固定的数值,比如圆周率、光速等,为了防止不慎被更改,最好定义成常量。

例如,定义一个常量 con_day,用来存储一年的天数,代码如下。

```
1 con_day constant integer:=365;
```

4. 变量初始化

许多语言没有规定未经过初始化的变量中应该放什么内容。因此在运行时,未初始化的变量可能是随机的取值。但是,PL/SQL 定义了一个未初始化变量应该存放的内容,被赋值为 NULL。NULL 意味着"未定义或者未知的取值"。换句话讲,NULL 可以被默认地赋值给任何未经过初始化的变量。

6.3.2 基本数据类型

Oracle 基本数据类型可以分为:字符串类型、数值类型、日期类型和布尔类型等。

1. 字符串类型

字符串类型还可以依据存储空间分为固定长度类型(CHAR/NCHAR) 和可变长度类型(VARCHAR2/NVARCHAR2) 两种。

固定长度类型,是指虽然输入的字段值小于该字段的限制长度,但是实际存储数据时,会先自动向右补足空格,然后将字段值的内容存储到数据块中。这种方式虽然比较浪费空间,但是存储效率较可变长度类型要高,同时还能减少数据行迁移情况的发生。

可变长度类型,是指当输入的字段值小于该字段的限制长度时,直接将字段值的内容存储到数据块中，而不会补足空格，这样可以节省数据块空间。

1）CHAR 类型

CHAR 类型使用数据库字符集存储数据，长度固定，如果存储的数据没有达到指定长度，自动补足空格。在 PL/SQL 中，最大存储长度可以达到 32 767 B。使用 CHAR 时，可以不指定最大长度，此时最大长度为 1，声明语法如下。

```
1 CHAR(maxLength)
```

2）VARCHAR2/VARCHAR 类型

VARCHAR2/VARCHAR 类型使用数据库字符集存储数据，长度可变，如果存储数据没有达到指定长度，不自动补足空格。在 PL/SQL 中，存储长度可达 32 767 B。使用 VARCHAR2/VARCHAR 时必须指定最大长度，长度最小值为 1，声明语法如下。

```
1 VARCHAR2(maxLength)
```

VARCHAR 是 VARCHAR2 的同义词，它们主要的区别如下。

（1）VARCHAR2 按所有字符都占两个字节处理（一般情况下），VARCHAR 只对汉字和全角等字符占两个字节，数字、英文字符等都占一个字节。

（2）VARCHAR2 把空串按 NULL 处理，而 VARCHAR 仍按照空串处理。

（3）VARCHAR2 字符要用几个字节存储，要看数据库使用的字符集。

3）NCHAR 和 NVARCHAR2

NCHAR 和 NVARCHAR2 类型是 PL/SQL8.0 以后才加入的类型，它们的长度要根据各国字符集来确定，只能具体情况具体分析，声明语法如下。

```
1 NCHAR(maxLength)
2 NVARCHAR2(maxLength)
```

2. 数值类型

1）NUMBER 类型

NUMBER（*P*，*S*）是最常见的数值类型，可以存放的数据范围为 10^{-130}~10^{126}（不包含此值），需要 1~22 B 不等的存储空间。

P 是 Precison 的英文缩写，表示所有有效数字的位数，最多不能超过 38 个有效数字。

S 是 Scale 的英文缩写，可以使用的范围为 −84~127。*S* 为正数时，表示从小数点到最低有效数字的位数，它为负数时，表示从最大有效数字到小数点的位数。

例如，声明一个精度为 9，保留 2 位小数点的变量，代码如下。

```
1 num_money NUMBER(9,2);
```

2）其他数值类型

PL/SQL 语言出于代码可读性及与其他编程语言的数据类型相兼容，提出了“子类型”的概念，所谓子类型就是与 NUMBER 类型等价的类型别名，包括 DEC、DECIMAL、DOUBLE、INTEGER、INT、NUMERIC、SMALLINT、BINARY_INTEGER 和 PLS_IN-TE-GER 等。

3. 日期类型

日期类型用于存储日期数据。DATE 是最常用的日期数据类型，日期数据类型存储日期和时间信息。虽然可以用字符或数值类型表示日期和时间信息，但是日期数据类型具有特殊关联的属性。Oracle 为每个日期值存储以下信息：世纪、年、月、日、小时、分钟和秒。一般占用 7 个字节的存储空间。

4. 布尔类型

在 PL/SQL 中，BOOLEAN 类型是布尔数据类型，主要用于程序和流程控制及业务逻辑判断，其变量值可以是 TRUE、FALSE 或 NULL 中的一种。

6.3.3 特殊数据类型

为了提高用户的编程效率，满足复杂的业务逻辑的需求，PL/SQL 语言除了可以使用 Oracle 规定的基本数据类型外，还提供了 3 种特殊的数据类型：%TYPE 类型、RECORD 类型和 %ROWTYPE 类型。

1. %TYPE 类型

用 %TYPE 类型声明一个指定列名相同的数据类型，它通常紧跟在指定列名的后面。其声明语法如下。

```
1 variable_name table.column%TYPE
```

例如，声明一个 emp 表 JOB 列相同数据类型变量，并通过查询语句为其赋值，代码如下。

```
1 DECLARE
2 var_jop emp.JOB%TYPE;
3 BEGIN
4 SELECT job INTO var_jop FROM emp WHERE empno=7369;
5 DBMS_OUTPUT.PUT_LINE(var_jop);
6 END;
```

输出结果如图 6.1 所示。

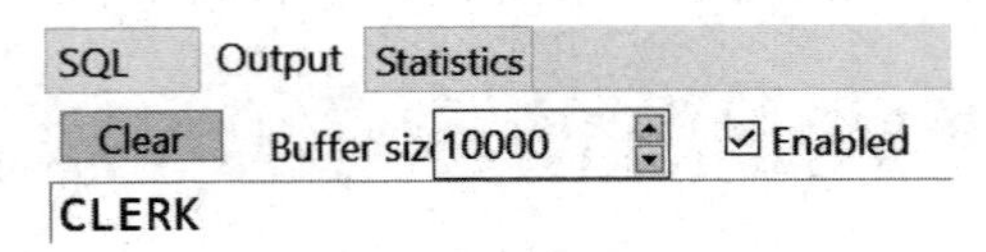

图 6.1 输出结果

在以上代码中，若 emp.JOB 列的数据类型为 VARCHAR2(9), 那么变量 var_job_emp 的数据类型也是 VARCHAR2(9)，甚至可以把“emp. JOB%TYPE”就看作一种能够存储指定列类型的特殊数据类型。

2. RECORD 类型

单词 record 有记录之意。RECORD 类型存储多个行列组成的数据。在声明记录类型的变量之前，首先需要定义记录类型，然后才可以声明记录类型的变量。记录类型是一种结构化的数据类型，它使用 TYPE 语句进行定义，在记录类型的定义结构中包含成员变量以及数据类型，其语法结构如下。

```
1 TYPE record_type IS RECORD
2 (
3 var_member1 data_type [not null] [:=default_value],
4 …
5 var_membern data_type [not null] [:=default_value] )
```

（1）record_type：表示要定义的记录类型名称。

（2）var_member1：表示该记录类型的成员变量名称。

（3）data_type：表示成员变量的数据类型。

例如，声明一个记录类型 emp_type, 然后使用该类型的变量存储 emp 表中的一条记录信息，并输出这条记录信息，代码如下。

```
1 DECLARE
2 /* 定义 record 数据类型 */
3 TYPE EMP_TYPE IS RECORD(
4 VAR_ENAME VARCHAR2(20),
5 VAR_JOB VARCHAR2(20),
6 VAR_SAL NUMBER
7 );
8 /* 利用上方定义的 EMP_TYPE 类型定义变量 EMPINFO */
9 EMPINFO EMP_TYPE;
10 BEGIN
11 SELECT ENAME, JOB, SAL INTO EMPINFO FROM EMP WHERE EMPNO=7369;
12 DBMS_OUTPUT.PUT_LINE(' 雇员 '||EMPINFO.VAR_ENAME||
13 的职务是 '||EMPINFO.VAR_JOB||', 工资是 '||EMPINFO.VAR_SAL);
14 END;
```

输出结果如图 6.2 所示。

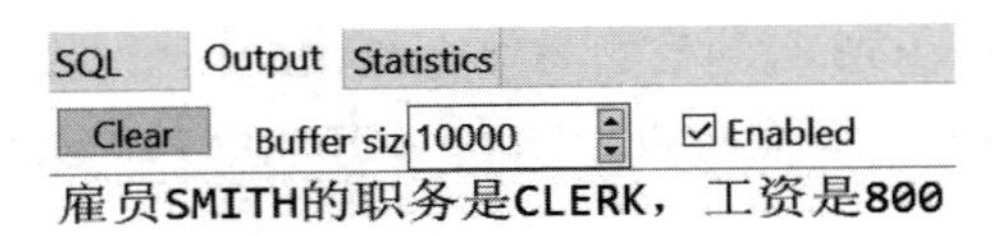

图 6.2　输出结果

3. %ROWTYPE 类型

%ROWTYPE 类型变量结合了 %TYPE 类型和 RECORD 类型变量的优点。根据数据表中行的结构定义一种特殊的数据类型，用来存储数据表中检索到的一行数据。它的语法形式如下。

```
1 var_name table_name%rowtype;
```

（1）var_name：表示可以存储一行数据的变量名。

（2）table_name：指定的表名。

在上面的语法结构中，可以把“table_name%rowtype”看作一种能够存储表中一行数据的特殊类型。

例如，声明一个 %ROWTYPE 类型的变量 var_emp，然后使用该变量存储 emp 表中的一行数据，代码如下。

```
1 DECLARE
2 var_emp EMP%ROWTYPE;
3 BEGIN
4 SELECT * INTO var_emp FROM EMP WHERE EMPNO=7369;
5 DBMS_OUTPUT.PUT_LINE(' 雇员 '||var_emp.ENAME||
6 ' 的职务是 '||var_emp.JOB||', 工资是 '||var_emp.SAL);
7 END;
```

运行结果如图 6.3 所示。

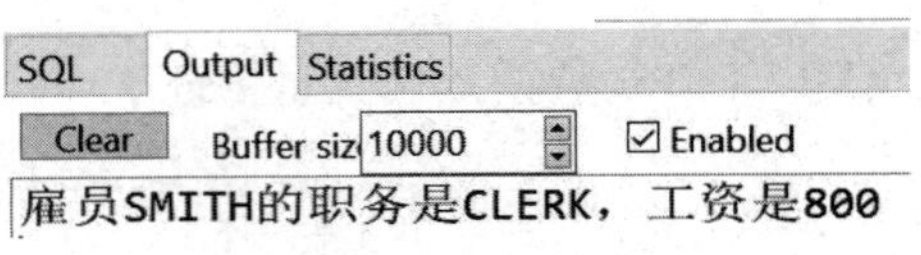

图 6.3　运行结果

6.4　基本程序结构

结构控制语句是所有过程性设计语言的关键，因为只有能够进行结构控制才能灵活地实现各种操作和功能。表 6.6 是 PL/SQL 的主要控制语句。

表 6 PL/SQL 的主要控制语句

序号	控制语句	意义说明
1	IF…THEN	当 IF 为真时执行 THEN
2	IF…THEN…ELSE	当 IF 为真时执行 THEN, 否则执行 ELSE
3	IF…THEN…ELSIF	嵌套式判断
4	CASE	有逻辑地从数值中进行选择
5	LOOP…EXIT…END	循环控制,用判断语句执行 EXIT
6	LOOP…EXIT WHEN…END	同上,当 WHEN 为真时执行 EXIT
7	WHILE…LOOP…END	当 WHILE 为真时循环
8	FOR…IN…LOOP…END	已知循环次数的循环
9	GOTO	无条件转向控制

6.4.1 选择结构

所谓选择结构,就是指根据具体条件表达式执行一组命令的结构。

1. IF 语句

IF 语句关联的条件通过 IF 和 THEN 之间的表达式来指出，END IF 表示语句结束。如果条件为 TRUE,则执行后面的语句;如果条件为 FALSE 或 NULL,那么 IF 语句什么都不做,IF 语句的语法如下。

```
1 IF condition1 THEN   statement1;
2 [ELSIF condition2 THEN statement2;]
3 …
4 [ELSE
5 else_statement;]
6 END IF;
```

需要注意的是,上述命令格式中 ELSIF 的拼写,不是 ELS IF,中间没有空格。可以把这个语法分为 3 种情况来理解。

(1)IF…THEN 语句。当 IF 后面的判断为真时,执行 THEN 后面的语句,否则跳过这一控制语句。

IF…THEN 语句举例的代码如下。

```
1 DECLARE
2 var_avg emp.sal%TYPE;
```

```
3 BEGIN
4 SELECT avg(sal) INTO var_avg  FROM emp;   IF var_avg > 1000 THEN
5 dbms_output.put_line(' 过千 ');
6 END IF;
7 END;
```

运行结果如图 6.4 所示。

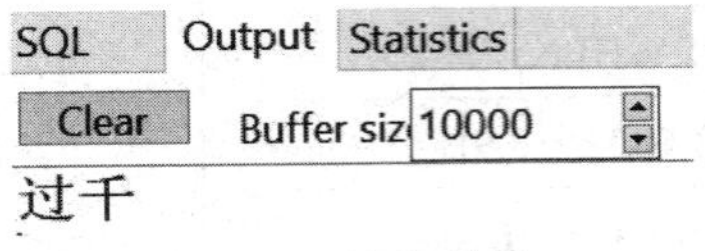

图 6.4　运行结果

（2）IF…THEN…ELSE 语句。第一部分和上面一样，只是当 IF 判断不为真时执行 ELSE 后面的语句。

修改上例，代码如下。

```
1 DECLARE
2 var_avg emp.sal%TYPE;
3 BEGIN
4 SELECT avg(sal) INTO var_avg  FROM emp;
5 IF var_avg > 1500 THEN
6 dbms_output.put_line(' 超过 1500');
7 ELSE
8 dbms_output.put_line(' 平均收入 '||var_avg);
9 END IF;
10 END;
```

运行结果如图 6.5 所示。

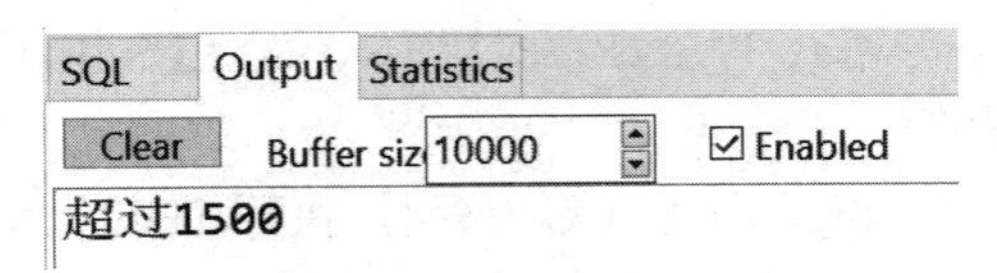

图 6.5　运行结果

（3）IF…THEN…ELSIF 语句。这是一个多种条件判断控制语句，基本原理和前面一样，只是哪个条件成立就执行其 THEN 后面的语句，剩余的 ELSIF 或者 ELSE 都不再执行。IF…THEN…ELSIF 语句举例的代码如下。

```
1 DECLARE
2 var_avg emp.sal%TYPE;
3 BEGIN
4 SELECT avg(sal) INTO var_avg FROM emp;
5 IF var_avg <1000 THEN
6 dbms_output.put_line('1000 以内 ');
7 ELSIF var_avg < 1500 THEN
8 dbms_output.put_line('1500 以内 ');
9 ELSIF var_avg < 2000 THEN
10 dbms_output.put_line('2000 以内 ');
11 ELSIF var_avg < 2500 THEN
12 dbms_output.put_line('2500 以内 ');
13 ELSE
14 dbms_output.put_line(' 平均收入 '||var_avg);
15 END IF;
16 END;
```

输出结果如图 6.6 所示。

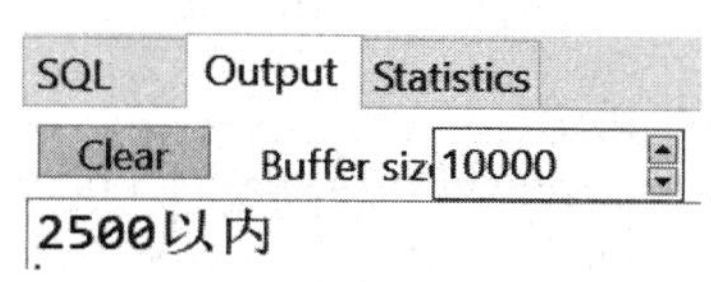

图 6.6　输出结果

2. CASE selector 语句

类似 IF 语句，CASE 语句选择要执行的语句的一个序列。

CASE selector 语句有多种不同值可选择，而不是多个布尔表达式。CASE selector 语法如下。

```
1 CASE selector
2 WHEN selector_value1 THEN statement1;
3 WHEN selector_value2 THEN statement2;
4 …
5 WHEN selector_valuen THEN statementN
6 [ ELSE   else_statement; ]
```

例如，级别判定，代码如下。

```
1 DECLARE
2 grade char(1) := 'A';
3 BEGIN
4 CASE grade
5 when 'A' then dbms_output.put_line('Excellent');
6 when 'B' then dbms_output.put_line('Very good');
7 when 'C' then dbms_output.put_line('Well done');
8 when 'D' then dbms_output.put_line('You passed');
9 when 'F' then dbms_output.put_line('Better try again');
10 else dbms_output.put_line('No such grade');
11 END CASE;
12 END;
```

输出结果如图 6.7 所示。

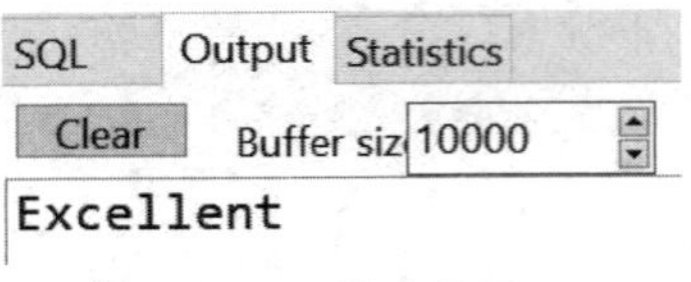

图 6.7　输出结果

3. CASE boolean_expression 语句

CASE boolean_expression 语句有多种不同的条件判断可选择。CASE boolean_ expression 语法如下。

```
1 CASE
2 WHEN boolean_expression1 THEN statement1;
3 WHEN boolean_expression2 THEN statement2;
4 …
5 WHEN boolean_expressionN   THEN statementN;
6 [ ELSE   else_statement ]
7 END CASE;
```

例如，修改上例，代码如下。

```
1 DECLARE
2 grade char(1) := 'A';
3 BEGIN
4 CASE
```

```
5 when grade='A' then dbms_output.put_line('Excellent');
6 when grade='B' then dbms_output.put_line('Very good');
7 when grade='C' then dbms_output.put_line('Well done');
8 when grade='D' then dbms_output.put_line('You passed');
9 when grade='F' then dbms_output.put_line('Better try again');
10 else dbms_output.put_line('No such grade');
11 END CASE;
12 END;
```

输出结果如图 6.8 所示。

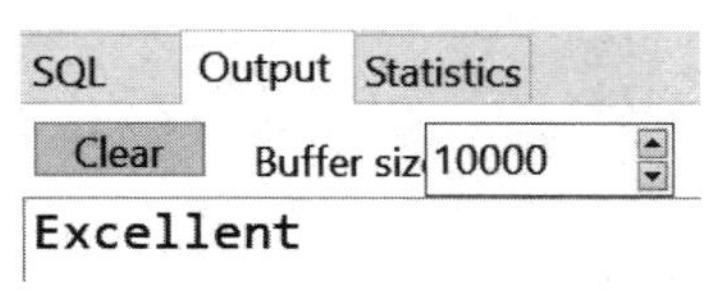

图 6.8 输出结果

6.4.2 循环结构

当程序需要反复执行某一操作时，就必须使用循环结构。PL/SQL 的循环语句主要包括 LOOP 语句、WHILE 语句和 FOR 语句 3 种。

1. LOOP…EXIT…END 循环

关键字 LOOP 和 END LOOP 表示循环执行的语句范围，EXIT 关键字表示退出循环，EXIT 常常在一个 IF 判断语句中。

LOOP…EXIT…END 的语法格式如下。

```
1 LOOP
2 statement;
3 EXIT;
4 END LOOP;
```

例如，LOOP…EXIT…END 语句的代码如下。

```
1 DECLARE
2 x number := 10;
3 BEGIN  LOOP
4 dbms_output.put_line(x);
5 x := x + 10;
```

```
6  IF x > 50 THEN
7  exit;
8   END IF;
9  END LOOP;
10  dbms_output.put_line('After Exit x is: ' || x);
11  END;
```

输出结果如图 6.9 所示。

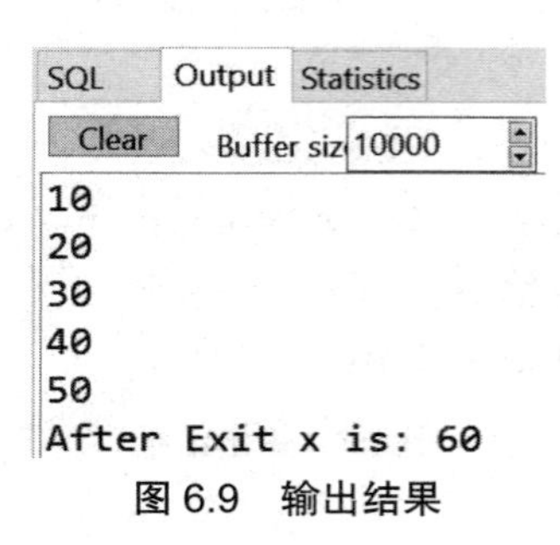

图 6.9 输出结果

2. LOOP…EXIT WHEN…END 循环

该语句表示当 WHEN 后面判断为真时退出循环。

LOOP…EXIT WHEN…END 的语法格式如下。

```
1  LOOP
2  statement;
3  EXIT WHEN condition;   statement;
4  END LOOP;
```

例如，修改上方案例使用 EXIT WHEN 语句，而不是 EXIT 语句，代码如下。

```
1  DECLARE
2  x number := 10;
3  BEGIN   LOOP
4  dbms_output.put_line(x);
5  x := x + 10;
6  EXIT WHEN x > 50;
7  END LOOP;
8  dbms_output.put_line('After Exit x is: ' || x);
9  END;
```

这段 PL/SQL 的输出结果和上面例子的结果是一致的。

3. WHILE 循环

WHILE 循环根据其条件表达式的值执行零次或多次循环体，在每次执行循环体之前，首先要判断条件表达式的值是否为真，若为真，则程序执行循环体；否则退出 WHILE 循环。其语法格式如下。

```
1 WHILE condition LOOP statement;
2 END LOOP;
```

例如，WHILE 循环语句的代码如下。

```
1 DECLARE
2 a number(2) := 10;
3 BEGIN
4 WHILE a < 20 LOOP
5 dbms_output.put_line('value of a: ' || a);
6 a := a + 1;
7 END LOOP;
8 END;
```

输出结果如图 6.10 所示。

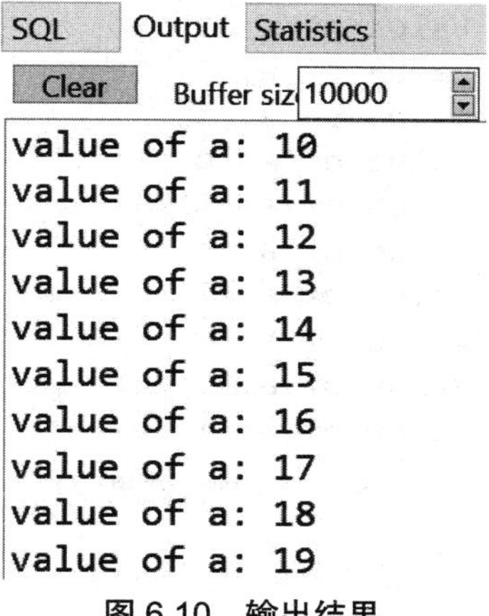

图 6.10 输出结果

4. FOR 循环

FOR 循环是一个可预知循环次数的循环控制语句，它有一个循环计数器，通常是一个整型变量，通过这个循环计数器来控制执行的次数。其语法格式如下。

```
1 FOR counter IN [REVERSE] initial_value .. final_value LOOP
```

```
2 statement;
3 END LOOP;
```

（1）initial_value：表示递增值的下限。

（2）final_value：表示递增值的上限。

（3）REVERSE：表示循环控制变量的取值由下限到上限递减。无论循环变量是递增还是递减，initial_value 都必须小于 final_value。

FOR 循环语句举例的代码如下。

```
1 DECLARE
2 a number(2);
3 BEGIN
4 FOR a in 1 .. 10 LOOP
5 dbms_output.put_line('value of a: ' || a);
6 END LOOP;
7 END;
```

输出结果如图 6.11 所示。

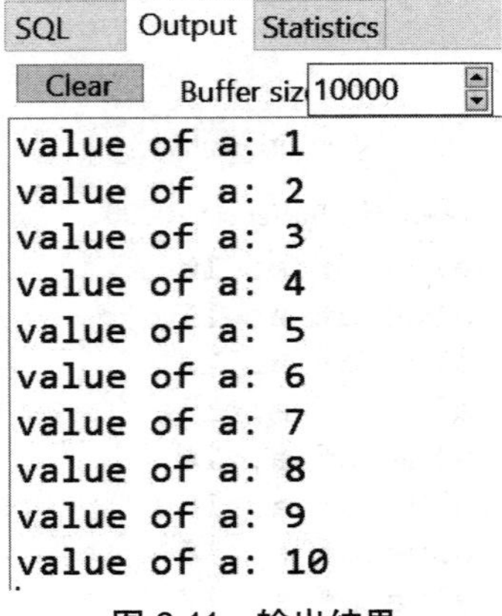

图 6.11　输出结果

反转 FOR 循环语句举例的代码如下。

```
1 DECLARE
2 a number(2);
3 BEGIN
4 FOR a IN REVERSE 10 .. 15 LOOP
5 dbms_output.put_line('value of a: ' || a);
6 END LOOP;
7 END;
```

输出结果如图 6.12 所示。

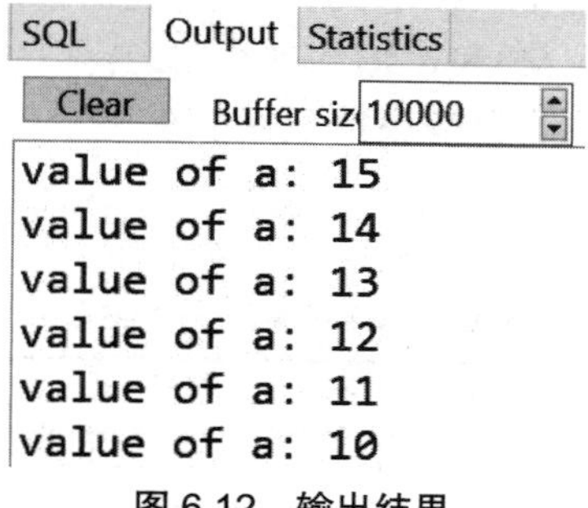

图 6.12 输出结果

6.4.3 异常处理

程序在执行过程中出现错误的情况被称为 PL/SQL 异常。 PL/SQL 支持程序员在程序中使用异常块捕获这样的条件并采取适当的动作应对错误情况。异常有 3 种：

（1）预定义异常；

（2）非预定义异常；

（3）用户自定义异常。

1. 异常处理语法

一般异常处理的语法如下。

```
1  DECLARE
2  <declarations section>
3  BEGIN
4  <executable command(s)>
5  EXCEPTION
6  <exception handling goes here >
7  WHEN exception1 THEN
8  exception1-handling-statements
9  WHEN exception2  THEN
10  exception2-handling-statements
11  WHEN exception3 THEN
12  exception3-handling-statements
13  ...
14  WHEN others THEN
15  exception3-handling-statements
16  END;
```

2. 预定义异常

PL/SQL 为一些 Oracle 公共错误预定义了异常，包括错误编号和错误名称，错误编号用一个负的 5 位数表示，如 TOO_MANY_ROWS (−1422)、NO_DATA_FOUND、DUP_VAL_ON_INDEX (违反唯一约束或者主键约束值重复) 等。

21 个系统异常类型见表 6.7。

表 6.7　21 个系统异常类型

系统异常	产生原因
ACCESS_INTO_NULL	未定义对象
CASE_NOT_FOUND	CASE 中未包含相应的 WHEN，并且没有设置 ELSE 时
COLLECTION_IS_NULL	集合元素未初始化
CURSER_ALREADY_OPEN	游标已经打开
DUP_VAL_ON_INDEX	唯一索引对应的列上有重复的值
INVALID_CURSOR	在不合法的游标上进行操作
INVALID_NUMBER	内嵌的 SQL 语句不能将字符转换为数字
NO_DATA_FOUND	使用 select into 未返回行，或应用索引表未初始化的元素时
TOO_MANY_ROWS	执行 select into 时，结果集超过一行
ZERO_DIVIDE	除数为 0
SUBSCRIPT _ BEYOND _COUNT	元素下标超过嵌套表或 VARRAY 的最大值
SUBSCRIPT_OUTSIDE_LIMIT	使用嵌套表或 VARRAY 时，将下标指定为负数
VALUE_ERROR	赋值时，变量长度不足以容纳实际数据
LOGIN_DENIED	PL/SQL 应用程序连接到 Oracle 数据库时，提供了不正确的用户名或密码
NOT_LOGGED_ON	PL/SQL 应用程序在没有连接 Oralce 数据库的情况下访问数据
PROGRAM_ERROR	PL/SQL 内部问题，可能需要重装数据字典和 PL./SQL 系统包
ROWTYPE_MISMATCH	宿主游标变量与 PL/SQL 游标变量的返回类型不兼容
SELF_IS_NULL	使用对象类型时，在 NULL 对象上调用对象方法
STORAGE_ERROR	运行 PL/SQL 时，超出内存空间
SYS_INVALID_ID	无效的 ROWID 字符串
TIMEOUT_ON_RESOURCE	Oracle 在等待资源时超时

例如，根据员工编号从员工表中查询员工姓名和部门号，使用 SELECT…INTO 为变量赋值可能会产生查无结果或者值不唯一异常。emp 表不含有值为 8 的员工编号，所以将引发 no_data_found 异常，代码如下。

```
1 DECLARE
2 v_empno emp.EMPNO%TYPE := 8;
3 v_ename emp.ename%TYPE;
4 v_deptno emp.DEPTNO%TYPE;
5 BEGIN
6 SELECT  ENAME,DEPTNO INTO v_ename,v_deptno
7 FROM EMP
8 WHERE empno = v_empno;
9 DBMS_OUTPUT.PUT_LINE ('Name: '||  v_ename);
10 DBMS_OUTPUT.PUT_LINE ('Deptno: ' || v_deptno);
11 EXCEPTION
12 WHEN no_data_found THEN
13 dbms_output.put_line('No such employee!');
14 WHEN too_many_rows THEN
15 dbms_output.put_line('too many rows!');
16 WHEN others THEN
17 dbms_output.put_line('Error!');
18 END;
```

输出结果如图 6.13 所示。

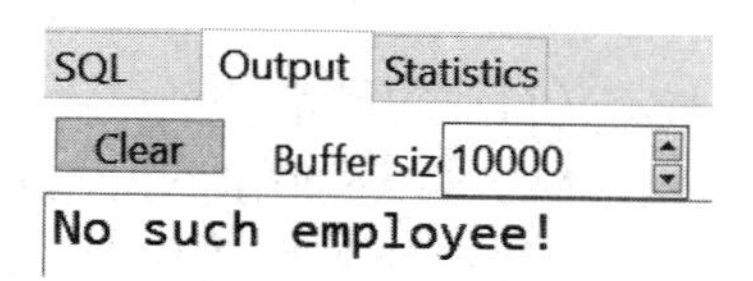

图 6.13　输出结果

3. 非预定义异常

这类异常也是 Oracle 系统异常的一种，用于处理一些没有预定义异常与之关联的 Oracle 错误，也就是 Oracle 预先定义了错误编号但没有定义名称，对这种异常情况的处理需要用户在 PL/SQL 块中声明一个异常名称，然后通过编译指示 PRAGMA EXCEPTION_INIT 将该异常名称与一个 Oracle 错误相关联。此后，当执行过程出现该错误时将自动抛出该异常。其语法如下。

```
1 异常变量 EXCEPTION;
2 PRAGMA exception_init( 异常变量 , 错误编号 );
```

例如，尝试从 dept 表中删除部门号为 20 的一条记录，由于 emp 表中的 deptno 是该表 deptno 的外键并且 emp 表中存在 deptno 值为 20 的记录，所以尝试从 dept 表删除 deptno 为 20 的记录时将会违反外键约束而引发异常。其代码如下。

```
1 DECLARE
2 -- 定义异常变量
3 exp_cons EXCEPTION;
4 -- ORA-02292 违反完整性约束,将异常变量与异常错误关联
5 PRAGMA exception_init(exp_cons , -2292);
6 BEGIN
7 DELETE FROM dept WHERE  DEPTNO=20;
8 COMMIT;
9 EXCEPTION
10 WHEN exp_cons THEN
11 dbms_output.put_line(' 违反完整性约束 ');
12 ROLLBACK;
13 END;
```

输出结果如图 6.14 所示。

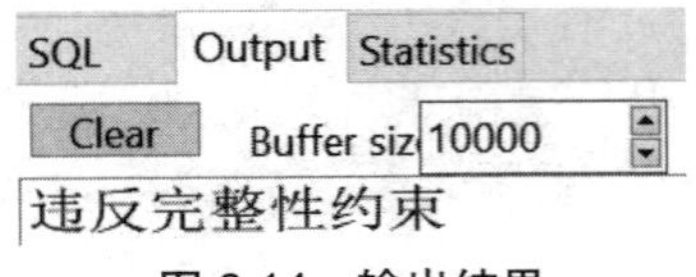

图 6.14　输出结果

4. 用户自定义异常

PL/SQL 允许根据程序的需要定义自己的异常。用户定义的异常必须声明,然后明确地提出使用一个 RAISE 语句或程序 DBMS_STANDARD.RAISE_APPLICATION_ERROR。

用户根据自己的业务逻辑需求,抛出一个自定义异常,并且在 exception 中捕获并处理该异常。

声明一个异常语法的过程如下:

(1)在 DECLARE 中声明异常变量(EXCEPTION);

(2)在 BEGIN 部分根据业务逻辑需求,抛出异常(RAISE 异常变量);

(3)在 EXCEPTION 部分处理异常。

例如,更新员工工资,由于 emp 表中不存在编号为 8 的员工,所以 UPDATE 语句更新 0 条记录,通过游标结果判断是否更新成功,更新失败则抛出自定义 no_result 异常,代码如下。

```
1 DECLARE V_EMPNO EMP.EMPNO%TYPE :=8;
2 NO_RESULT EXCEPTION;
3 BEGIN
4 UPDATE EMP SET SAL = SAL + 100 WHERE EMPNO = V_EMPNO;
```

```
5 -- SQL%NOTFOUND 是隐式游标判断更新是否成功
6 IF SQL%NOTFOUND THEN
7 RAISE no_result;
8 END IF;
9 EXCEPTION
10 WHEN no_result THEN
11 DBMS_OUTPUT.PUT_LINE('update fail, no employee!');
12 WHEN OTHERS THEN
13 DBMS_OUTPUT.PUT_LINE(SQLCODE||'---'||SQLERRM);
14 END;
```

输出结果如图 6.15 所示。

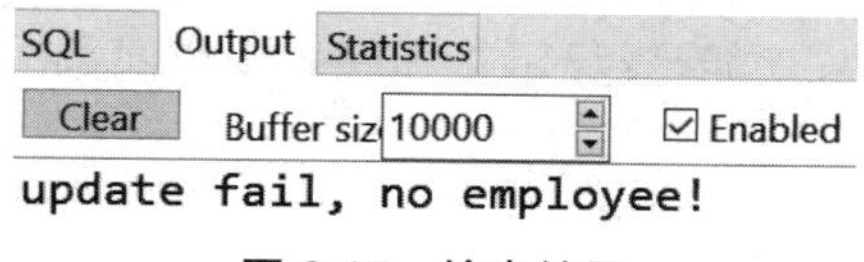

图 6.15 输出结果

注意：Oracle 允许自定义的错误代码的范围为 −20 000 ~ −20 999。

小结

本章重点介绍了 PL/SQL 基础编程部分内容，包括数据类型、变量使用、程序基本结构以及异常处理等。这些基础知识是 PL/SQL 高级编程知识的基础，必须牢牢掌握以便更好地学习后面的内容。其中特别注意 PL/SQL 中变量定义是变量名在前，数据类型在后，这和其他编程语言中变量定义尤为不同，而且变量赋值运算符是“:=”，不可以只使用“=”。

单元小测

一、选择题

（1）PL/SQL 块中不能直接使用的 SQL 命令是（　　）。

A. SELECT　　B. INSERT

C. UPDATE　　D. DROP

（2）PL/SQL 块中，以零作除数时会引发（　　）异常。

A. VALUE_ERROR　　B. ZERO_DIVIDE

C. VALUE_DIVIDE　　D. ZERO_ERROR

（3）PL/SQL 块是由（ ）组成。

A. DECLARE BEGIN END　　B. BEGIN END

C. EXCEPTION BEGIN END　　D. DECLARE BEGIN EXCEPTION END

（4）当 Select Into 语句的返回没有数据时，将引发（　　）异常。

A. No_Data_Found　　B. To_Many_Row

C. Too_Many_Rows　　D. Invalid_Number

（5）（　　）用于实现 IF..THEN…ELSE 逻辑。

A. INITCAP( )　　B. REPLACE( )

C. DECODE( )　　D. IFELSE( )

二、填空题

（1）在 PL/SQL 程序中，用户自定义异常是通过使用______语句来触发的；查看操作在数据表中所影响的行数，可以通过游标的_____属性实现。

（2）在 PL/SQL 中，异常分为 __________、__________、__________。

（3）在 PL/SQL 中，其定义变量的值包括 __________、__________、__________ 3 个。

（4）用于显示 PL/SQL 块和存储过程中调用信息的包是 ___________。

（5）完成以下 PL/SQL 块，功能是：显示 2~50 的 25 个偶数。

```
BEGIN
FOR _________ IN ___________
LOOP
DBMS_OUTPUT.PUT_LINE(EVEN_NUMBER*2);
END LOOP;
END;
```

经典面试题

（1）PL/SQL 支持哪些基本数据类型？

（2）描述一下如何使用 PL/SQL 的 record 数据类型。

（3）PL/SQL 的循环结构用哪些语句可以实现？

（4）PL/SQL 中退出循环使用什么语句？

（5）说出几个常用的 PL/SQL 的预定义异常名称。

跟我上机

（1）定义与 sc 表 grade 字段相同的数据类型变量，然后查询学生课程号为 C001 课程的平均成绩，将其存入该变量，并输出该变量值。

（2）定义与 student 表相同结构的数据类型变量，查询学号为 0811101 的学生记录，将其存入该变量，并输出该变量值。

（3）定义一个 record 类型变量，用于保存学生李勇的高等数学考试的结果信息，包括学号、姓名、课程号、课程名、成绩，并输出该变量值。

（4）查询某个学生的平均分，然后根据平均分值输出结果等级，等级分为优秀、良好、及格、不及格。

（5）根据课程号，查询该课程的学分，根据学分的不同值输出该课程的难易程度。

（6）利用循环计算10!。

（7）修改练习3，加入异常处理部分，通过异常处理判断为变量赋值是否成功。

（8）修改练习3中某个学生某门课程的分数，利用异常捕获判断UPDATE是否成功。

第 7 章　PL/SQL 高级编程——函数、游标

本章要点（学会后请在方框里打钩）：

□ 掌握 Oracle 中常用的系统函数

□ 掌握 Oracle 中的自定义函数

□ 理解什么是游标以及游标的作用

□ 掌握游标的使用

在SQL编程中，经常使用DBMS提供的函数实现用户需要的功能，针对不同的DBMS系统，提供的函数也不尽相同，本章将对Oracle的一些函数进行介绍，如字符函数、数值函数、日期和时间函数、转换函数等。

另外本章还会介绍游标的内容。一组变量一次只能返回一条记录，仅仅使用变量不能完全满足SQL语句向应用程序获取数据的需求，所以利用游标来解决该问题。

7.1 系统内置函数

SQL语言是一种脚本语言，提供了大量的内置函数，使用这些内置函数可以大大增强SQL语言的运算和判断功能。Oracle的常用内置函数可以分为如下几类：

（1）字符函数；

（2）数值函数；

（3）日期和时间函数；

（4）转换函数；

（5）通用函数；

（6）聚合函数。

其中，字符函数、数值函数、日期和时间函数、转换函数、通用函数都用于处理单行数据，因此也被统称为单行函数；而聚合函数被用于处理多行数据，因此被称为多行函数。

7.1.1 字符函数

字符函数接受字符参数，参数可以是表中的列，也可以是一个字符串表达式。常用的字符函数见表7.1。

表7.1 常用的字符函数

函数	说明
ASCII(X)	返回字符X的ASCII码
CONCAT(X,Y)	连接字符串X和Y
INSTR(X,STR[,START][,N)	从X中查找STR，可以指定从START开始，也可以指定从N开始
LENGTH(X)	返回X的长度
LOWER(X)	将X转换成小写
UPPER(X)	将X转换成大写
LTRIM(X[,TRIM_STR])	把X的左边截去TRIM_STR字符串，缺省截去空格
RTRIM(X[,TRIM_STR])	把X的右边截去TRIM_STR字符串，缺省截去空格
TRIM([TRIM_STR FROM]X)	把X的两边截去TRIM_STR字符串，缺省截去空格
REPLACE(X,old,new)	在X中查找old，并替换成new
SUBSTR(X,start[,length])	返回X的字串，从start处开始，截取length个字符，缺省length，默认到结尾

字符函数示例见表 7.2。

表 7.2 字符函数示例

示例	结果
SELECT ASCII('a') FROM dual;	97
SELECT CONCAT('Hello','world') FROM dual;	Helloworld
SELECT INSTR('Hello world','or') FROM dual;	8
SELECT LENGTH('Hello') FROM dual;	5
SELECT LOWER('Hello') FROM dual;	hello
SELECT UPPER('hello') FROM dual;	HELLO
SELECT LTRIM('=Hello=','=') FROM dual;	Hello=
SELECT RTRIM('=Hello=','=') FROM dual;	=Hello
SELECT TRIM('='FROM'=Hello=') FROM dual;	Hello
SELECT REPLACE('ABCDE','CD','AAA')FROM dual;	ABAAAE
SELECT SUBSTR('ABCDE',2,3) FROM dual;	BCD

7.1.2 数值函数

数值函数接受数字参数，参数可以是表中的一列，也可以是一个数字表达式。常用的数值函数见表 7.3。

表 7.3 数值函数

函数	说明	示例
ABS(X)	X 的绝对值	ABS(－3)=3
ACOS(X)	X 的反余弦	ACOS(1)=0
COS(X)	余弦	COS(1)=0.54030230586814
CEIL(X)	大于或等于 X 的最小值	CEIL(5.4)=6
FLOOR(X)	小于或等于 X 的最大值	FLOOR(5.8)=5
LOG(X,Y)	以 X 为底 Y 的对数	LOG(2,4)=2
MOD(X,Y)	X 除以 Y 的余数	MOD(8,3)=2
POWER(X,Y)	X 的 Y 次幂	POWER(2,3)=8
ROUND(X[,Y])	X 在第 Y 位四舍五入	ROUND(3.456,2)=3.46
SQRT(X)	X 的平方根	SQRT(4)=2
TRUNC(X[,Y])	X 在第 Y 位截断	TRUNC(3.456,2)=3.45

数值函数的说明如下。

（1）ROUND(X[,Y])，四舍五入。

①在缺省 Y 时，默认 Y=0，如 ROUND（3.56）=4。

② Y 是正整数，四舍五入到小数点后 Y 位，如 ROUND（5.654,2）=5.65。

③ Y 是负整数，四舍五入到小数点左边 |Y| 位，如 ROUND（351.654,-2）=400。

（2）TRUNC(X[,Y])，直接截取，不四舍五入。

①在缺省 Y 时，默认 Y=0，如 TRUNC（3.56）=3。

② Y 是正整数，四舍五入到小数点后 Y 位，如 TRUNC（5.654,2）=5.65。

③ Y 是负整数，四舍五入到小数点左边 |Y| 位，如 TRUNC（351.654,-2）=300。

7.1.3 日期和时间函数

Oracle 日期类型的默认格式是“DD-MON-YY”，其中“DD”表示两位数字的“日”，“MON”表示“月份”，“YY”表示两位数字的“年份”，例如“01-01 月 -21”表示 2021 年 1 月 1 日。下面介绍几个常用函数的具体应用。

1）SYSDATE 函数

该函数返回系统的当前日期。该函数例子的代码如下。

```
1 SELECT sysdate as 系统日期 FROM dual;
```

输出结果如图 7.1 所示。

	系统日期
1	03-3月 -21

图 7.1　输出结果

2）ADD_MONTHS

该函数返回某一时间之前或之后 *n* 个月的时间。该函数例子的代码如下。

```
1 SELECT SYSDATE,add_months(SYSDATE,5) FROM dual;
```

输出结果如图 7.2 所示。

	SYSDATE	ADD_MONTHS(SYSDATE,5)
1	03-3月 -21	03-8月 -21

图 7.2　输出结果

3）LAST_DAY(d)

该函数返回指定日期当月的最后一天。该函数例子的代码如下。

```
1 SELECT SYSDATE,last_day(SYSDATE) FROM dual;
```

输出结果如图 7.3 所示。

	SYSDATE	LAST_DAY(SYSDATE)
1	03-3月 -21	31-3月 -21

图 7.3 输出结果

4）ROUND(d[,fmt])

该函数返回一个以 fmt 为格式的四舍五入日期值，d 是日期，fmt 是格式模型。默认 fmt 为“DDD”，即月中的某一天。

（1）如果 fmt 为“YEAR”则舍入到某年的 1 月 1 日，即前半年舍去，后半年作为下一年。

（2）如果 fmt 为“MONTH”则舍入到某月的 1 日，即前月舍去，后半月作为下一月。

（3）如果 fmt 默认为“DDD”，即月中的某一天，最靠近的天，前半天舍去，后半天作为第二天。

（4）如果 fmt 为“DAY”则舍入到最近的周的周日，即上半周舍去，下半周作为下一周的周日。该函数返回不同 fmt 值时的代码如下。

```
1 SELECT SYSDATE,ROUND(SYSDATE), ROUND(SYSDATE,'day'),ROUND(SYS
2 DATE,'month'),ROUND(SYSDATE,'year') FROM dual;
```

输出结果如图 7.4 所示。

	SYSDATE	ROUND(SYSDATE)	ROUND(SYSDATE,'DAY')	ROUND(SYSDATE,'MONTH')	ROUND(SYSDATE,'YEAR')
1	03-3月 -21	04-3月 -21	07-3月 -21	01-3月 -21	01-1月 -21

图 7.4 输出结果

5）EXTRACT(fmt FROM d)

该函数提取日期中的特定部分。

fmt 为 YEAR、MONTH、DAY、HOUR、MINUTE、SECOND。其中 YEAR、MONTH、DAY 可以与 DATE 类型匹配，也可以与 TIMESTAMP 类型匹配；但是 HOUR、MINUTE、SECOND 必须与 TIMESTAMP 类型匹配。HOUR 匹配的结果中没有加上时区，因此在中国运行的结果为 8 h。该函数例子的代码如下。

```
1 SELECT SYSDATE "date",
2 EXTRACT(YEAR FROM SYSDATE)"year",
3 EXTRACT(MONTH FROM SYSDATE)"month",
4 EXTRACT(DAY FROM SYSDATE)"day",
5 EXTRACT(HOUR FROM SYSTIMESTAMP)"hour",
6 EXTRACT(MINUTE FROM SYSTIMESTAMP)"minute",
7 EXTRACT(SECOND FROM SYSTIMESTAMP)"second"
8 FROM dual;
```

输出结果如图 7.5 所示。

	date	year	month	day	hour	minute	second
1	03-3月 -21	2021	3	3	10	54	33.529

图 7.5　输出结果

7.1.4　转换函数

在操作表中的数据时，经常需要将某个数据从一种数据类型转换为另外一种数据类型。数据类型转换一般可以分为两类：隐式转换和显式转换。隐式转换是指 Oracle 系统自动地把某个数据类型转换成其他数据类型；显式转换则需要使用转换类函数。常见的转换函数如下。

1）TO_CHAR(d|n[,fmt])

该函数把日期和数字转换为指定格式的字符串，fmt 是格式化字符串。

该函数例子的代码如下。

```
1 SELECT TO_CHAR(SYSDATE,'YYYY" 年 "MM" 月 "DD" 日 "HH24:MI:SS') "date"
2 FROM dual;
```

输出结果如图 7.6 所示。

	date
1	2021 年 03 月 03 日 18:55:23

图 7.6　输出结果

说明：在格式化字符串中，使用双引号对非格式化字符进行引用。格式化字符见表 7.4。

表 7.4　格式化字符

参数	示例	说明
9	999	在指定位置显示数字
.	9.9	在指定位置返回小数点
,	99,99	在指定位置返回一个逗号
$	$999	数字开头返回一个美元符号
EEEE	9.99EEEE	科学计数法表示
L	L999	数字前加一个本地货币符号
PR	999PR	如果数字是负数则用尖括号表示

例如，TO_CHAR 对数字的处理，代码如下。

```
1 SELECT TO_CHAR(-123123.45,'L9.9EEEEPR')"date" FROM dual;
```

输出结果如图 7.7 所示。

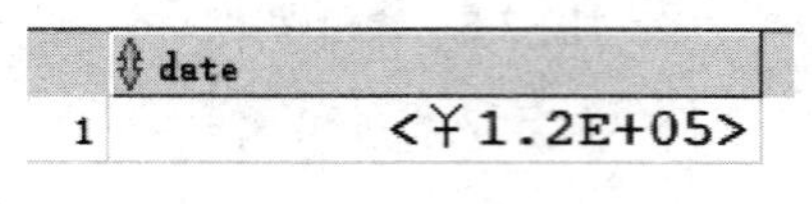

图 7.7　输出结果

2）TO_DATE(X,[,fmt])

该函数的作用是将字符类型按一定格式转化为日期类型，fmt 是格式化日期。该函数例子的代码如下。

```
1 SELECT TO_DATE('2020-08-07','YYYY-MM-DD') "date" FROM dual;
```

输出结果如图 7.8 所示。

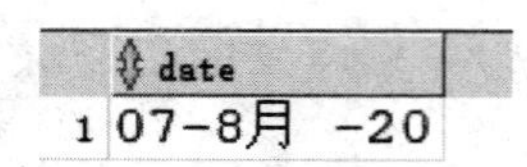

图 7.8　输出结果

3）TO_NUMBER(X,[,fmt])

该函数主要是将字符串类型转换为数值类型，与 TO_CHAR( ) 函数的作用正好相反。该函数例子的代码如下。

```
1 SELECT TO_NUMBER('-$12,345.67','$99,999.99')"num" FROM dual;
```

输出结果如图 7.9 所示。

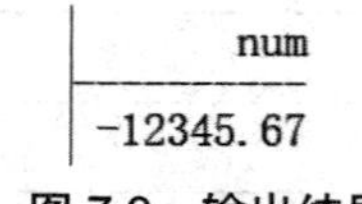

图 7.9　输出结果

7.1.5　通用函数

通用函数适用于任何数据类型，同时也适用于空值。常用的通用函数包括 NVL、NVL2、NULLIF 和 COALESCE 。

1）NVL 函数

NVL 函数是一个空值转换函数，在 SQL 查询中主要用来处理 NULL 值。在不支持 NULL 值或 NULL 值无关紧要的情况下，可以使用 NVL( ) 移去计算或操作中的 NULL 值。NVL 函数的语法格式为 NVL(expr1,expr2)。如果 expr1 是 NULL 值，则 NVL 函数返回 expr2，否则就返回 expr1。

例如，emp 表中工资 2 000 元以下的员工，如果没有奖金，则每人发放奖金 100 元，代码如下。

```
1 SELECT ENAME,JOB,SAL,NVL(COMM,100) as COMM
2 FROM EMP
3 WHERE SAL<2000;
```

输出结果如图 7.10 所示。

	ENAME	JOB	SAL	COMM
1	SMITH	CLERK	800.00	100
2	ALLEN	SALESMAN	1600.00	300
3	WARD	SALESMAN	1250.00	500
4	MARTIN	SALESMAN	1250.00	1400
5	TURNER	SALESMAN	1500.00	0
6	ADAMS	CLERK	1100.00	100
7	JAMES	CLERK	950.00	100
8	MILLER	CLERK	1300.00	100

图 7.10　输出结果

2）NVL2 函数

NVL2 是 NVL 的扩展版本，其语法格式如下。

```
1 NVL2(expr1,expr2,expr3)
```

如果 expr1 不是 NULL 值，则 NVL2 函数返回 expr2，否则就返回 expr3。NVL2 函数可以返回任何数据类型的值，但是 expr2 和 expr3 不能是 LONG 型的数据类型。

例如，emp 表中工资 2 000 元以下的员工，如果没有奖金，则每人发放 200 元奖金，如果有奖金，则在原来奖金的基础上加 100 元，代码如下。

```
1 SELECT ENAME,JOB,SAL,NVL2(COMM,comm+100,200) as COMM
2 FROM EMP
3 WHERE SAL<2000;
```

输出结果如图 7.11 所示。

	ENAME	JOB	SAL	COMM
1	SMITH	CLERK	800.00	200
2	ALLEN	SALESMAN	1600.00	400
3	WARD	SALESMAN	1250.00	600
4	MARTIN	SALESMAN	1250.00	1500
5	TURNER	SALESMAN	1500.00	100
6	ADAMS	CLERK	1100.00	200
7	JAMES	CLERK	950.00	200
8	MILLER	CLERK	1300.00	200

图 7.11　输出结果

3）NULLIF 函数

NULLIF 函数语法为 NULLIF（expr1， expr2），如果 expr1 和 expr2 相等则返回空值，如果 expr1 和 expr2 不相等则返回表达式 1 的结果。该函数例子的代码如下。

```
1 SELECT ENAME , NULLIF(ENAME,'SMITH')
2 FROM EMP
3 WHERE DEPTNO=20;
```

输出结果如图 7.12 所示。

	ENAME	NULLIF(ENAME,'SMITH')
1	SMITH	
2	JONES	JONES
3	SCOTT	SCOTT
4	ADAMS	ADAMS
5	FORD	FORD

图 7.12　输出结果

7.1.6　聚合函数

聚合函数可以对一组数据进行计算，并取得相应的结果，所以聚合函数也被称为多行函数。表 7.5 列出了主要的聚合函数。

表 7.5　主要的聚合函数

名称	作用	语法
AVG	平均值	AVG（表达式）
SUM	求和	SUM（表达式）
MIN、MAX	最小值、最大值	MIN（表达式）、MAX（表达式）
COUNT	数据统计	COUNT（表达式）

聚合函数例子的代码如下。

```
1 SELECT COUNT(EMPNO) as 员工总数 ,
2 SUM(SAL) as 工资总数 ,
3 AVG(SAL) as 平均工资 ,
4 MAX(SAL) as 最高工资 ,
5 MIN(SAL) as 最低工资
6 FROM emp;
```

输出结果如图 7.13 所示。

	员工总数	工资总数	平均工资	最高工资	最低工资
1	15	29050	2075	5000	800

图 7.13 输出结果

7.2 用户自定义函数

函数一般用于计算和返回一个值,可以将经常使用的运算或者功能写成一个函数。函数的调用是表达式的一部分。函数的主要特征是必须有一个返回值,可通过 return 来指定函数的返回类型,通过 return expression 语句来返回一个值,但函数的返回类型必须和声明的返回类型一致。

7.2.1 函数的创建

创建函数的语法格式如下。

```
1 CREATE [OR REPLACE] FUNCTION function_name
2 [(parameter_name [ IN | OUT | IN OUT ]
3 datatype, …)] RETURN data_type IS | AS
4 declare_section;
5 BEGIN
6 statement;
7 END [function_name];
```

(1)function_name 指函数的名称,如果数据库已经存在此名称,则可以指定“or replace”关键字,这样新的函数将覆盖旧的函数。

(2)IN | OUT | IN OUT 表示参数类型。函数的参数有 3 种类型:

① IN 参数类型表示输入给函数的参数,该参数只能用于传值,不能被赋值;

② OUT 参数类型表示参数在函数中被赋值,可以传给函数调用程序,该参数只能用于赋值,不能用于传值;

③ IN OUT 参数类型表示参数既可以传值,也可以被赋值。

(3)data_type 表示参数的数据类型。

(4)RETURN data_type 表示返回值类型。

例如,定义一个函数,根据 deptno 获取当前部门员工的平均工资,代码如下。

```
1 CREATE or REPLACE FUNCTION getAvgSal
2 (
3 var_deptno IN number
```

```
4 ) RETURN number AS
5 avg_sal number;
6 BEGIN
7 SELECT avg(sal) INTO avg_sal
8 FROM emp
9 WHERE deptno=var_deptno;
10 RETURN avg_sal;
11 END;
```

7.2.2 函数的调用

函数的调用方式如下。

(1)通过使用变量接受函数返回值来调用。

(2)使用 SELECT 语句查看函数的返回值,语法如下。

```
1 SELECT 函数名 ( 参数列表 ) FROM dual;
```

例如,使用 SELECT 语句调用上面的函数,代码如下。

```
1 SELECT getAvgSal(20) FROM dual;
```

输出结果如图 7.14 所示。

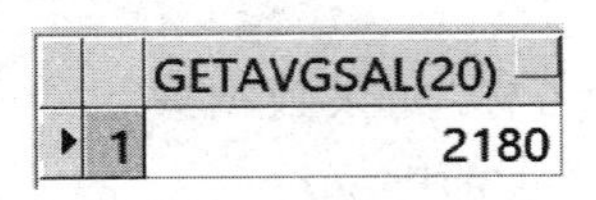

图 7.14 输出结果

例如,使用变量接收函数的返回值,调用上面的函数,代码如下。

```
1 DECLARE
2 get_avg_sal number; BEGIN
3 get_avg_sal := getAvgSal(20);
4 DBMS_OUTPUT.PUT_LINE(' 部门 20 的平均工资是:'||get_avg_sal);
5 END;
```

输出结果如图 7.15 所示。

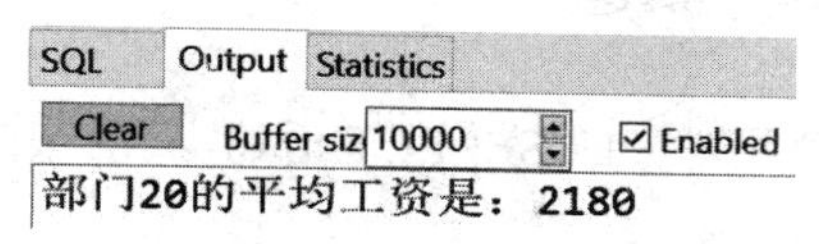

图 7.15 输出结果

7.2.3 函数的删除

当一个函数不再使用时，要将其从系统中删除。删除函数的语法如下。

```
1 DROP FUNCTION function_name;
```

例如，删除上方创建的函数，代码如下。

```
1 DROP FUNCTION getAvgSal;
```

7.3 游标的创建和使用

游标提供了一种从表中检索数据并进行操作的灵活手段。游标主要用在服务器上，处理由客户端发送给服务器端的 SQL 语句，或是批处理存储过程、触发器中的数据请求。游标的作用相当于指针，PL/SQL 程序通过游标可以一次处理查询结果集中的一行，并对该行数据执行特定操作，从而为用户在处理数据的过程中提供便利。

在 Oracle 中，通过游标操作数据主要使用显式游标和隐式游标。

7.3.1 显式游标

显式游标是由用户声明和操作的一种游标，通常用于操作查询结果集（即由 SELECT 语句返回的查询结果），使用它处理数据包括声明游标、打开游标、读取游标和关闭游标 4 个步骤。其中读取游标是个反复操作的步骤，因为游标每次只能读取一行数据，所以对于多条记录，需要反复读取，直到游标读取不到数据为止，其操作过程如图 7.16 所示。

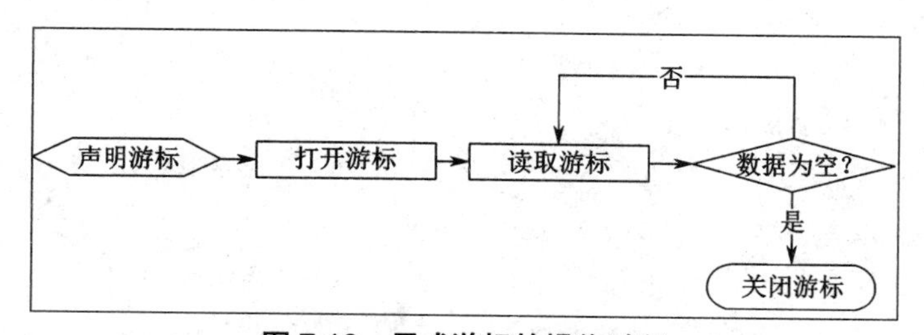

图 7.16 显式游标的操作过程

游标声明需要在块的声明部分进行，其他的 3 个步骤都在执行部分或异常处理中进行。

1. 声明游标

定义一个游标名以及与其相对应的 SELECT 语句，其语法格式如下。

```
1 CURSORcursor_name[(parameter1datatype[,parameter2datatype…])]
2 IS
3 SELECT  statement;
```

说明：在指定数据类型时，不能使用长度约束，如 NUMBER(4) 和 CHAR(10) 等都是错误的。

例如，声明一个游标，用来读取 emp 表中销售部门的职员信息，代码如下。

```
1 DECLARE
2 CURSOR cur_emp_sal   -- 声明游标
3 IS
4 SELECT empno,ename,sal
5 FROM emp INNER JOIN dept
6 ON emp.deptno=dept.deptno
7 WHERE dept.dname='SALES';
```

2. 打开游标

打开游标就是执行所对应的 SELECT 语句，将其查询结果放入工作区，并且指针指向工作区的首部（注意并不是第一行）标识的游标结果集合。如果游标查询语句中带有 FOR UPDATE 选项，OPEN 语句还将锁定数据库表中游标结果集合对应的数据行。其语法格式如下。

```
1 OPEN cursor_name[([parameter =>] value[, [parameter =>] value]…)];
```

在向游标传递参数时，可以使用与函数参数相同的传值方法，即位置表示法和名称表示法。打开游标，代码如下。

```
1 DECLARE
2 CURSOR cur_emp_sal -- 声明游标
3 IS
4 SELECT empno,ename,sal
5 FROM emp INNER JOIN dept
6 ON emp.deptno=dept.deptno
7 WHERE dept.dname='SALES';
8 BEGIN
9 OPEN cur_emp_sal; -- 打开游标
```

注意：PL/SQL 程序不能用 OPEN 语句重复打开一个游标。

3. 读取游标

打开一个游标后，就可以读取游标中的数据了。读取游标就是逐行将结果集中的数据保存到变量中。读取游标可以使用FETCH语句，其语法格式如下。

```
1 FETCH cursor_name[([parameter =>] value[, [parameter =>] value]…)] INTO variable_name;
```

或者

```
1 FETCH cursor_name[([parameter =>] value[, [parameter =>] value]…)] INTO PL/SQL;
```

例如，声明一个游标，用来读取emp表中销售部门的职员信息，使用FETCH语句和WHILE循环读取游标中的所有雇员信息，代码如下。

```
1 DECLARE
2 TYPE record_emp IS RECORD     --- 声明一个记录类型
3 (
4 /* 定义当前记录的成员变量 */
5 var_empno emp.empno%type,
6 var_ename emp.ename%type,
7 var_sal   emp.sal%type
8 );
9 emp_row record_emp;  -- 声明一个 record_emp 类型的变量
10 CURSOR cur_emp_sal  -- 声明游标
11 IS
12 SELECT empno,ename,sal
13 FROM emp INNER JOIN dept
14 ON emp.deptno=dept.deptno
15 WHERE dept.dname='SALES';
16 BEGIN
17 OPEN cur_emp_sal; -- 打开游标
18 FETCH cur_emp_sal INTO emp_row;   -- 提取游标第一行数据
19 WHILE cur_emp_sal%FOUND LOOP    dbms_output.put_line(emp_row.var_ename||'
的编号是 '
20 ||emp_row.var_empno||', 工资是 '||emp_row.var_sal);
21 FETCH cur_emp_sal INTO emp_row; -- 提取游标下一行数据
22 END LOOP;
23 CLOSE cur_emp_sal;      -- 关闭游标
24 END;
```

输出结果如图 7.17 所示。

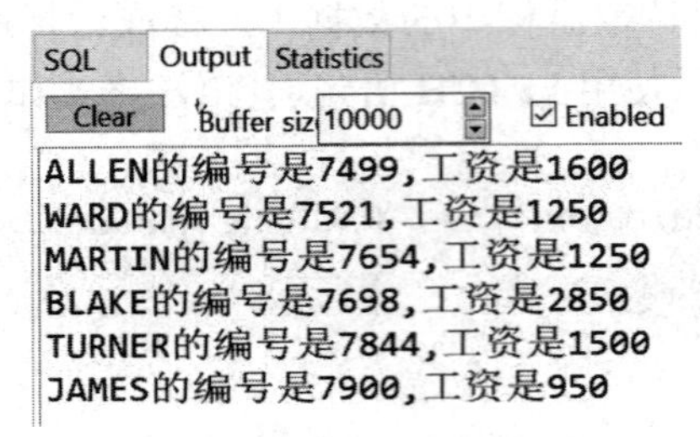
SQL Output Statistics
Clear Buffer siz 10000 Enabled
ALLEN的编号是7499,工资是1600
WARD的编号是7521,工资是1250
MARTIN的编号是7654,工资是1250
BLAKE的编号是7698,工资是2850
TURNER的编号是7844,工资是1500
JAMES的编号是7900,工资是950

图 7.17　输出结果

执行 FETCH 语句时，每次返回一个数据行，然后自动将游标移动，指向下一个数据行。当检索到最后一行数据时，如果再次执行 FETCH 语句，则操作失败，并将游标属性 %NOTFOUND 置为 TRUE。所以，每次执行完 FETCH 语句后，检查游标属性 %NOTFOUND 就可以判断 FETCH 语句是否执行成功并返回一个数据行，以便确定是否已给对应的变量赋值。

4. 关闭游标

当所有活动集都被检索以后，游标就应该被关闭，这样与游标相关联的资源就可以被释放。关闭游标的语法如下。

```
1 CLOSE cursor_name;
```

注意：关闭一个已经被关闭的游标也是非法的。

例如，根据 emp 表中某部门的销售信息，使用 for 循环遍历游标，代码如下。

```
1 DECLARE
2 TYPE RECORD_EMP IS RECORD   -- 声明一个记录类型
3 (
4 /* 定义当前记录的成员变量 */
5 VAR_EMPNO EMP.EMPNO%TYPE,VAR_ENAME EMP.ENAME%TYPE,
6 VAR_SAL EMP.SAL%TYPE
7 );
8 EMP_ROW RECORD_EMP; -- 声明一个 record_emp 类型变量
9 CURSOR CUR_EMP_SAL(DEPTNAME VARCHAR2) -- 声明游标
10 IS
11 SELECT EMPNO,ENAME,SAL
12 FROM EMP INNER JOIN DEPT
13 ON EMP.DEPTNO=DEPT.DEPTNO
14 WHERE DEPT.DNAME=DEPTNAME;
```

```
15 BEGIN
16 OPEN cur_emp_sal('&dname');  -- 打开游标
17 FETCH cur_emp_sal INTO emp_row;  -- 提取游标第一行数据
18 WHILE cur_emp_sal%FOUND LOOP   dbms_output.put_line(emp_row.var_ename||'
的编号是 '
19 ||emp_row.var_empno||', 工资是 '||emp_row.var_sal);
20 FETCH cur_emp_sal INTO emp_row;      -- 提取游标下一行数据
21 END LOOP;
22 CLOSE cur_emp_sal;  -- 关闭游标
23 END;
```

输出结果如图 7.18 所示。

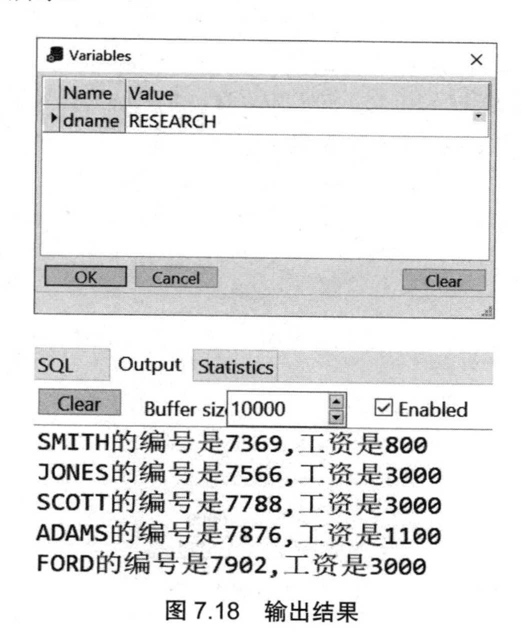

图 7.18 输出结果

7.3.2 隐式游标

在执行一个 SQL 语句时，Oracle 会自动创建一个隐式游标。这个游标是内存中处理语句的工作区域。隐式游标主要处理数据操作语句（如 UPDATE 和 DELETE 语句）的执行结果，特殊情况下，也可以处理 SELECT 语句的查询结果。由于隐式游标也有属性，当使用隐式游标时，需要在属性前面加上游标的默认名称——SQL。

系统会对 UPDATE、DELETE、INSERT 和 SELECT…INTO（返回一行），语句使用一个隐式游标。可以通过隐式游标的 %FOUND 属性判断 INSERT、UPDATE、DELETE 操作是否成功。SELECT…INTO 可以使用异常 NO_DATA_FOUND 来判断是否返回了数据。隐式游标属性及含义见表 7.6。

表 7.6 隐式游标属性及含义

隐式游标的属性	返回值类型	含义
SQL%ROWCOUNT	整型	正回受 SQL 语句影响的行数
SQL%FOUND	布尔型	值为 TRUE 代表插入、删除、更新或单行查询操作成功
SQL%NOTEOUND	布尔型	与 SQL%FOUND 属性返回值相反
SQL%ISOPEN	布尔型	游标是否已打开，DML 执行过程中为真，结束后为假

例如，把销售员的工资上涨 20%，使用隐式游标 SQL 的 %ROWCOUNT 属性输出上调工资的员工数量，代码如下。

```
1 BEGIN
2 UPDATE EMP
3 SET sal=sal*(1+0.2)
4 WHERE job='SALESMAN';   IF SQL%NOTFOUND THEN
5 dbms_output.put_line(' 没有员工需要上调工资 ');
6 ELSE
7 dbms_output.put_line(' 有 '||sql%rowcount||' 个雇员工资上调 20%');
8 END IF;
9 COMMIT;
10 END;
```

输出结果如图 7.19 所示。

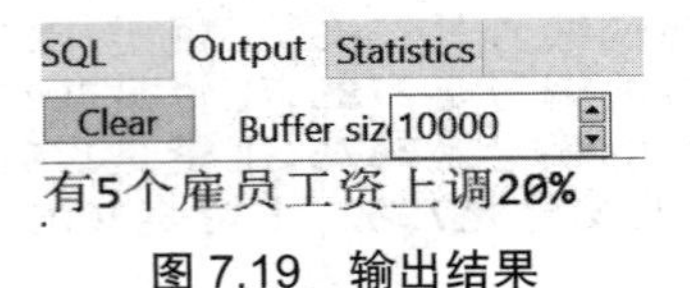

图 7.19 输出结果

在上面的代码中，标识符“SQL”就是 UPDATE 语句在更新数据过程中所使用的隐式游标，它通常处于隐藏状态，是由 Oracle 系统自动创建的。当需要使用隐式游标的属性时，标识符“SQL”就必须以显式状态添加到属性名称之前。另外，无论是隐式游标，还是显式游标，它们的属性总是反映最近的一条 SQL 语句的处理结果。因此，在一个 PL/SQL 中出现多个 SQL 语句时，游标的属性值只能反映紧挨着它的那条语句的处理结果。

7.3.3 使用游标变量

前面所讲的游标都是与一个 SQL 语句相关联，并且在编译该块的时候此语句是可知的、静态的；而游标变量可以在运行时与不同的语句关联，是动态的。游标变量被用于处理多行的查询结果集。在同一个 PL\SQL 块中，游标变量不同于特定的查询绑定，而是在打开游标时才确定所对应的查询。因此，游标变量可以一次对应多个查询。

使用游标变量之前，首先要声明游标变量，然后在运行时必须为其分配存储空间，因为游标变量是 REF 类型的变量，类似于高级语句中的指针。

1. 游标变量

像游标 CURSOR 一样，游标变量 REF CURSOR 指向指定查询结果集的当前行。游标变量比较灵活因为其声明并不绑定指定查询。

游标变量主要运用于 PL/SQL 函数或存储过程以及其他编程语言（Java 等）之间，作为参数传递。不同于游标的是游标变量没有参数。

游标变量也具有 4 个属性：%FOUND、%NOTFOUND、%ISOPEN 和 %ROWCOUNT。

2. 声明游标变量

游标变量是一种引用类型，当程序运行时，可以指向不同的存储单元。如果要使用引用类型，首先要声明该变量，然后必须要为其分配相应的存储单元。PL/SQL 中定义一个游标变量类型的完整语句如下。

```
1 TYPE <类型名> IS REF CURSOR
2 RETURN <返回类型>
```

其中，<类型名>是新的引用类型的名字，而<返回类型>是一个记录类型，指明了最终由游标变量返回的选择列表的类型。

游标变量的返回类型必须是一个记录类型，可以以显式的状态被声明为一个用户定义的记录，或者以隐式的状态使用 %ROWTYPE 进行声明。在定义引用类型以后，就可以声明该变量了。

3. 打开游标变量

如果要将一个游标变量与一个特定的 SELECT 语句相关联，需要使用 OPEN FOR 语句，其语法格式如下。

```
1 OPEN <游标变量> FOR <SELECT 语句>
```

如果游标变量是受限的，则 SELECT 语句的返回类型必须与游标所限定的记录类型匹配；如果不匹配，Oracle 会返回错误。

例如，使用游标变量动态关联查询 emp 表中所有数据，代码如下。

```
1 DECLARE
2 var_emprow emp%rowtype;
3 -- 定义游标变量
4 TYPE T_EMPREF IS REF CURSOR
```

```
5 RETURN emp%rowtype;   cursor_emp t_empref;
6 BEGIN
7 -- 打开游标
8 OPEN cursor_emp FOR SELECT * FROM EMP;
9 -- 提取游标第一行数据
10 FETCH cursor_emp into var_emprow;
11 -- 遍历游标
12 WHILE cursor_emp%FOUND LOOP
13 dbms_output.put_line(' 员工编号 '||var_emprow.empno||' 员工姓名 '||var_em-prow.
ename);
14 FETCH cursor_emp into var_emprow;
15 END LOOP;
16 -- 关闭游标
17 CLOSE cursor_emp;
18 END;
```

输出结果如图 7.20 所示。

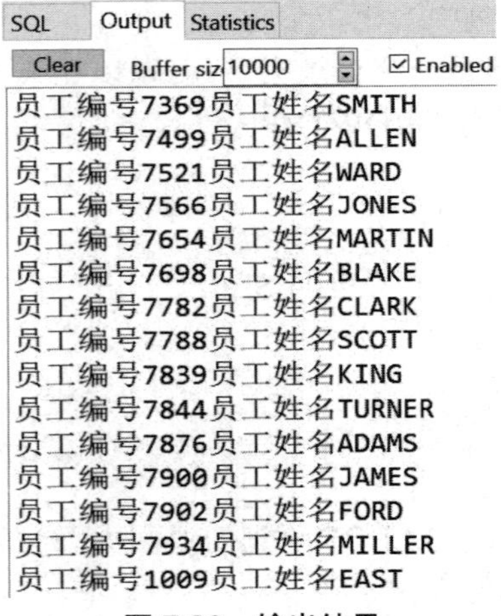

图 7.20　输出结果

4. 关闭游标变量

游标变量的关闭和静态游标的关闭类似，都是使用 CLOSE 语句，这样会释放查询所使用的空间。关闭已经关闭的游标变量是非法的。

小结

本章重点介绍了和函数相关的知识，包括系统内置函数和用户自定义函数。熟练掌握系统函数有助于更方便快速地描述不同需求下的 SQL 命令。除此之外，本章还介绍了游标的使用。利用游标可以关联 SELECT 查询的结果，游标在后面存储过程和程序包中有非常重要的应用。

单元小测

一、选择题

（1）一般在（　　）中有机会使用 :NEW 和 :OLD。

A. 游标　　B. 存储过程　　C. 函数　　D. 触发器

（2）游标有哪几种类型（　　）。

A. 静态游标、动态游标　　B. 隐式游标、显式游标

C. 变量游标、常量游标　　D. 参数游标、ref 游标

（3）阅读下列代码，并回答问题。

```
DECLARE
        TOTALEMP NUMBER;
BEGIN
        SELECT COUNT(*) INTO TOTALEMP FROM EMP;
        IF(SQL%FOUND) THEN
                DBMS_OUTPUT.PUT_LINE('有数据');
        END IF;
END;
```

这段代码中是否使用了游标，如果使用了，使用的是什么类型的游标（　　）。

A. 使用了游标，游标类型为参数游标

B. 使用了游标，游标类型为隐式游标

C. 使用了游标，游标类型为 ref 游标

D. 这段代码中根本没有使用游标

（4）下列哪个游标的定义是正确的（ ）。

A. TYPE CURSOR EMPCUR IS SELECT * FROM EMP;

B. TYPE EMPCUR IS CURSOR OF SELECT * FROM EMP;;

C. CURSOR EMPCUR IS SELECT * FROM EMP;

D. TYPE EMPCUR IS REF CURSOR AS SELECT * FROM EMP;

（5）在 Oracle 中，当 FETCH 语句从游标获得数据时，下面叙述正确的是（ ）。

A. 游标打开　　B. 游标关闭

C. 当前记录的数据加载到变量中　　D. 创建变量保存当前记录的数据

二、填空题

（1）在 Oracle 中游标的操作，包括声明游标、打开游标、____________ 和关闭游标。

（2）查看操作在数据表中所影响的行数，可以通过游标的 ____________ 属性实现。

（3）____________函数可以判断空与非空，并返回相应表达式。

（4）在 Oralce 中，当需要使用显式游标更新或删除游标中的行时，声明游标时指定的 SELECT 语句必须带有____________子句。

（5）游标变量的类型是____________。

经典面试题

（1）用户自定义函数的参数分为哪几类？

（2）如何调用用户自定义函数？

（3）如何使用 Oracle 的游标？

（4）游标有哪几个属性，各自有什么作用？

（5）简述游标的作用。

跟我上机

（1）找出在各月倒数第 3 天受雇的所有员工。

（2）找出 12 年前受雇的员工。

（3）以首字母大写的方式显示所有员工的姓名。

（4）显示正好为 5 个字符的员工的姓名。

（5）显示不带有“R”的员工的姓名。

（6）显示所有员工姓名的前 3 个字符。

（7）显示所有员工的姓名，用“a”替换所有的“A”。

（8）显示满 10 年服务年限的员工的姓名和受雇日期。

（9）定义游标关联计算机系学生信息，并查看游标数据。

（10）定义游标关联查看某个学生的选课信息详情。

（11）利用游标查看更新某个学生的信息是否成功。

第 8 章　PL/SQL 高级编程——存储过程、触发器、程序包

本章要点（学会后请在方框里打钩）：

- ☐ 掌握存储过程的创建、调用和删除
- ☐ 理解什么是触发器
- ☐ 掌握触发器的创建和使用
- ☐ 掌握程序包的定义和使用

Oracle 是面向对象的数据库系统，在掌握了 PL/SQL 基础知识之后，将学习 Oracle 中的高级编程部分。使用存储过程能提升数据操作性能，触发器作为特殊的存储过程可以实现用户自定义的完整性约束，而最能体现 Oracle 面向对象特征的程序包则提供了将若干功能归为一个整体的途径。

8.1 存储过程的创建和使用

存储过程是一种被命名的 PL/SQL 程序块，既可以有参数，也可以有若干个输入、输出函数，甚至可以有多个既能输入又能输出的参数，但它通常没有返回值。存储过程被保存在数据库中，不可以被 SQL 语句直接执行调用，只能通过 EXCUTE 执行或者在 PL/SQL 程序块内部被调用。由于存储过程是已经编译好的代码，所以在被调用和引用时，执行效率非常高。

8.1.1 存储过程的创建

用户的存储过程只能定义在当前数据库中。默认情况下，用户创建的存储过程由登录数据库的用户拥有，DBA 可以把权限授予给其他用户。在存储过程的定义中，不能使用下列对象创建语句：

（1）CREATE VIEW；

（2）CREATE DEFAULT；

（3）CREATE RULE；

（4）CREATE PROCEDURE。

创建一个存储过程与编写一个普通的 PL/SQL 程序块有很多相似的地方，也包括声明部分、执行部分和异常处理部分，但是不需要 DECLARE 声明。使用 CREATE 或 REPLACE 关键字存储过程的语法格式如下。

```
1 CREATE [OR REPLACE] PROCEDURE procedure_name
2 [(parameter_name [ IN | OUT | IN OUT ] datatype, …)] IS | AS
3 declare_section;              -- 变量声明 BEGIN
4 statement; [exception …]
5 END [procedure_name];
```

（1）procedure_name：存储过程的名称，如果数据库已经存在此名称，则可以指定“ or replace”关键字，这样新的存储过程将覆盖原来的存储过程。

（2）parameter_name：存储过程的参数名。

（3）IN|OUT|IN OUT：参数类型。

（4）datatype：参数的数据类型，但不能指定该类型的长度。

（5）statement：PL/SQL 语句，是存储过程功能实现的主体。

（6）exception：异常处理语句，也是 PL/SQL 语句，是一个可选项。

例如，创建存储过程，实现向 dept 表中添加数据，代码如下。

```
1 CREATE OR REPLACE PROCEDURE proc_addDept(
2 var_deptno IN number,
3 var_dname IN varchar2,
4 var_loc IN varchar2)
5 IS
6 BEGIN
7 INSERT INTO dept VALUES(var_deptno,var_dname,var_loc);
8 IF SQL%FOUND THEN
9 dbms_output.put_line(' 插入成功 ');
10 COMMIT;
11 ELSE
12 dbms_output.put_line(' 插入失败 ');
13 ROLLBACK;
14 END IF;
15 END proc_addDept;
```

8.1.2 存储过程的调用

调用存储过程一般使用 EXECUTE 语句，但在 PL/SQL 块中可以直接用存储过程的名称来调用。

使用 EXECUTE 命令的执行方式比较简单，语法如下。

```
1 EXEC 存储过程名称 ;
```

在 PL/SQL 代码块中调用存储过程，语法如下。

```
1 BEGIN
2 存储过程名 ;
3 END;
```

例如，使用 EXECUTE 命令执行 pro_addDept 存储过程，具体代码如下。

```
1 SQL>EXEC proc_addDept(60,' 市场 ','TJ');
```

运行结果如图 8.1 所示。

```
SQL> EXEC proc_addDept(60,'市场','TJ');
PL/SQL 过程已成功完成。
```

图 8.1　运行结果

从运行结果可以看出，执行存储过程是成功的。另外，代码中的“EXECUTE”命令也可以简单写为“EXEC”。有时需要在一个 PL/SQL 程序块中调用某个存储过程。在 PL/SQL 程序块中调用存储过程 pro_addDept，然后执行这个 PL/SQL 块，具体代码如下。

```
1 BEGIN
2 proc_addDept(70,' 市场 ','TJ');
3 END;
```

例如，带有输出参数的存储过程，查询某个部门员工的平均工资，代码如下。

```
1 CREATE OR REPLACE PROCEDURE proc_avgSal(
2 var_dname IN varchar2,
3 var_sal OUT number)
4 IS
5 BEGIN
6 SELECT avg(sal) INTO var_sal
7 FROM emp INNER JOIN dept
8 ON emp.deptno=dept.deptno
9 WHERE dept.dname=var_dname;
10 END proc_avgSal;
```

在 PL/SQL 中调用以上存储过程，代码如下。

```
1 DECLARE
2 var_result_sal number(6,2);
3 BEGIN
4 proc_avgSal('SALES' , var_result_sal);
5 dbms_output.put_line('SALES 部门的平均工资为 :'||var_result_sal);
6 END;
```

输出结果如图 8.2 所示。

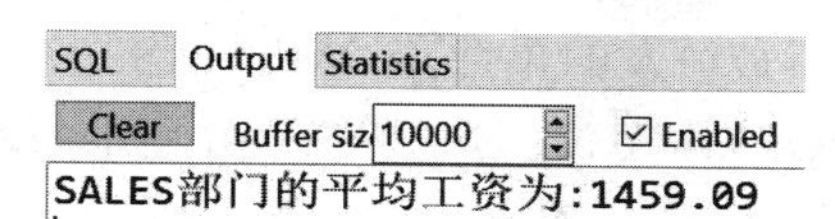

图 8.2 输出结果

8.1.3 存储过程的修改

修改存储过程和修改视图一样，虽然也有 ALERT PROCEDURE 语句，但是它适用于重新编译或验证现有过程。如果要修改存储过程，仍然使用 CREATE OR REPLACE PROCEDURE 命令，语法格式不变。

修改已有存储过程的本质就是使用 CREATE OR REPLACE PROCEDURE 命令重新创建一个新的过程，保持名字和原来的相同。

8.1.4 存储过程的删除

当不再需要一个存储过程时，要将此过程从内存中删除，以释放相应的内存空间，语法如下。

```
1 DROP PROCEDURE procedure_name;
```

例如，删除存储过程 proc_addDept，代码如下。

```
1 DROP PROCEDURE proc_addDept;
```

8.2 触发器的创建和使用

触发器可以被看作是一种“特殊”的存储过程，它定义了一些与数据库相关的事件（如 INSERT、UPDATE、CREATE 等）发生时应执行的“功能代码块”，通常用于管理复杂的完整性约束，或监控对表的修改，或通知其他程序，甚至可以实现对数据库的审计功能。

8.2.1 触发器的基本原理

触发器是指执行由某个事件引起或激活操作的对象。触发器也是由声明部分、执行部分和异常处理部分组成的 PL/SQL 命名块，并存储在数据库的数据字典中。

触发器在数据库中以独立的对象存储，与存储过程和函数不同的是，存储过程与函数需要用户以显式的状态调用才执行，而触发器是由一个事件来启动运行的。即触发器是当某个事件发生时自动地隐式运行。

1. 触发器的组成

（1）触发对象：只有在对象上发生了符合触发条件的触发事件，才会执行触发操作，包括表、视图、模式和数据库等。

（2）触发事件：引起触发器被触发的事件有 DML（INSERT、UPDATE、DELETE）语句、DDL（CREATE、ALTER、DROP）语句、数据库系统事件（如系统启动或退出、异常错误）、用户事件（如登录或退出数据库）等。

（3）触发时间：触发器触发的时机，触发器可以在触发事件发生之前或之后触发（BEFORE、AFTER、INSTEAD OF）。

（4）触发操作：触发器所要执行的 PL/SQL 程序，即执行部分。

（5）触发级别：触发器分为语句级触发器和行级触发器两个级别。当某触发事件发生时，语句级触发器只执行一次，而行级触发器则对受到影响的每一行数据都单独执行一次。

（6）触发器谓词：触发事件不仅可以是一个 DML 操作，也可以是多个 DML 操作，如果触发事件包含多个操作，可以使用触发器条件谓词 INSERTING、UPDATING、DELETING 来判断当前是哪个动作触发了触发器。

2. 触发器的组成类型

（1）行级触发器：DML 语句对每一行数据进行操作时都会引起该触发器运行。

（2）语句级触发器：无论 DML 语句影响多少行数据，其所引起的触发器都仅执行一次。

（3）替换触发器：该触发器是定义在视图上的，而不是定义在表上，它是用来替换所使用实际语句的触发器。

（4）用户事件触发器：与 DDL 操作或用户登录、退出数据库事件相关的触发器。

（5）系统事件触发器：Oracle 数据库系统的事件中进行触发的触发器，如 Oracle 实例的启动与关闭。

3. 行级触发器标识符

在行级触发器中，如果需要引用操作之前和操作之后的数据，可以使用 :old 和 :new 标识符，分别表示该列变化前的值和该列变化后的值，见表 8.1。

表 8.1　行级触发器标识符

触发事件	:old 列名	:new 列名
INSERT	所有字段都是 NULL	当该语句完成时将要插入的数值
UPDATE	在更新之前该列的原始值	当该语句完成时将要更新的数值
DELETE	在删除行之前该列的原始值	所有字段都是 NULL

8.2.2　触发器的创建

创建触发器的语句是 CREATE TRIGGER，其语法格式如下。

```
1 CREATE OR REPLACE TRIGGER trigger_name
2 AFTER|BEFORE|INSTEAD OF trigger_event
3 ON table_name|view_name|user_name|instance_name
4 [FOR EACH ROW]
5 [WHERE condition]
6 DECLARE   ... BEGIN   ... EXCEPTION   ...
7 END;
```

(1)trigger_name：触发器名字。

(2)trigger_event：触发事件。

(3)table_name|view_name|user_name|instance_name：触发对象。

(4)FOR EACH ROW：表示是行级触发器。

例如：首先创建一个存储管理级别的数据表，包括序列号和名称；其次创建一个序列；最后用创建触发器来实现当往管理级别表中插入序号时可忽略序列号字段的值，从而实现序号的自增长，代码如下。

```
1 -- 建表
2 CREATE TABLE tb_grade (
3 id int primary key ,
4 name varchar2(50)
5 );
6 -- 序列
7 CREATE SEQUENCE seq_grade_id; -- 触发器
8 CREATE OR REPLACE TRIGGER tri_insert_grade
9 BEFORE INSERT            -- INSERT 操作前执行
10 ON tb_grade
11 FOR EACH ROW             -- 行级触发器
12 BEGIN
13 SELECT seq_grade_id.nextval INTO :new.id FROM dual;
14 END;
```

8.2.3 触发器的执行

当某些事件发生时，由 Oracle 自动执行触发器。一张表上的触发器最好对其加以限制，否则会因为触发器过多而加重负载，影响性能。

例如，以上触发器创建后，往管理级别 tb_grade 表中插入几条记录，然后查看结果，代码如下。

```
1 -- 执行 insert
2 INSERT INTO tb_grade(name) VALUES(' 超级管理员 ');
3 INSERT INTO tb_grade(name) VALUES(' 管理员 ');
4 INSERT INTO tb_grade VALUES(null , ' 操作员 ');
5 commit;
6 -- 查询插入结果
7 SELECT * FROM tb_grade;
```

运行结果如图 8.3 所示。

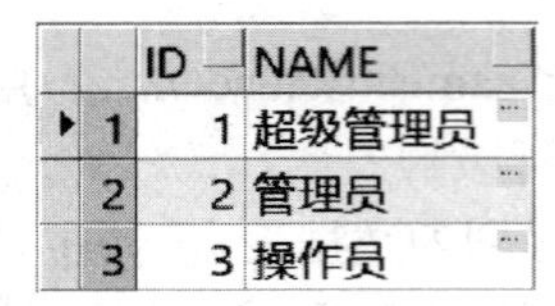

	ID	NAME
1	1	超级管理员
2	2	管理员
3	3	操作员

图 8.3　运行结果

从运行结果可以看出，在对表 tb_grade 执行 INSERT 操作时并未提供 id 字段的值，而是通过触发器使用序列实现 id 字段值的自增长操作的。

8.2.4　触发器的删除

当一个触发器不再使用时，要从内存中将其删除。删除触发器语法如下。

```
1 DROP TRIGGER trigger_name;
```

例如，删除上方创建的触发器，代码如下。

```
1 DROP TRIGGER tri_insert_grade
```

8.2.5　替换触发器举例

创建一个基于连接的视图，然后通过触发器实现往视图中插入数据，代码如下。

```
1 -- 创建视图，基于多表连接
2 CREATE VIEW view_emp_detail
3 AS
4 SELECT e.empno,e.ename,e.job,e.deptno,d.dname
5 FROM emp e inner join dept d
```

```
6 ON e.deptno = d.deptno;
7 -- 由于视图是基于连接创建的，所以在视图中执行 INSERT 操作将失败
8 INSERT INTO view_emp_detail
9 VALUES(1000,' 张三 ','SALESMAN',30,'SALES');
```

以上代码执行 INSERT 后，运行结果如图 8.4 所示。

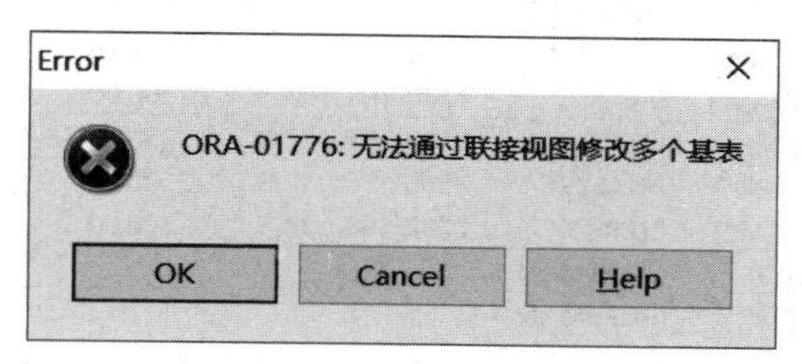

图 8.4 运行结果

通过创建触发器来实现往视图中插入操作的替换，代码如下。

```
1 CREATE OR REPLACE TRIGGER tri_insert_viewEmpDetail
2 INSTEAD OF INSERT
3 ON view_emp_detail
4 FOR EACH ROW
5 BEGIN
6 INSERT INTO emp(empno,ename,job,deptno)
7 VALUES(:new.empno,:new.ename,:new.job,:new.deptno);
8 END;
```

触发器创建成功后，再次执行上方的插入语句，并查看数据，代码如下。

```
1 INSERT INTO view_emp_detail
2 VALUES(1000,' 张三 ','SALESMAN',30,'SALES');
3 COMMIT;
4 SELECT * from EMP;
```

运行结果如图 8.5 所示。

	EMPNO	ENAME	JOB	MGR	HIREDATE	SAL	COMM	DEPTNO
1	7369	SMITH	CLERK	7902	1980/12/17	800.00		20
2	7499	ALLEN	SALESMAN	7698	1981/2/20	1415.58	300.00	30
3	7521	WARD	SALESMAN	7698	1981/2/22	1105.92	500.00	30
4	7566	JONES	MANAGER	7839	1981/4/2	3000.00		20
5	7654	MARTIN	SALESMAN	7698	1981/9/28	1105.92	1400.00	30
6	7698	BLAKE	MANAGER	7839	1981/5/1	2850.00		30
7	7782	CLARK	MANAGER	7839	1981/6/9	2450.00		10
8	7788	SCOTT	ANALYST	7566	1987/4/19	3000.00		20
9	7839	KING	PRESIDENT		1981/11/17	5000.00		10
10	7844	TURNER	SALESMAN	7698	1981/9/8	1327.10	0.00	30
11	7876	ADAMS	CLERK	7788	1987/5/23	1100.00		20
12	7900	JAMES	CLERK	7698	1981/12/3	950.00		30
13	7902	FORD	ANALYST	7566	1981/12/3	3000.00		20
14	7934	MILLER	CLERK	7782	1982/1/23	1300.00		10
15	1009	EAST	SALESMAN					
16	1000	张三	SALESMAN					30

图 8.5 运行结果

8.3 程序包的使用

程序包是一组相关过程、函数、变量、游标、常量等 PL/SQL 程序设计元素的组合。它具有面向对象程序设计语言的特点，是对 PL/SQL 程序设计元素的封装。程序包类似于 C++ 或 Java 程序中的类，而变量相当于类中的成员变量，过程和函数相当于方法，把相关的模块归类成为程序包，可使开发人员利用面向对象的方法进行存储过程的开发，从而提高系统性能。与类相同，程序包中的程序元素也分为公有元素和私有元素两种，这两种元素的区别是它们允许访问的程序范围不同，即它们的作用域不同。公有元素不仅可以被包中的函数、过程调用，也可以被程序包外的 PL/SQL 块调用。而私有元素只能被该程序包内部的函数或过程调用。

使用程序包的优点：在 PL/SQL 设计中，使用程序包不仅可以使程序模块化，对外隐藏包内所使用的信息，而且写程序包可以提高程序的运行效率。因为，当程序首次调用程序包内部的函数或过程时，Oracle 将整个程序包调入内存，当再次调用程序包中的元素时，Oracle 直接从内存中读取，而不需要进行磁盘的 I/O 操作，从而提高程序的执行效率。

一个程序包由两部分组成：包规范（Specification）和包主体（Body）。

8.3.1 程序包规范的定义

程序包规范用于规定程序包中可以使用哪些变量、类型、函数或者存储过程；程序包规范中只规定要做什么，没有说明具体如何去做。程序包规范中定义的元素类型是 public 的元素或类型。

其语法格式如下。

```
1 CREATE [OR REPLACE] PACKAGE package_name
2 IS | AS
3 [declare_variable];
```

```
4 [declare_type];
5 [declare_cursor];
6 [declare_function];-- function 函数名 ( 参数列表 ) return 类型
7 [declare_procedure];--procedure 过程名 ( 参数列表 )
8 END [package_name];
```

创建程序包规范时的语法参数说明见表 8.2。

表 8.2 创建程序包规范时的语法参数说明

参数	说明
package_name	程序包包的名称，如果数据库中已经存在此名称，则可以指定“OR REPLACE”关键字，这样新的程序包将覆盖原来的程序包
declare_variable	定义程序包包内声明的变量
declare_type	定义程序包包内声明的类型
declare_cursor	定义程序包包内声明的游标
declare_function	定义程序包包内声明的函数
declare_procedure	定义程序包包内声明的存储过程

例如，针对表 emp 开发一个程序包用于实现获取指定部门平均工资，上调指定职务工资，查询某部门员工信息，代码如下。

```
1 CREATE OR REPLACE PACKAGE pkg_emp
2 IS
3 -- 定义游标
4 TYPE type_cursor IS REF CURSOR;
5 -- 函数：获取指定部门的平均工资
6 FUNCTION fun_avg_sal(var_deptno number) RETURN number;
7 -- 存储过程：按照指定比例上调指定职务的工资
8 PROCEDURE pro_regulate_sal(var_job varchar2,var_sal number);
9 -- 存储过程：查看某部门员工信息
10 PROCEDURE pro_emp_bydname(var_dname varchar2,cursor_emp out type_cur-
11 sor);
12 END pkg_emp;
```

8.3.2 程序包包主体的定义

程序包的主体包含了在程序包的定义中声明的游标、过程和函数的实际代码，另外也可以在程序包的主体中声明一些内部变量。程序包主体的名称必须与定义的名称相同，这样 Oracle 就可以通过相同的名称将“定义”和“主体”结合在一起组成程序包，并实现一起编译。在实现函数或存储过程主体时，可以将每一个函数或者存储过程作为一个独立的 PL/SQL 块来处理。

创建程序包主体的代码如下。

```
1 CREATE [OR REPLACE] PACKAGE BODY package_name
2 IS | AS
3 package_body;
4 END [package_name];
```

其中，package_body 指存储过程实现、函数实现。

例如，上述程序包规范所对应程序包主体的实现代码如下。

```
1 CREATE OR REPLACE PACKAGE BODY pkg_emp
2 IS
3 -- 函数实现
4 FUNCTION fun_avg_sal(var_deptno number)
5 RETURN number    IS
6 num_avg_sal number;
7 BEGIN
8 SELECT avg(sal) into num_avg_sal
9 FROM emp
10 WHERE deptno=var_deptno;
11 RETURN num_avg_sal;
12 END fun_avg_sal;
13 -- 存储过程实现
14 PROCEDURE pro_regulate_sal(var_job varchar2,var_sal number)
15 IS
16 BEGIN
17 UPDATE emp
18 SET sal = sal + var_sal
19 WHERE job = var_job;
20 IF SQL%FOUND THEN
21 dbms_output.put_line(' 更新成功 !');
22 COMMIT;
23 ELSE
```

```
24 dbms_output.put_line(' 更新失败 !');
25 ROLLBACK;
26 END IF;
27 END pro_regulate_sal;
28 -- 存储过程实现
29 PROCEDURE pro_emp_bydname(var_dname varchar2,cursor_emp out type_cursor)
30 IS
31 BEGIN
32 OPEN cursor_emp FOR
33 SELECT emp.*
34 FROM emp INNER JOIN dept on emp.deptno = dept.deptno
35 WHERE dept.dname=var_dname;
36 END  pro_emp_bydname;
37 END pkg_emp;
```

8.3.3 程序包的调用

在程序包规范中声明的任何元素都是公有的，在程序包的外部都是可见的，可以通过“包名 . 元素名”的形式进行调用，在包主体中可以通过“元素名”直接进行调用，但是在程序包主体中定义而没有在程序包包规范中声明的元素是私有的，只能在程序包主体中被引用。

例如，调用上面定义的程序包中的元素，代码如下。

```
1  -- 调用程序包中函数
2  SELECT pkg_emp.fun_avg_sal(20) FROM dual;
3  -- 调用程序包中存储过程 pro_emp_bydname
4  DECLARE
5  var_emprow emp%rowtype;
6  cursor_result_emp pkg_emp.type_cursor; BEGIN
7  pkg_emp.pro_emp_bydname('SALES' , cursor_result_emp);
8  FETCH cursor_result_emp INTO var_emprow;
9  WHILE cursor_result_emp%FOUND LOOP
10 dbms_output.put_line(' 编 号 :'||var_emprow.empno||'-- 姓 名 :'||var_emprow.
11 ename);
12 FETCH cursor_result_emp INTO var_emprow;
13 END LOOP;
14 END;
```

```
15 -- 调用包中存储过程 pro_regulate_sal
16 BEGIN
17 pkg_emp.pro_regulate_sal('CLERK' , 200);
18 END;
```

8.3.4 程序包的删除

当一个程序包不再使用时，应将其删除以释放空间。

只删除包体，语法如下。

```
1 DROP PACKAGE BODY 包名 ;
```

删除包体和包规范，语法如下。

```
1 DROP PACKAGE 包名 ;
```

删除上述定义的程序包，语法如下。

```
1 DROP PACKAGE pkg_emp;
```

小结

本章重点介绍了 PL/SQL 高级编程中非常重要的 3 个部分：存储过程、触发器以及程序包。由于存储过程是已经编译好的代码，所以在被调用和引用时，执行效率非常高。在数据库中使用效率也非常高。触发器作为特殊的存储过程，能够用于实现用户自定义的完整性约束。程序包则体现了 Oracle 面向对象编程的特点。

单元小测

一、选择题

（1）关于触发器，下列说法正确的是（　　）。

A. 可以在表上创建 INSTEAD OF 触发器

B. 语句级触发器不能使用“:old”和“:new”

C. 行级触发器不能用于审计功能

D. 触发器可以显式调用

（2）在 Insert 触发器中可使用的引用有（　　）。

A. new　　B. old　　C. :update　　D. :new 和 :old

（3）下列哪个不是存储 PL/SQL 程序单元（　　）。

A. 过程　　B. 应用程序触发器

C. 程序包　　D. 数据库触发器

（4）在程序包说明和程序包体两部分中都要声明的程序包结构类型是（　　）。

A. 所有的程序包变量　　B. 布尔变量

C. 私有过程和函数　　D. 公有过程和函数

（5）如果需要了解一个触发器的建立时间，需要查询以下哪个数据字典用户的视图（　　）。

A. DBA_TABLES　　B. DBA_OBJECTS　　C. USE_TABLES　　D. USE_OBJECTS

二、填空题

（1）一个程序包由 ________ 和 ________ 两部分组成。

（2）触发器触发的时机，触发器可以在触发事件发生 ___________、___________ 触发。

（3）公用的子程序和常量在 ________ 中声明。

（4）________ 触发器允许触发操作中的语句访问行的列值。

（5）要执行 pack_me 包中的 order_proc 过程（有一个输入参数），假设参数值为“002”，可以输入以下命令：EXECUTE________________________。

经典面试题

（1）简述存储过程与触发器的主要区别。

（2）如何调用存储过程？

（3）如何理解触发器？

（4）如何理解程序包？

（5）程序包分为哪些部分？如何创建和调用？

跟我上机

（1）创建存储过程，实现查询某课程的平均分。

（2）创建存储过程，实现更新某位学生某门课程的分数。

（3）创建存储过程，实现查询某门课程的选课学生信息。

（4）创建触发器实现表中 INT 类型字段值的自增长。

（5）创建程序包实现如下功能。

①往 Course 表中添加一条记录。

②修改某位学生某门课程的分数。

③查询某门课程的选课学生信息。

④统计某门课程的选课人数。

第 9 章　系统安全管理

本章要点（学会后请在方框里打钩）：

□　掌握如何创建与管理用户

□　掌握角色的创建与权限的分配

□　如何进行用户权限分配

□　了解使用概要文件和数据字典视图

在 Oracle 系统 中，数据库的安全性主要包括以下两个方面。

(1)对登录用户进行身份验证。当用户登录数据库系统时，系统对该用户的账号和口令进行认证。

(2)对用户账号进行权限控制。当用户登录数据库后，只能对数据库中的数据在允许的权限内进行操作。数据库管理员(DBA)对数据库的管理具有最高的权限。

一个用户要对某一数据库进行操作，必须满足以下 3 个条件：

①登录 Oracle 服务器时必须通过身份验证；

②必须是该数据库的用户或某一数据库角色的成员；

③必须有执行该操作的权限。

在 Oracle 系统中，为了实现数据库的安全性，采取用户、角色和概要文件等的管理策略。本章通过实例讲解用户、权限、角色、概要文件和数据字典、审计的相关内容。

9.1 用户管理

Oracle 有一套严格的用户管理机制，新创建的用户只有通过管理员授权才能获得系统数据库的使用权限，否则该用户只有连接数据库的权限。正是因为有了这样一套严格的安全管理机制，才能保证数据库系统的正常运行，确保数据信息不被泄露。

9.1.1 创建用户

要创建一个新的用户(本章均指密码验证用户)，可使用 CREATE USER 命令。其语法格式如下。

```
1 create user user_name identified by pass_word
2 [or identified exeternally]
3 [or identified globally as 'CN=user']
4 [default tablespace tablespace_default]
5 [temporary tablespace tablespace tablespace_temp]
6 [quota [integer k[m]] [unlimited]] on tablesapce_specify1
7 [,quola [integer k[m]][unlimited]] on tablesapce_specify2
8 [,..]...on tablespace-specifyn
9 [profiles profile_name]
10 [account lock or account unlock]
```

CREATE USER 命令的参数及其说明见表 9.1。

表 9.1　CREATE USER 命令的参数及其说明

参数	说明
user_name	用户名，一般为字母、数字、“#”及“_”符号
pass_word	用户口令，一般为字母、数字、“#”及“_”符号
identified exeternally	表示用户名在操作系统下验证，要求该用户名必须与该操作系统中所定义的用户名相同
identified globally as ‘CN=user’	表示用户名由 Oracle 安全域中心服务器验证，CN 名字表示用户的外部名
[default tablespace tablespace_default]	表示该用户在创建对象时使用的默认表空间
[temporary tablespace tablespace tablespace_temp]	表示该用户使用的临时表空间
[quota [integer k[m]] [unlimited]] on tablesapce_specify1	表示该用户在指定表空间中允许占用的最大空间
[profiles profile_name]	表示资源文件的名称
[account lock or account unlock]	表示用户是否被加锁，默认情况下是不加锁的

下面将通过具体的实例来演示如何创建数据库用户。

1）创建用户并指定默认空间表和临时空间表

例如，创建一个用户名为 mr，口令为 mrsoft，设置默认空间表为 users，临时空间表为 temp 的用户，代码及运行结果如下。

```
1 SQL>create user mr indentified by mrsoft default tablespace users
2 temporary tablespace temp; 用户已创建
```

2）创建用户并配置其在指定空间表上的硬盘限额

有时为了避免用户在创建表和搜索对象时占用过多的空间，可以为用户在空间表上配置限额。在创建用户时，可通过 QUOTA ×××MON tablespace_specify 子句配置指定表空间的最大可用限额。

例如，创建一个用户名为 east，口令为 mrsoft，设置默认空间表为 users，临时空间表为 temp 的用户，并指定该用户在 tbsp_1 表空间上最多可使用的空间大小为 10 MB，代码及运行结果如下。

```
1 SQL>create user east indentified by mrsoft default tablespace users
2 temporary tablespace temp
3 quota 10MB on tbsp_1; 用户已创建
```

说明：如果要禁止用户使用某个表空间，可以通过 quota 关键字设置该表空间的使用限额为 0。

3)创建用户并为其设置在指定表空间上不受限制

要设置用户在表空间上不受限制,可以使用 quota unlimited on tablespace_specify 语句。

例如,创建一个用户名为 df,口令为 mrsoft,设置默认空间表为 users,临时空间表为 temp 的用户,并指定该用户在 tbsp_1 表空间不受限制,代码及运行结果如下。

```
1 SQL>create user east indentified by mrsoft default tablespace users
2 temporary tablespace temp
3 quota 10M on tbsp_1; 用户已创建
```

在创建完用户之后,需要注意以下几点。

(1)如果建立用户时未通过 default tablespace 子句设置默认空间,Oracle 会将 system 表空间作为默认表空间。

(2)如果建立用户时未通过 temporary tablespace 子句设置临时表空间,Oracle 会将数据库临时表空间作为用户的临时表空间。

(3)初始建立的用户没有任何权限,所以为了使用户可以连接到数据库,必须要授予其 SESSION 权限,关于用户权限设置会在后面的小节中讲解。

(4)如果建立用户时没有通过 quata 子句为表空间设置允许占用的最大空间,那么用户在特定表空间上的配额为 0,用户将不能在相应的表空间上建立数据对象。

(5)初始建立的用户没有任何权限,不能执行任何数据库操作。

9.1.2 管理用户

对用户的管理,就是对已有用户的信息进行管理,如修改用户和删除用户等。

1. 修改用户

创建完用户之后,管理员可以对用户进行修改,包括修改用户口令,改变用户默认表空间、临时表空间、磁盘配额及资源限制等。修改用户的语法与创建用户的语法相似,只要把创建用户语法中的“CREATE”替换成“ALTER”即可,具体语法这里不再介绍,请参考创建用户的基本语法。下面将结合例子讲解 3 种常见的修改用户参数的情况。

1)修改用户的磁盘限额

如果 DBA 在创建用户时,指定了用户在某个表空间的磁盘限额,那么经过一段时间后空间达到了 DBA 所设置的磁盘限额时,Oracle 系统就会显示达到磁盘限额的信息,语句如下。

```
1 ORA-01536:SPACE QUOTA EXCEEDED FOR TABLESPACE 'TBSP_1'
```

上面的信息表示该用户使用的资源已经超出了限额,DBA 需要为该用户适当增加资源,下面为为用户增加表空间限额的例子。

例如,将用户 east 在表空间磁盘的限额修改为 20 MB(原始 10 MB,再增加 10 MB),代码及运行结果如下。

```
1 SQL>alter user east quota 20MB on tbsp_1; 用户已更改。
```

2）修改用户的口令

用户的口令在被使用一段时间之后，根据系统安全的需要或在 PRAFIL 文件（资源配置文件）中设置的规定，用户必须要修改口令。

例如，将用户 east 的新口令修改为 123456（原始为 mrsoft），代码及运行结果如下。

```
1 SQL>alter user east identified by 123456; 口令已更改。
```

3）解锁被锁住的用户

Oracle 默认安装完成后，为了安全起见，很多用户处于 LOCKED 状态，DBA 可以为 LOCKED 状态的用户解除锁定，语句如下。

```
1 SQL>select username,account_status from dba_users;
2 USERNAME
3 ACCOUNT_STATUS
4 DF   OPEN EAST   OPEN
5 MR  OPEN
6 SCOTT  EXPIRED & LOCKED SPATIAL_VFS_ADMIN_USR
7 EXPIRED & LOCKED SPATIAL_CSV_ADMIN_USR
8 EXPIRED & LOCKED APEX_PUBLIC_USER
9 EXPIRED & LOCKED OE
10 EXPIRED & LOCKED DIP
11 EXPIRED & LOCKED SH
12 EXPIRED & LOCKED IX
13 EXPIRED & LOCKED
```

例如，使用 ALTER USER 命令解除被锁定的账户 SH，代码及运行结果如下。

```
1 SQL>alter user SH account unlock 用户已更改。
```

2. 删除用户

删除用户通过 DROP USER 语句完成，删除用户之后，Oracle 会从数据库字典中删除用户、方案及其所有对象方案，语法格式如下。

```
1 drop user_name[cascade]
```

（1）user_name: 要删除的用户名。

（2）cascade: 级联删除选项，如果用户包含数据库对象，则必须加 cascade 选项，此时连同该用户所拥有的对象一起删除。

例如，使用 drop user 语句删除用户 df，并连同该用户所拥有的对象一起删除，代码及其运行结果如下。

```
1 SQL>drop user df cascade; 用户已删除
```

9.2 权限管理

在成功创建用户之后，仅表示该用户在 Oracle 系统中进行了注册，这样的用户不能连接到数据库，也不能进行查询、建表等操作。要使该用户连接到 Oracle 系统并使用 Oracle 的资源，如查询表的数据、创建自己的表结构等，就必须让具有 DBA 权限的用户对该用户进行授权。

9.2.1 权限的概述

根据系统管理方式的不同，在 Oracle 数据库中将权限分为两大类：系统权限和对象权限。

系统权限是系统对数据库进行存取和使用的机制，比如用户是否能够连接到数据库系统（SESSION 权限）和执行系统级的 DDL 语句（如 CREAT、ALTER 语句）等。

对象权限是指某一个用户对其他用户的表、视图、序列、存储过程、函数、包等的操作权限。不同类型的对象具有不同类型的权限，对于某些模式对象，比如簇、索引、触发器、数据库链接等没有相应的实体权限。这些权限由系统权限进行管理。

9.2.2 系统权限管理

系统权限一般授予数据库管理人员和应用程序开发人员，数据库管理人员可以将数据库系统权限授予其他用户，也可以将某个系统权限从被授予用户中收回。

1. 授权操作

在 Oracle 18c 中含有 200 多种系统特权，并且这些系统特权均被列举在 SYSTEM_PRIVILEGE_MAP 数据目录视图中。授权操作使用 GRANT 命令，其语法格式如下。

```
1 grant sys_privi | role to user | role |public [with admin option]
```

GRANT 命令的参数及其说明见表 9.2。

表 9.2　GRANT 命令的参数及其说明

参数	说明
sys_privi	表示 Oracle 系统权限，系统权限是一组约定的保留字，例如如果能够创建表，则为"CREATE TABLE"
role	表示角色
user	表示具体的用户名，或是一些列的用户名
public	表示保留字，代表 Oracle 系统的所有用户名
with admin option	表示被授权者可以再将权限授予另外的用户

例如，为用户 east 授予连接和开发系统权限，并尝试使用 east 连接数据库，代码及运行结果如下。

```
1 SQL>connect system/Ming12 已连接。
2 SQL>grant connect,resource to east; 授权成功。
3 SQL>connect east/123456 已连接。
```

在以上代码中，使用 east 连接数据后，Oracle 显示"已连接"，说明 east 授予"connect"的权限是成功的。另外，如果想要 east 将这两个权限传递给其他用户，则需要在 GRANT 语句中使用"WITH ADMIN OPTION"关键字。

例如，在创建用户 dongfang 和 xifang 后，首先 system 将创建 session 和 table 的权限授予 dongfang，然后 dongfang 再将这两个权限传递给 xifang，最后通过 xifang 创建一个数据表，代码及运行结果如下。

```
1 SQL>create user dongfang identified by mrsoft default tablespace users quota 10m on users; 用户已创建
2 SQL>create user xifang identified by mrsoft default tablespace users quota 10m on users;
3 用户已创建
4 SQL>grant create session,create table to dongfang with admin option; 授权成功。
5 SQL>connect dongfang/mrsoft; 已连接。
6 SQL>grant create session,create table to xifang; 授权成功。
7 SQL>connect xifang/mrsoft; 已连接。
8 SQL>create table tb_xifang
9 (id number,
10 Name varchar2(20)
11 );
表已创建。
```

2. 回收系统权限

一般用户如果被授予过高权限，可能会给 Oracle 系统带来安全隐患。作为 Oracle 系统的管理员，应该能够查询当前 Oracle 系统各个用户的权限，并且能够使用 REVOKE 命令撤销用户的某些系统权限。

REVOKE 命令的语法格式如下。

```
1 revoke sys_privi |role from user |role |public
```

（1）sys_privi: 系统权限或角色。

（2）role: 角色。

（3）user: 具体的用户名。

（4）public: 保留字，代表 Oracle 系统所有的用户。

例如，撤销 east 用户的 resource 系统权限，代码及运行结果如下。

```
1 SQL>connect system/Ming12; 已连接。
2 SQL>revoke resource from east; 撤销成功。
```

如果数据库管理员用 GRANT 命令给用户 A 授予系统权限时带有“WITH ADMIN OPTION”选项，则用户有权将系统权限再次授予另外的用户 B。在这种情况下，如果数据库管理员使用 REVOKE 命令撤销用户 A 的系统权限，用户 B 的系统权限仍然有效。

9.2.3 对象权限管理

1. 对象授权

对象授权与将系统权限授予用户基本相同，将对象权限授予用户或角色也使用 GRANT 命令，其语法格式如下。

```
1 grant obj_privi | all column on schema.object to user |role |public [with grant option] 2 |
[with hierarchy option]
```

GRANT 命令的参数说明见表 9.3。

表 9.3 GRANT 命令的参数说明

参数	说明
obj_privi	表示对象的权限，可以是 ALTER、EXECUTE、SELECT、UPDATE 和 INSERT 等
role	表示角色
user	表示被授权的用户名
with admin option	表示被授权者可以在将权限授予另外的用户
with hierarchy option	表示在对象的子对象（在视图上再建立视图）上授权给用户

例如，给用户 xifang 授予对表 scott. emp 进行 SELECT、INSERT、DELETE 和 UPDATE 操作的权限，代码及运行结果如下。

```
1 SQL>grant select,insert,delete,update on scott.emp to xifang; 授权成功。
```

2. 回收对象权限

回收对象权限即从用户或角色中撤销对象权限，使用 REVOKE 命令，其语法格式如下。

```
1 revoke obj_privi | all on schema.object from user |role | public cascade constraints
```

（1）obj_privi：对象的权限。

（2）public：保留字，代表 Oracle 系统的所有权限。

（3）cascade ascade constraints：有关联的权限也被撤销。

例如，对 xifang 用户撤销对 scott.emp 表的 UPDATE 权限，代码及运行结果如下。

```
1 SQL>connect system/Ming12; 已连接。
2 SQL>revoke delete,update on scott.emp from xifang; 撤销成功。
```

9.2.4 安全特性

1. 表安全

对表和视图赋予 DELETE、INSERT、SELECT 和 UPDATE 权限可对表数据进行查询等操作。例如：可以限制 INSERT 权限到表的特定列，而所有其他列都接收 NULL 或者默认值；使用可选的 UPDATE，用户能够更新特定列的值。

如果用户需要在表上执行 DDL 操作，那么需要被赋予 ALTER、INDEX 和 REFERECES 权限，还可能需要其他系统或者对象权限。例如，需要在表上创建触发器，用户需要 ALTER TABLE 对象权限和 CREATE TRIGER 系统权限。与 INSERT 和 UPDATE 权限相同，REFERECES 权限能够对表的特定列授予权限。

2. 视图安全

创建视图，必须满足两个条件：授予 CREATE VIEW 系统权限或者授予 CREATE ANY VIEW 系统权限。

显式授予 DELETE、INSERT、SELECT 和 UPDATE 权限，或者显示授予 DELETE ANY VIEW、INSERT ANY VIEW、SELECT ANY VIEW 和 UPDATE ANY VIEW 系统权限。为了其他用户能够访问视图，可以通过 WITH GRANT OPTION 子句或者 WITH ADMIN OPTION 子句授予用户适当的系统权限，以下两点可以增加表的安全层次，包括列层和基于值的安全性。

（1）视图访问基表所选择的列的数据。

（2）在定义视图时，使用 WHERE 子句控制基表的部分数据。

3. 过程安全

过程方案的对象权限（包括独立的过程、函数和包）只有 EXECUTE 权限，可以将这个权限授予需要执行的过程或需要编译的另一个调用它的过程。

1）过程对象

具有某个过程 EXECUTE 权限的用户可以执行该过程，也可以编译引用该过程的程序单元。过程调用时不会检查权限，具有 EXECUTE ANY PROCEDURE 系统权限的用户可以执行数据库中的任何过程。当用户需要创建过程时，必须拥有 CREATE PROCEDUR 系统权限或者 CREATE ANY PROCEDUR 系统权限。当需要修改过程时，需要 ALTER ANY PROCEDUR 系统权限。

拥有过程的用户必须拥有在过程中引用方案对象的权限。为了创建过程，必须为过程引用的所有对象授予用户必要的权限。

2）程序包对象

拥有程序包的 EXECUTE 权限的用户，可以执行程序包中的任何公共过程和函数，并能够访问和修改任何公共包变量的值。程序包不能被授予 EXECUTE 权限，当为数据库应用开发过程、函数和程序包时，要考虑安全性。

4. 类型安全

1）命名类型的系统权限

Oracle 为命名类型（对象类型、VARRAY 和嵌套表）定义了系统权限，见表 9.4。

表 9.4　命名类型的系统权限

权限	说明
CREATE TYPE	在用户自己的模式中创建命名类型
CREATE ANY TYPE	在所有的模式中创建命名类型
ALTER ANY TABLE	修改任何模式中的命名类型
DROP ANY TABLE	删除任何模式中的命名类型
EXECUTE ANY TYPE	使用和参考任何模式中的命名类型

CONNECT 和 RESOURCE 角色包含 CREATE TYPE 系统权限，DBA 角色包含所有权限。

2）对象权限

如果在命名类型上存在 EXECUTE 权限，那么用户可以使用命名类型完成定义表，在关系程序包中定义列及声明命名类型的变量和类型。

3）创建类型和表权限

（1）在创建类型时，必须满足以下要求。

①如果在自己模式上创建类型，则必须拥有 CREATE TYPE 系统权限；如果需要在其他用户上创建类型，则必须拥有 CREATE ANY TYPE 系统权限。

②类型的所有者必须显示授予访问定义类型引用的其他类型的 EXECUTE 权限，或者

授予 EXECUTE ANY TYPE 系统权限，所有者不能通过角色获取所需的权限。

③如果类型所有者需要访问其他类型，则必须已经接受 EXECUTE 权限或者 EXECUTE ANY TYPE 系统权限。

（2）如果使用类型创建表，则必须满足以下要求。

①表的所有者必须被显式授予 EXECUTE 对象权限，能够访问所有引用的类型，或者被授予 EXECUTE ANY TYPE 系统权限。

②如果表的所有者需要访问其他用户的表，则必须在“GRANT OPTION”选项中接受参考类型的 EXECUTE 权限，或者在 ADMIN OPTION 中接受 EXECUTE ANY TYPE 系统权限。

4）类型访问和对象访问的权限

类型访问和对象访问的权限列层和表层的 DML 命令权限，可以应用到对象列和行对象上。

9.3 角色管理

9.3.1 角色

角色是一组权限的集合，将角色赋给一个用户，这个用户就拥有了这个角色中的所有权限。

9.3.2 系统预定义角色

系统预定义角色是在数据库安装后，系统自动创建的一些常用的角色。角色所包含的权限可以用以下语句查询。

```
1 select * from role_sys_privs
```

1）CONNECT, RESOURCE, DBA

这些预定义角色主要是为了向后兼容，其主要用于数据库管理。Oracle 建议用户自己设计数据库管理和安全的权限规划，而不是简单地使用这些预定角色。在以后的版本中这些角色可能不会作为预定义角色。

2）DELETE_CATALOG_ROLE，EXECUTE_CATALOG_ROLE，SELECT_CATA-LOG_ROLE

这些角色主要用于访问数据字典视图和包。

3）EXP_FULL_DATABASE，IMP_FULL_DATABASE

这两个角色用于数据导入导出工具。

4）AQ_USER_ROLE，AQ_ADMINISTRATOR_ROLE

这两个角色为 Oracle 高级查询功能。

5）SNMPAGENT

这个角色用于 Oracle Enterprise Manager 和 Intelligent Agent。

6）RECOVERY_CATALOG_OWNER

这个角色用于创建拥有恢复库的用户。关于恢复库的信息，参考 Oracle 文档“Oracle9i User-Managed Backup and Recovery Guide”。

9.3.3 管理角色

1. 建一个角色

建一个角色的语法如下。

```
1  sql>create role role1;
```

2. 授权给角色

授权给角色的语法如下。

```
1  sql>grant create any table,create procedure to role1;
```

3. 授予角色给用户

授予角色给用户的语法如下。

```
1  sql>grant role1 to user1;
```

4. 查看角色所包含的权限

查看角色所包含的权限的语法如下。

```
1  sql>select * from role_sys_privs;
```

5. 创建带有口令的角色(在生效带有口令的角色时必须提供口令)

创建带有口令的角色的语法如下。

```
1  sql>create role role1 identified by password1;
```

6. 修改角色是否需要口令

修改角色是否需要口令的语法如下。

```
1  sql>alter role role1 not identified; sql>alter role role1 identified by password1;
```

7. 设置当前用户要生效的角色

角色的生效是指假设用户 a 有 b1、b2、b3 这 3 个角色，那么如果 b1 未生效，则 b1 所包含的权限对于 a 来讲是不能拥有的，只有角色生效了，角色内的权限才作用于用户，最大可生效角色数由参数 MAX_ENABLED_ROLES 设定；在用户登录后，Oracle 将所有直接赋给用户的权限和用户默认角色中的权限赋给用户，语法如下。

```
1 sql>set role role1;// 使 role1 生效
2 sql>set role role1,role2;// 使 role1,role2 生效
3 sql>set role role1 identified by password1;// 使用带有口令的 role1 生效
4 sql>set role all;// 使用该用户的所有角色生效 sql>set role none;// 设置所有角色失效
5 sql>set role all except role1;// 除 role1 外的该用户的所有其他角色生效。
6 sql>select * from SESSION_ROLES;// 查看当前用户生效的角色。
```

8. 修改指定用户，设置其默认角色

修改指定用户，设置其默认角色的语法如下。

```
1 sql>alter user user1 default role role1;
2 sql>alter user user1 default role all except role1;
```

9. 删除角色

删除角色的语法如下。

```
1 sql>drop role role1;
```

角色被删除后，原来拥有该角色的用户就不再拥有该角色了，相应的权限也就没有了。

说明：无法使用 WITH GRANT OPTION 为角色授予对象权限；可以使用 WITH ADMIN OPTION 为角色授予系统权限，取消时不是级联的。

9.4 概要文件和数据字典

9.4.1 Oracle 概要文件

Oracle 系统为了合理分配和使用系统资源提出了概要文件的概念。概要文件，就是一份描述如何使用系统资源（主要是 CPU 资源）的配置文件。将概要文件赋予某个数据库用户，在用户连接并访问数据库服务器时，系统就按照概要文件给他分配资源。有些书中也将其翻译为配置文件。

9.4.2 概要文件的作用

1. 管理数据库系统资源

利用 Profile 来分配资源限额，必须把初始化参数 resource_limit 设置为 true。其语法格式如下。

```
1 ALTER SYSTEM SET resource_limit=TRUE SCOPE=BOTH;
```

2. 管理数据库口令及验证方式

系统默认分配给用户的是 DEFAULT 概要文件，并将该文件赋予每个创建的用户。但该文件对资源没有任何限制，因此管理员需要根据数据库系统的自身环境自行建立概要文件。

9.4.3 概要文件参数说明

概要文件参数说明见表 9.5。

表 9.5 概要文件参数说明

参数名称	中文名称
session_per_user	用户最大并发会话数
CPU_per_session	每个会话的 CPU 时钟限制
CPU_per_call	每次调用的 CPU 时钟限制，调用包含解析、执行命令和获取数据等
connect_time	最长连接时间，一个会话的连接时间超过指定时间后，Oracle 会自动断开连接
idle_time	最长空闲时间，如果一个会话处于空闲状态超过指定时间，Oracle 会自动断开连接
logical_reads_per_session	每个会话可以读取的最大数据块数量
logical_reads_per_call	每次调用可以读取的最大数据块数量
private_SGA	SGA 私有区域的最大容量
failed_login_attempts	登录失败的最大允许尝试次数
password_life_time	口令的最长有效期
password_reuse_max	口令在可以重用之前必须修改的次数
password_reuse_time	口令在可以重用之前必须经过的天数

9.4.4 Oracle 数据字典

当 Oracle 数据库系统启动后，数据字典总是可用的，它驻留在 SYSTEM 表空间中。数据字典包含视图集，在一般情况下，每一个视图集有 3 种视图包含有类似信息，彼此以前缀相区别，前缀分别为 USER、ALL 和 DBA。Oracle 数据字典见表 9.6。

（1）前缀为 USER 的视图为用户视图，在用户的模式内。

（2）前缀为 ALL 的视图为扩展的用户视图（为用户可存取的视图）。

（3）前缀为 DBA 的视图为 DBA 的视图（为全部用户可存取的视图）。

Oracle 数据库还维护了一组虚表（Virtual Table），用于记录当前数据库的活动，这组虚表称为动态性能表。动态性能表不是真正的表，许多用户不能直接存取，DBA 可查询这些表及建立视图，并给其他用户授予存取视图的权限。

表 9.6　Oracle 数据字典

视图名	说明
ALL_CATALOG	用户可存取的全部表、视图和序列
ALL_COL_COMMENTS	用户可存取的表和视图列上的注释
ALL_COL_PRIVS	在列上授权，该用户或 PUBLIC 是被授予者
ALL_COL_PRIVS_MADE	在列上授权，该用户为持有者或授予者
ALL_COL_PRIVS_RECD	在列上授权，该用户或 PUBLIC 是被授予者
ALL_CONSTRAINTS	在可存取表上的约束定义
ALL_CONS_COLUMN	关于在约束定义中可存取列的信息
ALL_DB_LINKS	用户可存取的数据库链
ALL_DBF_AUDIT_OPTS	在对象建立时，所应用的缺省对象审计选择
ALL_DEPENDENCIES	用户可存取的对象之间的从属关系
ALL_ERROES	在用户可存取对象上的当前错误
ALL_INDEXES	在用户可存取的表上的索引说明
ALL_IND_COLUMNS	在用户可存取的表上的索引列
ALL_OBJECTS	用户可存取的对象
ALL_SEQUENCES	用户可存取的序列说明
ALL_SNAPSHOTS	用户可存取的全部快照
ALL_SOURCE	用户可存取的全部存储对象的文本源程序
ALL_SYNONYM	用户可存取的全部同义词
ALL_TABLES	用户可存取的表的说明
ALL_TAB_COLUMNS	用户可存取的表、视图、聚集的列
ALL_TAB_COMMENTS	用户可存取的表或视图上的注释
ALL_TAB_PRIVS	在对象上授权，该用户或 PUBLIC 为被授予者
ALL_TAB_PRIVS_MADE	在对象上的授权或用户授权
ALL_TAB_PRIVS_RECD	在对象上授权，该用户或 PUBLIC 是被授予者
ALL_TRIGGERS	用户可存取的触发器
ALL_TRIGGER_COLS	显示用户持有的表中的列和用户所持有的触发器中列的使用，或者用户具有 CREATE ANY TRIGGER 特权时在所有触发器上列的使用
ALL_USERS	数据库中所有用户的信息
ALL_VIEW	用户可存取的视图文本
AUDIT_ACTIONS	审计跟踪动作类型代码描述表
CAT	USER_CATALOG 的同义词
CHAINED_ROWS	ANALYZE CHAINED ROWS 命令的缺省值

续表

视图名	说明
CLU	USER_CLUSTERS 的同义词
COLS	USER_TAB_COLUMNS 的同义词
COLUMN_PRIVILEGES	在列上授权，用户是其授权者、被授予权者、持有者或授予 PUBLIC
DBA_2PC_NEIGHBORS	关于悬挂事务入和出连接的信息
DBA_2PC_PENDING	关于在 PREPARED 状态时失败的分式事务信息
DBA_AUDIT_EXISTS	由 AUDIT EXISTS 命令建立的审计跟踪记录
DBA_AUDIT_OBJECT	系统中全部对象的审计跟踪记录
DBA_AUDIT_SESSION	系统中涉及 CONNECT 和 DISCONNECT 的全部审计跟踪记录
DBA_AUDIT_STATEMENT	系统中涉及 GRANT、REVOKE、AUDIT、NOAUDIT 和 ALTER SYSTEM 语句的全部审计记录
DBA_AUDIT_TRAIL	系统中全部审计记录的集合
DBA_BLOCKERS	会话集，它们具有别的会话正等待的一封锁，而它们本身不等待封锁
DBA_CATALAOG	全部数据库表、视图、同义词和序列
DBA_CLUSTERS	数据库中全部聚集的说明
DBA_CLU_CLOUMNS	表列对聚集列的映射
DBA_COL_COMMENTS	在所有表和视图的列上的注释
DBA_COL_PRIVS	在数据库列上的全部授权
DBA_CONSTRAINTS	在数据库全部表上的约束定义
DBA_CONS_CLOUMNS	关于约束定义中全部列的信息
DBA_DATA_FILES	关于数据文件的信息
DBA_ DB_LINKS	在数据库中的全部数据链
DBA_ DDL_LOCKS	数据库中当前全部 DDL 封锁和所有未完成的 DML 封锁请求
DBA_ DEPENDENCIES	全部对象之间的从属关系
DBA_DML_LOCKS	数据库中当前所持有 DDL 封锁和所有未完成的 DML 封锁请求
DBA_ERRORS	数据库中全部存储对象上的当前错误
DBA_EXP_FILES	输出文件说明
DBA_EXP_OBJECTS	已有增量输出的对象
DBA_EXP_VERSION	最后的输出会话版本
DBA_EXTENTS	数据库中全部段的范围
DBA_FREE_SPACE	在所有表空间中未用的范围
DBA_INDEXES	数据库中全部索引的说明
DBA_IND_COLUMN	全部表和聚集上的索引列

续表

视图名	说明
DBA_LOCKS	在数据库中持有的全部封锁和未完成请求的封锁(包括 DML 和 DDL 封锁)
DBA_OBJECT	在数据库中定义的全部聚集、数据库链、索引、包、包体、序列、同义词、表和视图
DBA_OBJECT_SIZE	数据库中的全部 PL/SQL 对象
DBA_OBJ_AUDIT_OPTS	全部表和视图的审计选择
DBA_PRIV_AUDIT_OPTS	特权审计选择
DBA_PROFILES	赋予每个环境文件的资源限制
DBA_ROLES	在数据库中已有的全部角色
DBA_ROLE_PRIVS	授权给用户或角色的角色的说明
DBA_ROLLBACK_SEGS	回滚段的说明
DBA_SEGMENTS	分配给全部数据库段的存储空间
DBA_SEQUENCES	在数据库中全部序列的说明
DBA_SNAPSHOTS	在数据库中的全部快照
DBA_SNAPSHOTS_LOGS	在数据库中的全部快照日志
DBA_SOURCE	在数据库中全部存储对象的源文本
DBA_SYNONYMS	在数据库中的全部同义词
DBA_STMT_AUDIT_OPTS	当前系统审计选择
DBA_SYS_PRIVS	授权给用户或角色的系统特权
DBA_TABLES	在数据库中的全部表的说明
DBA_TABLESSPACES	数据库中的全部表空间的说明
DBA_TAB_CLOUMNS	全部表、视图和聚集中的列
DBA_TAB_COMMENTS	在数据库中全部表和视图上的注释
DBA_TAB_PRIVS	在数据库中对象上的全部授权
DBA_TRIGGERS	在数据库中全部触发器的说明
DBA_TRIGGERS_COLS	显示由用户定义或在任何用户表上的触发器中列的用法
DBA_TS_QUOTAS	全部用户的表空间份额
DBA_USERS	关于数据库全部用户的信息
DBA_VIEWS	数据库中全部视图的文本
DBA_WAITERS	等待封锁的全部会话和持有该锁的会话
DICT	DICTIONARY 的同义词

续表

视图名	说明
DICTIONARY	数据库字典表和视图的说明
DICT_COLUMNS	数据库字典表和视图中的列的说明
EXCEPTIONS	违反完整性约束的信息
GLOBAL_NMAE	当前数据库的全局名
IND	USER__INDEXES 的同义词
INDEX_STATE	存储 VAILDATE INDEX 命令的信息
OBJ	USER_ OBJECT 的同义词
RESOURCE_COST	每种资源的费用
ROLE_ROLE_PRIVS	授权给其他角色的角色的信息
ROLE_SYS_PRIVS	授权角色的系统特权的信息
ROLE_TAB_PRVS	授权角色的表特权的信息
SEQ	USER_SEQUENCES 的同义词
SEESSIONS_PORIVS	用户当前可用的特权
SESSION_ROLES	用户当前已创建角色
SYN	USER_SYNONYMS 的同义词
SYSTEM_PRILEGE_MAP	系统特权代码的说明表
TABLE_PRIVILEGES	在对象上授权
TABLE_PRIVILEGE_MAP	存取特权代码的说明表
TABS	USER_TABLES 的同义词
USER_AUDIT_OBJECT	涉及对象审计跟踪记录
USER_AUDIT_SESSION	涉及连接或删除连接的全部审计跟踪记录
USER_AUDIT_ STATEMENT	用户发出的 GRANT、REVOKE、AUDIT、NOAUDIT、ALL SYSTEM 语句的审计跟踪项
USER_AUDIT_TRAIL	与用户有关的审计跟踪项
USER_CATALOG	用户所持有的表、视图、同义词和序列
USER_CLUSTERS	用户持有的聚集的说明
USER_CLU_CLOUMNS	用户的表列到聚集的映射
USER_COL_COMMENTS	在用户的表或视图的列上的注释
USER_COL_PRIVS	在列上的授权，该用户是持有者、授权者或被授予者
USER_COL_PRIVS_ MADE	用户持有的对象的列上的全部授权
USER_COL_PRIVS_RECD	该用户是被授权者的列上的授权

续表

视图名	说明
USER_CONSTRAINT	在用户表上的约束定义
USER_CONS_COLUMNS	由用户持有约束定义中的列的信息
USER_DB_LINKS	用户持有的数据库链
USER_DEPENDENCIES	用户的对象之间的从属关系
USER_ERRORS	用户的存储对象上的当前错误
USER_EXTRNTS	属于用户对象的段的范围
USER_FREE_SPACE	用户可存取的表空间中未用的范围
USRE_INDEXES	用户自己的索引说明
USER_IND_CLOUMNS	用户索引的列或用户表上的列
USER_OBJECTS	用户所持有的对象
USER_OBJECT_SIZE	用户的 PL/SQL 对象
USER_OBJ_AUDIT_OPTS	用户的表和审计选择
USER_RESOURCE_ LIMITS	当前用户的资源限制
USER_ROLE_PRIVS	特权给用户的角色
USER_SEGMENT	属于用户对象的数据库段的存储分配
USER_SEQUENCE	用户自己的序列的说明
USER_SNAPSHOTS	用户可查看的快照
USER_SNAPSHOT_LOGS	用户可持有的快照日志
USER_SOURCE	属于用户的全部存储对象的源文本
USER_SYNONYM	用户专用同义词
USER_SYS_PRIVS	授权给用户的系统特权
USER_TABLES	用户持有表的说明
USER_TABLESPACES	可存表空间的说明
USER_TAB_COLUMNSS	用户的表、视图和聚集的列
USER_TAB_COMMENTS	用户所持的表和视图上的注释
USER_TAB_PRIVS	用户为授权者、持有者或被授权者的对象上的授权
USRE_TAB_PRIVS_MADE	用户所持有的对象的全部特权
USER_TAB_PRIVS_RECD	用户为被授权者的对象上的授权
USER_TRIGGRS	用户触发器的说明
USER_TRIGGRS_COLS	用户所持有的或在用户表上的触发器中的列的用法
USER_TS_QUOTAS	用户在表空间上的份额

续表

视图名	说明
USER_USERS	关于当前用户的信息
USER_VIEWS	用户持有的视图的文本

9.4.5 静态数据字典和动态性能表

静态数据字典中的数据在用户访问时不会发生变化，动态数据字典一般反映数据库的运行情况，会随着数据库的运行性能的改变而不断地变化，静态数据字典视图可分为以下 3 类。

（1）以 USER 开头的视图。该类视图用于存储当前用户所拥有的各种数据库对象信息。

（2）以 ALL 开头的视图。该类视图用于存储当前用户所拥有的各种数据库对象信息，当前用户或许没有这些对象，但是拥有访问这些对象的权限。

（3）以 DBA 开头的视图。该类视图用于存储数据库中的所有对象信息，当前用户必须拥有 DBA 权限才能查看这类视图中的数据。

动态数据字典都是以 V$ 开头的，V$Session 视图列出了当前会话的详细信息，见表 9.7。

表 9.7 动态数据字典

表名	说明
V$ACCESS	显示数据库中的对象信息
V$ARCHIVE	数据库系统中每个索引的归档日志方面的信息
V$BACKUP	所有在线数据文件的状态
V$BGPROCESS	描述后台进程
V$CIRCUIT	有关虚拟电路信息
V$DATABASE	控制文件中的数据库信息
V$DATAFILE	控制文件中的数据文件信息
V$DBFILE	构成数据库的所有数据文件
V$DB_OBJECT_CACHE	表示库高速缓存中被缓存的数据库对象
V$DISPATCHER	调度进程信息
V$ENABLEDPRIVS	特权接通
V$FILESTAT	文件读 / 写统计信息
V$FIXED_TABLE	显示数据库中所有固定表、视图和派生表
V$INSTANCE	当前实例状态
V$LATCH	每类闩锁的信息
V$LATCHHOLDER	当前闩锁占有者的信息
V$LATCHNAME	在 V$LATCH 表中表示的闩锁的译码闩锁名

续表

表名	说明
V$LIBRARYCACHE	库高速缓冲存储管理统计
V$LICENSE	许可限制信息
V$LOADCSTAT	SQL*Loader 在直接装入执行过程中的编译统计
V$LOCK	有关封锁和资源信息，不包含 DDL 封锁
V$LOG	控制文件中的日志文件信息
V$LOGFILE	有关日志文件信息
V$LOGHIST	控制文件中的日志历史信息
V$LOGHISTORY	日志历史中所有日志的归档日志名
V$NLS_PARAMETERS	NLS 参数的当前值
V$OPEN_CURSOR	每一个用户会话期当前已打开和分析的光标
V$PARAMETER	当前参数值的信息
V$PROCESS	当前活动进程的信息
V$QUEUE	多线索信息队列的信息
V$REVOVERY_LOG	需要完成介质恢复的归档日志
V$RECOVERY_FILE	需要介质恢复的文件状态
V$REQDIST	请求时间直方图，分为 12 个范围
V$RESOURCE	有关资源信息
V$ROLLNAME	所有在线回滚段的名字
V$ROLLSTAT	所有在线回滚段的统计信息
V$ROWCACHE	数据字典活动的统计信息（每一个包含一个数据字典高速缓存的统计信息）
V$SESSION	每一个当前会话期的会话信息
V$SESSION_WAIT	列出活动会话等待的资源或事件
V$SESSTAT	对于每一个当前会话的当前统计值
V$SESS_IO	每一个用户会话的 I/O 统计
V$SGA	系统全局区的统计信息
V$SGASTAT	系统全局区的详细信息
V$SHARED_SERVER	共享服务器的进程信息
V$SQLAREA	共享光标高速缓存区的统计信息，每一个有一个共享光标的统计信息
V$SQLTEXT	属于 SGA 中的共享 SQL 光标的 SQL 语句文本
V$STATNAME	表 V$SESSTAT 中表示统计信息的译码统计名
V$SYSSTAT	表 V$SESSETA 中当前每个统计的全面的系统值

续表

表名	说明
V$THREAD	从控制文件中得到线索信息
V$TIMER	以百分之一秒为单位的当前时间
V$TRANSACTION	有关事务的信息
V$TYPE_SIZE	各种数据库成分的大小
V$VERSION	Oracle Server 中核心库成员的版本号，每个成员一行
V$WAITSTAT	块竞争统计，当时间统计可能时，才能更新该表

小结

本章首先介绍了 Oracle 中的用户管理，包括角色和用户权限，其次介绍了 Oracle 中的概要文件和数据字典视图，其中静态视图包括对象的属性、用户所拥有的权限、对象的创建时间、对象存储参数的设置、对象存储空间的使用情况等。动态性能视图是一组虚表，存储在内存中，通过内存和控制文件的信息，能够实时地反映数据库运行的状态。

单元小测

一、选择题

（1）当查询数据字典 DBA_USERS 时，这个数据字典将显示什么信息（　　）。

A. 所有用户的表空间份额

B. 当前用户的表空间份额

C. 数据库用户被创建的日期

D. 当前用户在一个表空间上是否有无限的份额

（2）在如下的授权语句中，哪个不是系统权限授予 girldog（　　）。

A. GRANT CREATE TABLE TO girldog;

B. GRANT CREATE INDEX TO girldog;

C. GRANT CREATE SESSION TO girldog;

D. GRANT CREATE PROCEDURE TO girldog;

（3）Cat 使用带有 WITH GRANT OPTION 子句的 DCL 语句将 baby 表上的 SELECT 对象权限授予了 Fox，而 Fox 又将这一权限授予了 Dog。如果 Cat 的 SELECT 的权限被收回了，除了 Cat 以外的哪些用户将丧失他们的权限（　　）。

A. 只有 Dog　　B. 只有 Fox

C. Fox 和 Dog　　D. 没有其他用户丧失权限

(4)在以下有关角色的叙述中,哪一个是正确的(　　)。

A. 每个用户只可以有一个默认角色

B. 当一个用户登录时这个用户的默认角色被激活

C. DEFAULT ROLE NONE 选项将移除一个用户的所有角色

D. 通过回收角色中的所有权限来临时地收回一个用户的角色

(5)要获得一个用户当前激活的所有角色的列表,应查询以下哪个数据字典视图(　　)。

A. DBA_ROLES　　　　B. SESSION_ROLES

C. DBA_ROLE_PRIVS　　　　D. DBA TAB PRIVS

二、填空题

(1)启用所有角色,应该使用命令 ______________________。

(2) __________ 系统预定义角色允许一个用户创建其他用户。

(3) Superdog 数据库初始化参数 remote_login_passwordfile 被设置为 EXECUSIVE,如要确定被授予了 SYSDBA 或 SYSOPER 权限的用户,应该查询 ________________ 数据字典。

(4)要截断(TRUNCATE)其他用户拥有的一个表,需要 ____________ 权限。

(5)作为用户称职的数据库管理员,如果不想让数据库用户查询数据字典中的数据,则需要将参数 07_DICTIONARY_ACCESSIBILITY 设置为 ___________。

经典面试题

(1)谈谈你对角色的理解以及常用的角色有哪些 。

(2)如何给用户授权?

(3)如何查看用户的数据字典视图?

跟我上机

(1)查看表空间的名称及大小。

```
1 select t.tablespace_name,round(sum(d.bytes/(1024*1024)),0) tbs_size
2 from dba_tablespac-es t,dba_data_files d
3 where t.tablespace_name = d.tablespace_namegroup by t.tablespace_name;
```

若需要查看指定表空间的大小,则可以直接添加 WHERE 条件指定,否则结果集是所有表空间。

（2）查看表空间物理文件的名称及大小。

```
1 select tablespace_name,file_id,file_name,round(bytes/(1024*1024),0) total_space
2 from dba_data_filesorder by tablespace_name;
```

（3）查看表空间剩余空间的大小。

```
1 select tablespace_name,round(sum(bytes) / 1024 / 1024, 2) AS free_space,count(*) AS ex-tends,sum(blocks) AS blocks
2 from dba_free_space
3 group by tablespace_name;
```

（4）查看表空间使用率。

```
1 SELECT total.tablespace_name,Round(total.total, 2)AS Total_MB,
2 Round(total.total - free. free, 2) AS Used_MB,
3 Round(( 1 - free.free / total.total ) * 100, 2)|| '%'AS Used_PCTFROM
4 (SELECT tablespace_name,sum(bytes) / 1024 / 1024 AS free
5 FROM dba_free_spaceGROUP BY tablespace_name) free,
6 (SELECT tablespace_name,sum(bytes) / 1024 / 1024 AS total
7 FROM dba_data_filesGROUP BY tablespace_name) total
8 WHERE free.tablespace_name = total.tablespace_name;
```

（5）查看控制文件。

```
1 select name from v$controlfile;
```

（6）查看日志文件。

```
1 select member from v$logfile;
```

（7）查看消耗资源最多的 SQL。

```
1 SELECT hash_value,executions,buffer_gets,disk_reads,parse_calls
2 FROM V$SQLAREA
3 WHERE buffer_gets > 10000000OR disk_reads > 1000000
4 ORDER BY buffer_gets + 100 * disk_reads DESC;
```

（8）捕捉运行很久的 SQL。

```
1 select username,sid,opname,round(sofar*100 / totalwork,0) || '%' as progress,time_re-
main-ing,sql_text
2 from v$session_longops, v$sql
3 where time_remaining<> 0and sql_address = addressand sql_hash_value = hash_value;
```

（9）查看回滚段的名称及大小。

```
1 select segment_name,tablespace_name,r.status,(initial_extent/1024) InitialExtent,(next_
ex-tent/1024) NextExtent,max_extents,v.curext CurExtentn
2 from dba_rollback_segs r,v$rollstat v
3 where r.segment_id = v.usn(+)order by segment_name;
```

（10）查看未提交的事务。

```
1 select * from v$locked_object; select * from v$transaction;
```

第 10 章　备份和恢复

本章要点（学会后请在方框里打钩）：

□ 了解备份和恢复

□ 了解备份工具

□ 掌握数据库的备份和恢复

10.1 备份和恢复概述

在数据库的运维过程中，备份和恢复是重中之重。尽管很多时候备份和恢复会使数据库系统运行缓慢，但相对于数据库数据的丢失而言，备份和恢复更加重要。因此，在保证数据不丢失的情况下提高系统的性能是对 DBA 最起码的要求。

10.1.1 物理备份与逻辑备份

1. 物理备份

物理备份是为所有物理文件备份一个副本，比如数据文件、控制文件、归档日志等。该副本可以被存储在本地磁盘或磁带上。

物理备份是备份或恢复的基础，包括冷备份（非归档模式）和热备份（归档模式）。

2. 逻辑备份

逻辑备份是将表、存储过程等数据使用 Oracle 的 export 等工具先导出到二进制文件中，后根据需要使用 import 工具导入数据库。

逻辑备份是物理备份的一种补充，多用于数据迁移。

10.1.2 备份的分类

1. 全部备份与部分备份

全部备份包含所有的数据文件及至少一个控制文件、参数文件和密码文件等。

部分备份包含 0 个或多个表空间、0 个或多个数据文件，也可能包含控制文件等。部分备份仅在归档模式下有效。

2. 完整备份与增量备份

完整备份是一个或多个数据文件的一个完整副本，包含从备份开始的所有数据块。

增量备份包含从最近一次备份以来被修改或添加的数据块。增量备份又可分为差异增量和累计增量。差异增量是自备份上级及同级备份以来所有变化的数据块，差异增量是默认增量备份方式。累计增量是自备份上级备份以来所有变化的块。

增量备份的几种形式如下。

（1）0 级增量备份是所有备份的基础，是一个完整备份，包含所有的数据块。

（2）1 级差异增量备份包含自最近一次 1 级累计备份或差异备份以来被更改的数据块。

（3）1 级累计增量备份只包含自最近一次 0 级备份以来被更改的数据块。

备份支持 archivelog 和 noarchivelog 模式，也可以在打开或关闭时进行，但只有 RMAN 才能实现增量备份。

3. 脱机备份与联机备份

脱机备份是在数据库关闭阶段发生的备份，又称为一致性备份或冷备份。在一致性关闭数据库后，控制文件 SCN（System Change Number）与数据文件头部 SCN 一致。

联机备份是在数据库使用阶段发生的备份，又称为非一致性备份或热备份。联机备份一个数据文件不与任何特定的 SCN 以及控制文件同步。

联机备份可以是全部备份，也可以是部分备份，仅仅在 archivelog 模式下能够使用 RMAN 或操作系统命令完成。

4. 映像副本与备份集

映像副本是某个文件的完整拷贝，未经过任何压缩处理，每个字节都与源文件相同。映像副本不支持增量备份也不能备份到磁带。

备份集是由一个或多个称为 piece 的物理文件组成的逻辑结构。备份片中可以是数据文件、控制文件以及归档日志文件。

备份集支持数据的压缩和增量备份，可以备份到磁盘，也可以备份到磁带。

10.1.3 还原与恢复

数据库恢复的策略，是利用最近的一次备份来实现数据库的还原，然后使用归档日志和联机日志将数据库恢复到最新或特定状态。

1. 还原

从最近的备份文件中检索所需要的内容，并将其拷回到原来位置的过程称为还原。可以基于数据库、表空间、数据文件、控制文件和参数文件进行还原。

2. 恢复

在还原的基础上，使用归档日志和联机日志将数据库刷新到最新的 SCN，保持数据库的一致性。恢复的类型如下。

1）实例恢复

在 RAC 中，如果一个实例崩溃，则幸存的实例将自动使用联机日志来前滚已提交的事务，撤销未提交的事务并释放锁。

2）崩溃恢复

崩溃恢复指在单实例或多实例的环境中所有的实例发生崩溃。在崩溃恢复中，实例必须首先打开数据库，然后执行恢复操作。一般而言，在崩溃或关机退出之后第一个打开数据库的实例将自动执行崩溃恢复。

3）介质恢复

介质恢复通常为响应介质故障并根据用户的命令执行恢复。可以使用联机或归档日志使还原的备份恢复至最新状态或将其更新至一个特定的时间点。

介质恢复可以将整个数据库、一个表空间、一个数据文件还原至指定的时间点，可分为完全恢复和不完全恢复。

完全恢复是指归档、联机日志与数据库、表空间或数据文件等的备份结合使用，以将其更新至最新的时间点。完全恢复的步骤如下：

（1）将受损的数据文件脱机；

（2）还原受损的数据文件；

（3）恢复受损的数据文件；

（4）将已恢复的数据文件联机。

不完全恢复是指归档、联机日志与数据库、表空间或数据文件等的备份结合使用，以将其更新至过去的某个时间点或 SCN 等。

不完全恢复的步骤如下：

（1）加载数据库；

（2）还原所有数据文件，同时可以选择还原控制文件；

（3）将数据库恢复至某个时间点、序列或系统改变号；

（4）使用 RESETLOGS 关键字打开数据库。

不完全恢复选项如下：

（1）基于时间的恢复，也称为时间点恢复，将数据库恢复到一个指定的时间点；

（2）基于表空间时间点恢复，使用户能够将一个或多个表空间恢复至与数据库其余部分不同的某个时间点；

（3）基于取消的恢复，恢复到执行 CANCEL 命令为止；

（4）基于更改的恢复或日志序列恢复，如果使用了 O/S 命令，则基于更改的恢复将一直恢复到重做记录中一个指定的 SCN 为止；

（5）从人为错误中闪回，使用闪回特性从人为的错误中恢复。

10.2 数据库的备份和恢复

10.2.1 数据库备份

1. 前期准备

（1）创建目录对象。

```
1 CREATE DIRECTORY dump_dir AS 'c:\dump';
```

（2）在操作系统上创建相应的目录。

（3）把目录的读写权限授予给用户。

```
1 GRANT READ, WRITE ON DIRECTORY dump_dir TO scott;
```

2. 备份

（1）备份表。

```
1 Expdp scott/tiger DIRECTORY=dump_dir DUMPFILE=tab.dmp logfile=testexpdp.log
2 TABLES=dept, emp
```

（2）导出方案（用户）。

```
1 Expdp scott/tiger DIRECTORY=dump_dir DUMPFILE=schema.dmp logfile=testexpdp.
2 log SCHEMAS=system,scott
```

（3）导出表空间。

```
1 Expdp system/manager DIRECTORY=dump_dir logfile=testexpdp.log DUMPFILE=ta-
blespace.dmp
2 TABLESPACES=user01,user02
```

（4）导出数据库。

```
1 Expdp system/manager DIRECTORY=dump_dir DUMPFILE=full.dmp logfile=testexpdp.
2 log FULL=Y
```

3. 命令行选项

1）ATTACH

该选项用于在客户会话与已存在导出作用之间建立关联。

```
1 ATTACH=[schema_name.]job_name
```

schema_name 用于指定方案名；job_name 用于指定导出作业名。

注意，如果使用 ATTACH 选项，在命令行除了连接字符串和 ATTACH 选项外，不能指定任何其他选项，示例如下。

```
1 Expdp scott/tiger ATTACH=scott.export_job
```

2）CONTENT

该选项用于指定要导出的内容，默认值为 ALL。

```
1 CONTENT={ALL | DATA_ONLY | METADATA_ONLY}
```

当设置 CONTENT 为 ALL 时，导出对象定义及其所有数据；当设置 CONTENT 为 DATA_ONLY 时，只导出对象数据；当设置 CONTENT 为 METADATA_ONLY 时，只导出对象定义。

```
1 Expdp scott/tiger DIRECTORY=dump DUMPFILE=a.dump
2 CONTENT=METADATA_ONLY
```

3）DIRECTORY

该选项指定转储文件和日志文件所在的目录。

```
1 DIRECTORY=directory_object
```

directory_object 用于指定目录对象名称。需要注意，目录对象是使用 CREATE DIRECTORY 语句建立的对象，而不是 OS 目录。

```
1 Expdp scott/tiger DIRECTORY=dump DUMPFILE=a.dump
```

（1）建立目录。

```
1 CREATE
```

（2）查询创建了哪些子目录。

```
1 SELECT * FROM dba_directories;
```

4）DUMPFILE

该选项用于指定转储文件的名称，默认名称为 expdat.dmp。

```
1 DUMPFILE=[directory_object：]file_name [,….]
```

directory_object 用于指定目录对象名；file_name 用于指定转储文件名。

需要注意，如果不指定 directory_object, 导出工具会自动使用 DIRECTORY 选项指定的目录对象。

```
1 Expdp scott/tiger DIRECTORY=dump1 DUMPFILE=dump2：a.dmp
```

5）ESTIMATE

该选项指定估算被导出表所占用磁盘空间的大小，默认值是 BLOCKS。

```
1 EXTIMATE={BLOCKS | STATISTICS}
```

该选项设置为 BLOCKS 时，Oracle 会按照目标对象所占用的数据块个数乘以数据块尺寸估算对象占用的空间；设置为 STATISTICS 时，根据最近统计值估算对象占用空间。

```
1 Expdp scott/tiger TABLES=emp ESTIMATE=STATISTICS
2 DIRECTORY=dump DUMPFILE=a.dump
```

6）EXTIMATE_ONLY

该选项指定是否只估算导出作业所占用的磁盘空间，默认值为 N，EXTIMATE_ ONLY 设置为 Y 时，导出业只估算对象所占用的磁盘空间，而不会执行导出作业；EXTIMATE_ ONLY 设置为 N 时，不仅估算对象所占用的磁盘空间，还会执行导出操作。

```
1 Expdp scott/tiger ESTIMATE_ONLY=y NOLOGFILE=y
```

7）EXCLUDE

该选项用于指定执行操作时释放要排除对象的类型或相关对象。

```
1 EXCLUDE=object_type[:name_clause] [,….]
```

object_type 用于指定要排除的对象类型；name_clause 用于指定要排除的具体对象。EXCLUDE 和 INCLUDE 不能同时使用。

```
1 Expdp scott/tiger DIRECTORY=dump DUMPFILE=a.dup EXCLUDE=VIEW
```

8）FILESIZE

该选项指定导出文件的最大尺寸，默认为 0（表示文件尺寸没有限制）。

9）FLASHBACK_SCN

该选项指定导出特定 SCN 时刻的表数据。

```
1 FLASHBACK_SCN=scn_value
```

Scn_value 用于标识 SCN 值，FLASHBACK_SCN 和 FLASHBACK_TIME 不能同时使用。

```
1 Expdp scott/tiger DIRECTORY=dump DUMPFILE=a.dmp
2 FLASHBACK_SCN=358523
```

10）FLASHBACK_TIME

该选项指定导出特定时间点的表数据。

```
1 FLASHBACK_TIME="TO_TIMESTAMP(time_value)"
2 Expdp scott/tiger DIRECTORY=dump DUMPFILE=a.dmp FLASHBACK_TIME=
3 "TO_TIMESTAMP('25-08-2004 14:35:00','DD-MM-YYYY HH24:MI:SS')"
```

11）FULL

该选项指定数据库模式导出，默认为 N，FULL 为 Y 时，标识执行数据库导出。

12）HELP

该选项指定是否显示 EXPDP 命令行选项的帮助信息，默认为 N，当设置为 Y 时，会显示导出选项的帮助信息 Expdp help=y。

13）INCLUDE

该选项指定导出时要包含的对象类型及相关对象。

```
1  INCLUDE = object_type[:name_clause] [,… ]
```

14）JOB_NAME

该选项指定要导出作业的名称，默认为 SYS_XXX。

```
1  JOB_NAME=jobname_string
```

15）LOGFILE

该选项指定导出日志文件的名称，默认名称为 export.log。

```
1  LOGFILE=[directory_object:]file_name
```

directory_object 用于指定目录对象名称；file_name 用于指定导出日志文件名。如果不指定 directory_object 导出作业会自动使用 DIRECTORY 的相应选项值。

```
1  Expdp scott/tiger DIRECTORY=dump DUMPFILE=a.dmp logfile=a.log
```

16）NETWORK_LINK

该选项指定数据库链名，如果要将远程数据库对象导出到本地例程的转储文件中，必须设置该选项。

17）NOLOGFILE

该选项用于指定禁止生成导出日志文件，默认值为 N。

18）PARALLEL

该选项指定执行导出操作的并行进程个数，默认值为 1。

19）PARFILE

该选项指定导出参数文件的名称。

```
1  PARFILE=[directory_path] file_name
```

20）QUERY

该选项用于指定过滤导出数据的 WHERE 条件。

```
1  QUERY=[schema.] [table_name:] query_clause
```

schema 用于指定方案名；table_name 用于指定表名；query_clause 用于指定条件限制子句。QUERY 选项不能与 CONNECT=METADATA_ONLY、EXTIMATE_ONLY、TRANS-

PORT_TABLESPACES 等选项同时使用。

```
1 Expdp scott/tiger directory=dump dumpfiel=a.dmp Tables=emp query=‘WHERE dept-no=20’
```

21）SCHEMAS

该选项用于指定执行方案模式导出，默认为当前用户方案。

22）STATUS

该选项指定显示导出作业进程的详细状态，默认值为 0。

23）TABLES

该选项指定表模式导出。

```
1 TABLES=[schema_name.]table_name[:partition_name][,…]
```

schema_name 用于指定方案名；table_name 用于指定导出的表名；partition_name 用于指定要导出的分区名。

24）TABLESPACES

该选项指定要导出表空间列表。

25）TRANSPORT_FULL_CHECK

该选项用于指定被搬移表空间和未搬移表空间关联关系的检查方式，默认为 N。当设置为 Y 时，导出作用会检查表空间直接的完整关联关系，如果所在表空间或其索引所在的表空间只有一个表空间被搬移，将显示错误信息。当设置为 N 时，导出作业只检查单端依赖，如果搬移索引所在表空间，但未搬移表所在表空间，将显示出错信息；如果搬移表所在表空间，未搬移索引所在表空间，则不会显示错误信息。

26）TRANSPORT_TABLESPACES

该选项指定执行表空间模式导出。

27）VERSION

该选项指定被导出对象的数据库版本，默认值为 COMPATIBLE。值为 COMPATIBLE 时，会根据初始化参数 COMPATIBLE 生成对象元数据；值为 LATEST 时，会根据数据库的实际版本生成对象元数据。

```
1 VERSION={COMPATIBLE | LATEST | version_string}
```

version_string 用于指定数据库版本字符串。

10.2.2 数据库恢复

1. 前期准备

（1）创建目录对象。

```
1 CREATE DIRECTORY dump_dir AS 'C:\dump';
```

（2）在操作系统创建相应的目录。

（3）将目录读写权限赋予用户。

```
1 GRANT READ, WIRTE ON DIRECTORY dump_dir TO scott;
```

2. 恢复

（1）导入表。

```
1 Impdpscott/tiger DIRECTORY=dump_dir DUMPFILE=schema.dmp  SCHEMAS=scott
2 Impdp system/manage DIRECTORY=dump_dir DUMPFILE=tab.dmp TABLES=scott.dept,scott.emp
3 REMAP_SCHEMA=SCOTT:SYSTEM
```

第一种方法表示将 dept 和 emp 表导入到 scott 方案中，第二种方法表示将 dept 和 emp 表导入的 SYSTEM 方案中。

注意：如果要将表导入到其他方案中，必须指定 REMAP SCHEMA 选项；如果还原当前数据库，则 remap_schema 参数省略；如果参数有 content=data_only，则在还原表的时候自增 id 字段的值会改变，为防止 id 改变，需要先 drop 原先的表，并去掉 content 参数。

（2）导入方案（用户）。

```
1 Impdp scott/tiger DIRECTORY=dump_dir DUMPFILE=schema.dmp  SCHEMAS=scott
2 Impdp  system/manager  DIRECTORY=dump_dir  DUMPFILE=schema.dmp  SCHEMAS=scott
3 REMAP_SCHEMA=scott:system
```

（3）导入表空间。

```
1 Impdp system/manager
2 DIRECTORY=dump_dir
3 DUMPFILE=tablespace.dmA-
4 BLESPACES=user01
```

（4）导入数据库。

```
1 Impdp system/manager DIRECTORY=dump_dir DUMPFILE=full.dmp FULL=y
```

3. 命令行选项

1）REMAP_DATAFILE

该选项用于将源数据文件名转为目标数据文件名，在不同平台之间搬移表空间时可能需要该选项。

```
1 REMAP_DATAFIEL=source_datafie:target_datafile
```

2）REMAP_SCHEMA

该选项用于将源方案的所有对象装载到目标方案中。

```
1 REMAP_SCHEMA=source_schema:target_schema
```

3）REMAP_TABLESPACE

该选项将源表空间的所有对象导入到目标表空间中。

```
1 REMAP_TABLESPACE=source_tablespace:target:tablespace
```

4）REUSE_DATAFILES

该选项指定建立表空间时是否覆盖已存在的数据文件，默认值为 N。

```
1 REUSE_DATAFIELS={Y | N}
```

5）SKIP_UNUSABLE_INDEXES

该选项指定导入是否跳过不可使用的索引，默认值为 N。

6）SQLFILE

该选项将指定要导入的 DDL 操作写到 SQL 脚本中。

```
1 SQLFILE=[directory_object:]file_name
2 Impdp scott/tiger DIRECTORY=dump DUMPFILE=tab.dmp SQLFILE=a.sql
```

7）STREAMS_CONFIGURATION

该选项指定是否导入流元数据（Stream Matadata），默认值为 Y。

8）TABLE_EXISTS_ACTION

该选项用于指定当表已经存在时导入作业要执行的操作，默认值为 SKIP。

```
1 TABBLE_EXISTS_ACTION={SKIP | APPEND | TRUNCATE | FRPLACE }
```

当设置该选项为 SKIP 时，导入作业会跳过已存在表处理的下一个对象；当设置为 APPEND 时，会追加数据；当设置为 TRUNCATE 时，导入作业会截断表，然后为其追加新数据；当设置为 REPLACE 时，导入作业会删除已存在的表，重建表并追加数据。注意，TRUN-

CATE 选项不适用于簇表和 NETWORK_LINK 选项。

9）TRANSFORM

该选项用于指定是否修改建立对象的 DDL 语句。

```
1 TRANSFORM=transform_name:value[:object_type]
```

transform_name 用于指定转换名，其中 segment_attributes 用于标识段属性（物理属性、存储属性、表空间、日志等信息）；value 用于指定是否包含段属性或段存储属性；object_type 用于指定对象类型。

```
1 Impdp scott/tiger directory=dump dumpfile=tab.dmp
2 Transform=segment_attributes:n:table
```

10）TRANSPORT_DATAFILES

该选项用于指定搬移空间时要被导入到目标数据库的数据文件。

```
1 TRANSPORT_DATAFILE=datafile_name
```

datafile_name 用于指定被复制到目标数据库的数据文件。

```
1 Impdp system/manager DIRECTORY=dump DUMPFILE=tts.dmp
2 TRANSPORT_DATAFILES= '/user01/data/tbs1.f'
```

小结

本章介绍了 Oracle 数据库备份和恢复的基本概念以及如何使用 Oracle 自带的工具进行数据的备份和恢复。Oracle 数据库有 3 种常用的备份方法，分别是导出 / 导入（EXP/IMP）、热备份和冷备份。导出 / 导入备份是一种逻辑备份，相对于导出 / 导入来说，热备份、冷备份是一种物理备份。Oracle 的导出 / 导入是一个很常用的迁移工具。 在 Oracle 10g 中，Oracle 推出了数据泵 (expdp/impdp)，它可以使用并行，从而在效率上比 exp/imp 要高。

单元小测

一、选择题

（1）为了恢复数据库，需要用到以下哪一类文件（该文件存储了数据库中所做的所有修改）（　　）。

A. 数据文件　　B. 控制文件　　C. 重做日志文件　　D. 参数文件

（2）当数据库开启时，如果需要，Oracle 会进行实例恢复，请问以下哪个 Oracle 后台进程开启会检查数据的一致性（　　）。

A. DBWN　　B. LGWR　　C. SMON　　D. PMON

（3）在以下有关备份控制文件的论述中，正确的是（　　）。

A. 应该在创建一个表空间之后备份控制文件

B. 如果数据文件是多重映像的，不需要备份控制文件

C. 应该在向一个现有的数据库中添加多个数据文件之后备份控制文件

D. 使用 ALTER DATABASE BACKUP CONTROLFILE TO TRACE 语句将创建一个控制文件的操作系统备份

（4）以下哪一个文件记录了在数据库恢复期间使用的检查点信息（　　）。

A. 报警文件　　B. 追踪文件

C. 控制文件　　D. 参数文件

（5）在向一个现有的数据库中添加了一个数据文件之后，紧接着要做的操作是（　　）。

A. 修改数据文件的名字　　B. 重新启动实例

C. 备份控制文件　　D. 修改参数文件

二、填空题

（1）Oracle 数据库可进行 ____________ 备份与 ____________ 备份，Oracle 的 EXP/IMP（导出 / 导入）就是对数据库进行 ____________ 备份和 ____________ 恢复。

（2）Oracle 导出为 ____________ 文件，导出工具 ____________。

（3）导出完整数据库，需要 ____________ 的权限或者 ____________ 的权限。

（4）物理备份既可以在数据 ____________ 的状态下进行，也可以在关闭数据库后进行，但逻辑备份和恢复只能在 ____________ 的状态下进行。

（5）逻辑备份导出具体分为 :____________、____________、____________3 种方式。

经典面试题

（1）Oracle 数据库如何备份数据？

（2）Oracle 数据库如何还原（恢复）数据？

（3）数据还原和备份有哪些注意事项？

跟我上机

（1）数据库方式。

```
1  expdp scott/scott@accp directory=dump_dir dumpfile=full.dmp full=y
```

注意：如果需要导出完全数据库，必须具备 exp_full_database 权限。

（2）用户模式方式。

```
1 expdp scott/scott@accp directory=dump_dir dumpfile=scottschema.dmp schemas=scott
```

（3）表导出方式。

```
1 expdp scott/scott@accp directory=dump_dir dumpfile=tables.dmp tables=emp,dept,bo-
2 nus,salgrade content=data_only
```

说明：content=data_only 中的 data_only 表示只导出表中的数据，不导出元数据；metadata_only 则表示只导出元数据而不导出表中的数据。如果不写，则两者全部导出。

（4）表空间导出方式。

```
1 expdp scott/scott@accp directory=dump_dir dumpfile=tablespace.dmp tablespaces=us-
ers
```

（5）使用 DBMS_DATAPUMP 进行数据泵导出。

使用这种方式比直接，使用命令方式麻烦一些，但是却为从数据库作业调度中安排数据泵导出作业的运行提供了方便。

```
1 declare
2 -- 创建数据泵工作句柄
3 h1 NUMBER;
4 begin
5 -- 建立一个用户定义的数据泵做 schema 的方案备份。
6 h1 := DBMS_DATAPUMP.open(operation => 'export',job_mode => 'schema');
7 -- 定义存储文件
8 DBMS_DATAPUMp.add_file(handle => h1,filename => 'es_shop.dmp');
9 -- 定义过滤条件
10 DBMS_DATAPUMP.metadata_filter(handle => h1,name => 'schema_expr',value =>
'in''SHOP_USER''');
11 -- 启动数据泵会话
12 DBMS_DATAPUMP.start_job(handle => h1);
13 -- 断开数据泵会话
14 DBMS_DATAPUMP.detach(handle => h1);
15 end;
16 -- 默认保存路径：C:\Oracle18c\admin\orcl\dpdump
```

第 11 章　数据库设计

天津市总医院医药管理系统数据库设计

11.1 引言

11.1.1 项目概述

随着计算机网络技术和数据库技术的迅猛发展，以往以人工为主的医药管理，已逐步转变成以计算机信息管理系统为主的医药管理，从根本上改变了医药管理的传统模式，具有省时、省力、低误差等优点，节省了人力资源，提高了工作效率。

Oracle 数据库在众多领域都有广泛的应用，基于 C/S 或 B/S 结构的网络应用系统是其应用的主要类型。而和 Oracle 结合应用的多为 Java EE 平台。

本案例主要以天津市总医院医药管理系统为数据库设计原型，该系统使用 Oracle 18c 数据库作为后台数据库。

11.1.2 需求分析

用户的数据处理主要体现在各种信息的输入、保存、查询、修改和删除等操作上，这就要求数据库结构能充分满足各种信息处理的要求。

针对本项目特点，设计的系统业务流程图，如图 11.1 所示。

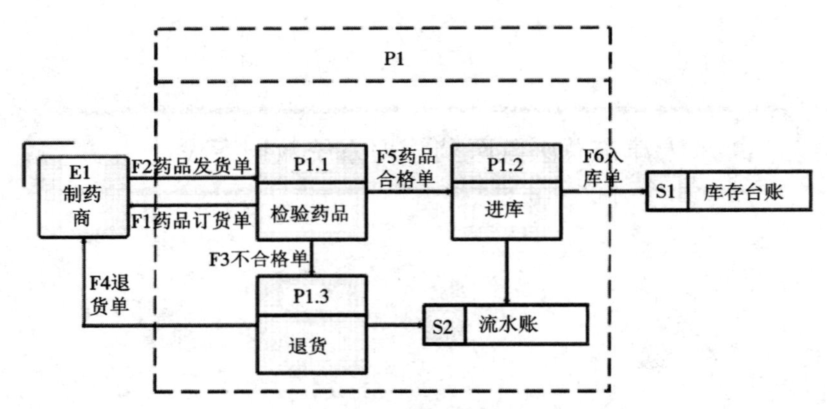

图 11.1 医药管理系统药品进购业务流程图

药品出售业务流程图如下图 11.2 所示。

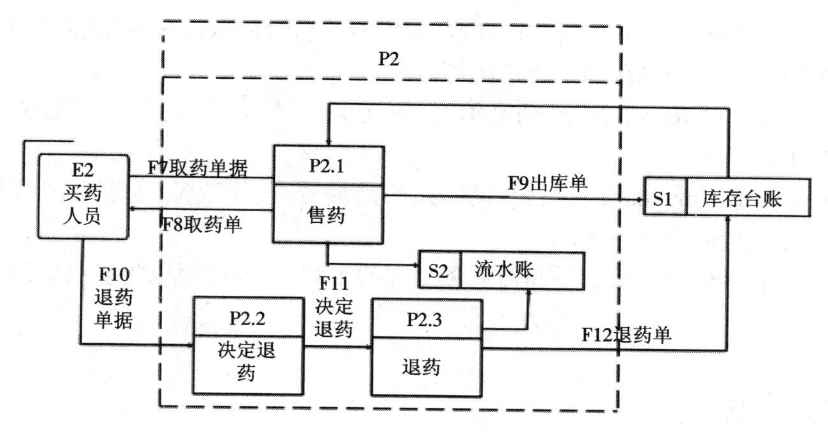

图 11.2 医药管理系统药品出售业务流程图

药品存储业务流程图如图 11.3。

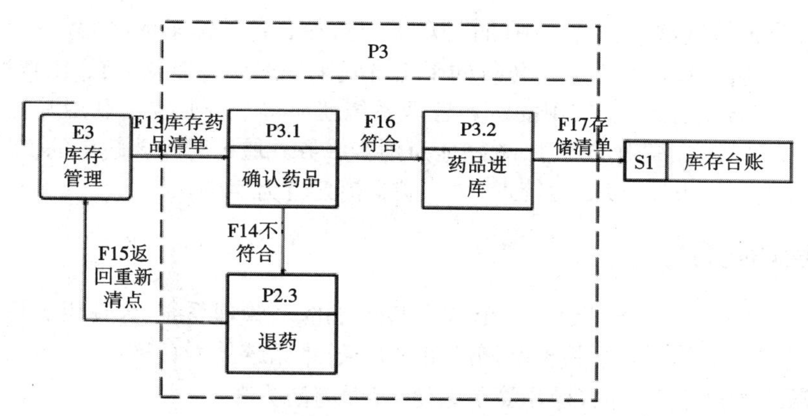

图 11.3 医药管理系统药品存储业务流程图

根据医药管理系统的特点，设计该系统需要创建表空间、用户和表信息。本系统所创建的表空间是 medicinemanager_tbs，创建的用户是 muser。

使用 muser 用户连接数据库，代码和结果如下。

```
SQL\> connect muser 已连接
```

通过分析医药管理需求和系统业务流程，设计数据项如下。

药品表信息（Drug）：药品编号、药品名称、药品分类、药品规格、药品品牌、进药单价、买药单价等方面，可以查询药品基本信息。

药品库存信息（Store_Drug）：药品编号、柜台编号、药品数量。

买药人信息（Patient）：买药人编号、买药人姓名、性别、年龄、联系电话、住址、便于药品出现问题时及时与当事人联系。

柜台信息（Storage）：柜台名称、柜台编号记录药品摆放位置。

制药商信息（Maker）：制药商名称、制药商编号、公司地点、联系电话、联系网址，便于进药部门查找药品产地，联系药品推定情况等。

药品退订信息（Order_Back）：药品编号、制药商编号、处理时间、药品数量、订退方式，提高了买药的效率。

药品售退信息（Buy_back）：买药人编号、药品编号、药品数量、处理时间、售退方式、节约双方时间，提高药品出售效率。

有了上面的数据结构、数据项和对业务处理的了解，下面就可以将以上信息录入到数据库中。

11.2 项目设计

11.2.1 设计思路

在医院、药店的日常医药管理中，面对众多的药品和各种需求的顾客，每天都会产生大量的医药数据使用信息。早期采用传统的手工方式来处理这些信息，操作比较烦琐，且效率低下。此时，一套合理、有效、实用的医药管理系统就显得十分必要。利用其提供的药品查询、统计功能，可以进行高效的管理，更好地为顾客服务。通过对医药超市的实地考察，从经营者和消费者的角度出发，以高效管理、快速满足消费者为原则。

11.2.2 模块功能介绍

本系统开发的总体任务是建立一个基于 Web 的医药管理系统，为使用者提供一个网上发布查询和管理药品的平台。根据医药超市的要求，本系统功能目标如下。

（1）灵活的人机交互界面，操作简单方便，界面简洁美观。

（2）系统提供中英文语言，实现国际化。

（3）药品分类管理，并提供类别统计功能。

（4）实现各种查询，如条件查询、模糊查询。

（5）提供创建管理员账户及修改口令功能。

（6）可对系统销售信息进行统计分析。

（7）系统运行稳定，安全可靠。

11.2.3 模块结构图

系统功能模块如图 11.4 所示。

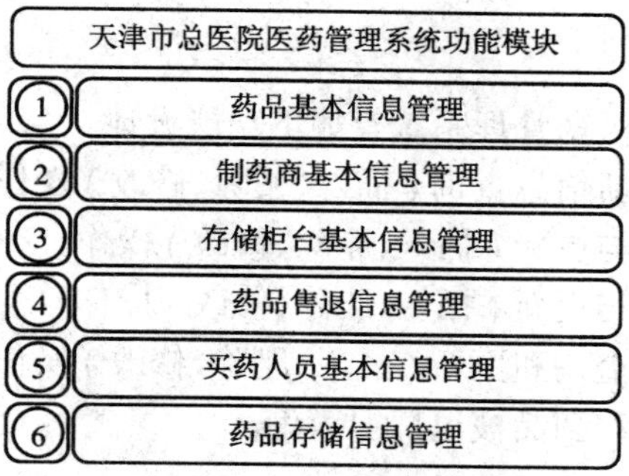

天津市总医院医药管理系统功能模块
1
药品基本信息管理
2
制药商基本信息管理
3
存储柜台基本信息管理
4
药品售退信息管理
5
买药人员基本信息管理
6
药品存储信息管理

图 11.4 医药管理系统功能模块图

11.2.4 程序流程图

程序流程图如图 11.5 所示。

开始
买药人员
购买药品
库存是否充足
是
否
成功购买药品
存储柜台
订购成功
订购药品
退订
制药商

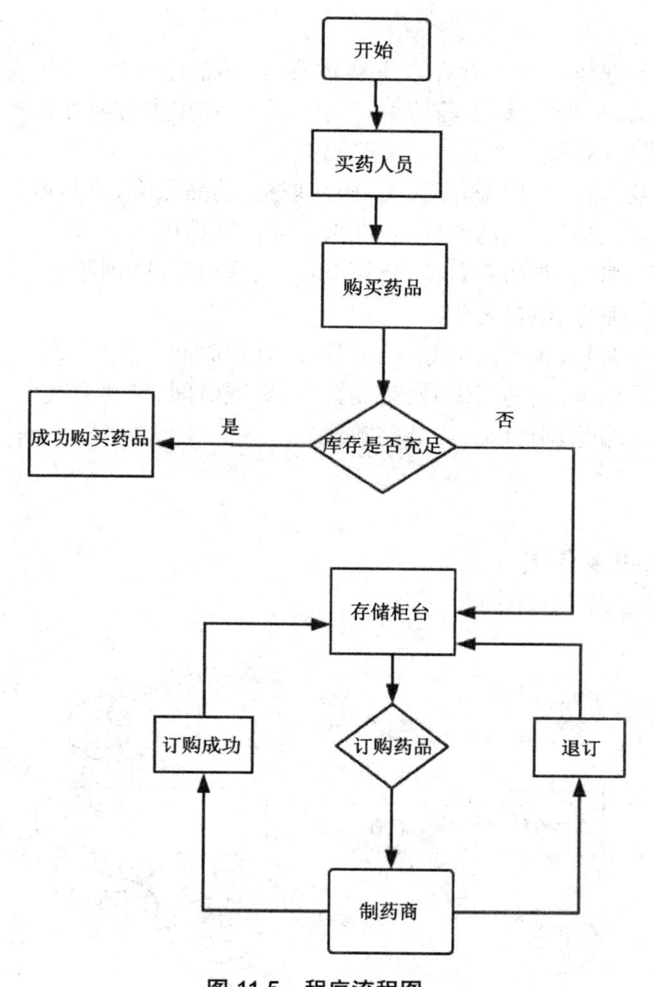

图 11.5 程序流程图

11.2.5 功能设计部分

根据系统的设计思想，医药管理系统有如下功能设计。

（1）药品购进和药品更新信息查询（插入、删除、修改）操作。

（2）买药人员信息查询与更新（插入、删除、修改）操作。

（3）药品存储信息查询与更新（插入、删除、修改）操作。

（4）制药商基本信息的查询和更新（插入、删除、修改）操作。

（5）药品销售情况统计和药品被退情况查询。

（6）盈利查询与统计。

（7）管理员对买药人购买药品和退回药品信息的查询。

（8）管理员对购药人员订购药品和退订药品信息的查询。

11.3 详细设计

根据需求分析，在该系统中存在以下实体集：药品信息实体、买药人信息、制药商信息、订药信息、退订信息、买药信息、退药信息。其中，各实体集中可能存在多个实体。

根据系统的情况，对每一个实体定义的属性如下：

药品：药品编号、药品名称、药品分类、药品规格、药品品牌、进药单价、买药单价；

买药人员：买药人编号、买药人姓名、性别、年龄、联系电话、住址；

制药商：制药商编号、制药商名称、公司地点、联系电话、联系网址；

柜台信息：柜台编号、柜台名称；

药品售退：药品编号、买药人编号、药品数量、处理时间、售退方式；

药品退订：药品编号、制药商编号、药品数量、处理时间、订退方式；

药品存储：药品编号、柜台编号、药品数量。

11.3.1 ER 图

1. 药品存储 E-R 实体图

药品存储 E-R 实体图如图 11.6 所示。

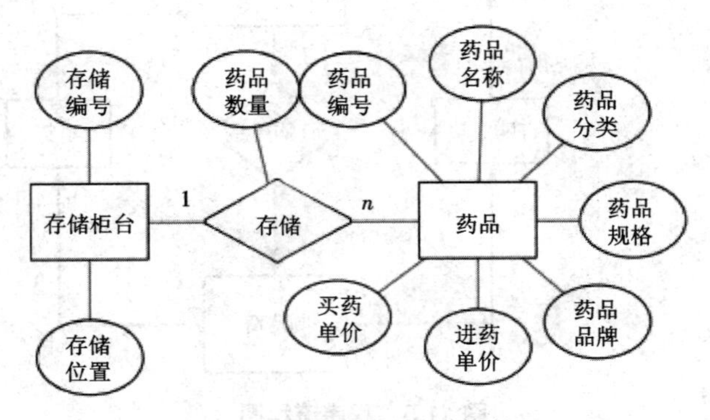

图 11.6　药品存储 E-R 实体图

2. 药品订退 E-R 实体图

药品订退 E-R 实体图如图 11.7 所示。

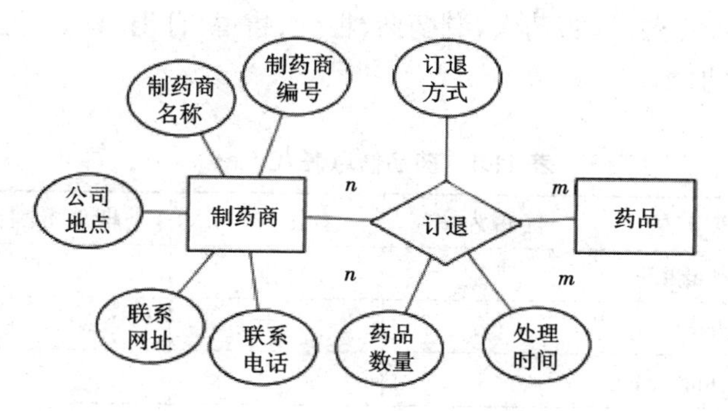

图 11.7 药品订退 E-R 实体图

3. 药品售出 E-R 实体图

药品售出 E-R 实体图如图 11.8 所示。

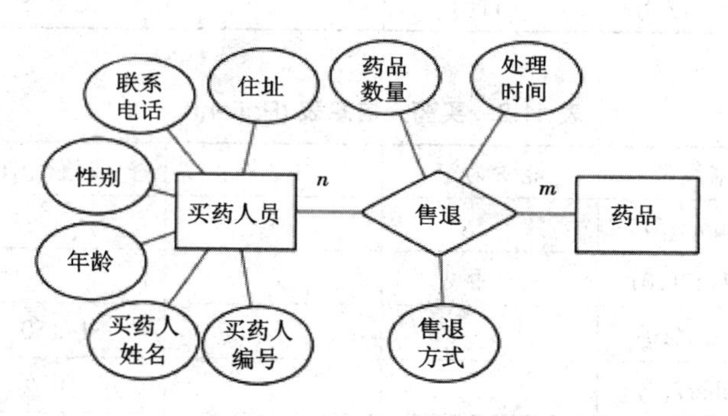

图 11.8 药品售出 E-R 实体图

4. 全局 E-R 图

解决各 E-R 图之间存在的属性冲突、命名冲突、结构冲突等，将各 E-R 图合并生出全局 E-R 图如图 11.9 所示。

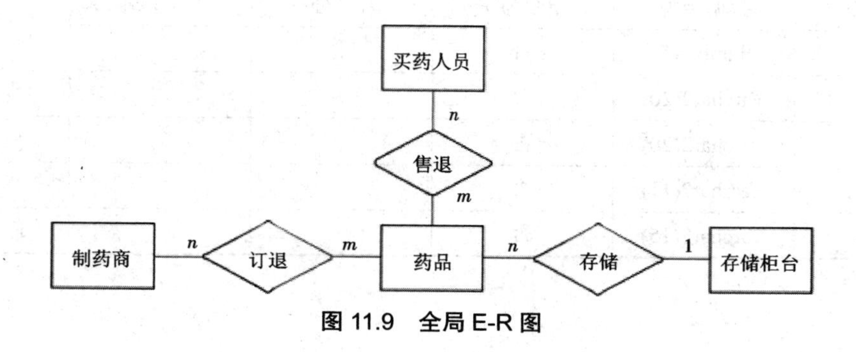

图 11.9 全局 E-R 图

11.3.2 基本表

把各实体转化为关系表，再根据实体间的联系定义表中的主键，最后得到此系统数据库中各个表的设计情况，药品、买药人、制药商、柜台、售退、订退、订购、退回、药品存储信息表如表 11.1 至表 11.9 所示。

表 11.1 药品信息表 (Drug)

属性	数据类型	能否为空	主 / 外	取值范围	备注
Dno	Varchar2(5)	否	主		药品编码
Dname	Varchar2(20)	否			
Dclass	Varchar2(8)				药品分类
Dspec	Varchar2(10)				药品规格
Dbrand	Varchar2(10)				药品品牌
Dprice1	Number(7,2)	否		大于零	进药单价
Dprice2	Number(7,2)	否		大于零	库存数量

表 11.2 买药人信息表 (Patient)

属性名	数据类型	能否为空	主 / 外	取值范围	备注
Pno	Number(5)	否	主		买药人编号
Pname	Varchar2(10)	否			买药人姓名
Page	Number(10)			1~150	年龄
Psex	Varchar2(2)			男，女	性别
Pphone	Varchar2(11))	否			联系电话
Paddress	Varchar2(20)				住址

表 11.3 制药商信息表 (Maker)

属性名	数据类型	能否为空	主 / 外	取值范围	备注
Mno	Number(5)	否	主		制药商编号
Mname	Varchar2(20)	否			制药商名称
Mplace	Varchar2(20)	否			公司地点
Mphone	Varchar2(11)	否			联系电话
Memail	Varchar2(15)	否			联系网址

表 11.4　柜台信息表 (Storage)

属性名	数据类型	能否为空	主 / 外	取值范围	备注
Lno	Varchar2(5)	否	主		存储编号
Lname	Varchar2(20)	否			存储位置

表 11.5　售退信息表 (DBuy)

属性名	数据类型	能否为空	主 / 外	取值范围	备注
Pno	Varchar2(5)	否	主 / 外		买药人编号
Dno	Varchar2(5)	否	外 / 主		药品编号
Time_SD	Date				退药时间
Quantity	Number(5)	否		大于零	药品数量
Deal	Varchar2(4)	否		售出	售退方式

表 11.6　退订信息表 (OBack)

属性名	数据类型	能否为空	主 / 外	取值范围	备注
Mno	Varchar2(5)	否	主 / 外		制药商编号
Dno	Varchar2(5)	否	外 / 主		药品编号
Time_SD	Date				处理时间
Quantity	Number(5)	否		大于零	药品数量
Supply	Varchar2(4)	否			退订方式

表 11.7　订购信息表 (DOrder)

属性名	数据类型	能否为空	主 / 外	取值范围	备注
Mno	Varchar2(5)	否	主 / 外		制药商编号
Dno	Varchar2(5)	否	外 / 主		药品编号
Time_SD	Date				退药时间
Quantity	Number(5)	否		大于零	药品数量
Supply	Varchar2(4)	否		订购	订购方式

表 11.8　退回信息表 (BBack)

属性名	数据类型	能否为空	主 / 外	取值范围	备注
Pno	Varchar2(5)	否	主 / 外		买药人编号
Dno	Varchar2(5)	否	外 / 主		药品编号

续表

属性名	数据类型	能否为空	主 / 外	取值范围	备注
Time_SD	Date				退药时间
Quantity	Number(5)	否		大于零	药品数量
Deal	Varchar2(4)	否		退回	售退方式

表 11.9　药品存储信息表 (Stored)

属性名	数据类型	能否为空	主 / 外	取值范围	备注
Dno	Varchar2(5)	否	外 / 主		药品编号
Quantity	Number(5)	否		大于零	药品数量
Lno	Varchar2(5)	否	主 / 外	售出	存储编号

11.4　实现方案

11.4.1　创建基本表

1. 药品信息表(Drug)

```
1 CREATE TABLE DRUG(
2 Dno Varchar2(5) CONSTRAINT NN_DNO NOT NULL CONSTRAINT PK_DNO
PRIMARY KEY,
3 Dname Varchar2(20) NOT NULL,
4 Dclass Varchar2(20),
5 Dspec Varchar2(20),
6 Dbrand Varchar2(20),
7 Dprice1 Number(7,2) CONSTRAINT NN_DPRICE1 NOT NULL  CONSTRAINT
PK_DPRICE1
8 check(Dprice1>0),
9 Dprice2 Number(7,2) CONSTRAINT NN_DPRICE2 NOT NULL  CONSTRAINT
PK_DPRICE2
10 check(Dprice2>0)
11 );
```

2. 买药人信息表(Patient)

```
1 CREATE TABLE PATIENT(
2 PNO NUMBER(5) CONSTRAINT NN_PNO NOT NULL CONSTRAINT PK_PNO
PRIMARY KEY,
3 PNAME VARCHAR2(20) NOT NULL,
4 PAGE NUMBER(10) CONSTRAINT CH_PAGE CHECK(PAGE>1 AND PAGE<150),
5 PSEX VARCHAR2(5) CONSTRAINT CH_PSEX CHECK(PSEX IN ('男','女')),
6 PPHONE VARCHAR2(11) NOT NULL,
7 PADDRESS VARCHAR2(20)
8 );
```

3. 制药商信息表(Maker)

```
1 CREATE TABLE MAKER(
2 MNO NUMBER(5) CONSTRAINT NN_MNO NOT NULL CONSTRAINT PK_MNO
PRIMARY KEY,
3 MNAME VARCHAR2(20) NOT NULL,
4 MPLACE VARCHAR2(20) NOT NULL,
5 MPHONE VARCHAR2(11) NOT NULL,
6 MEMAIL VARCHAR2(15) NOT NULL
7 );
```

4. 柜台信息表(Storage)

```
1 CREATE TABLE STORAGE(
2 LNO VARCHAR2(5) CONSTRAINT NN_LNO NOT NULL CONSTRAINT PK_LNO
PRIMARY KEY,
3 LNAME VARCHAR2(20) NOT NULL
4 );
```

5. 售退信息表(DBuy)

```
1 CREATE TABLE DBUY(
2 PNO NUMBER(5) NOT NULL ,
3 DNO VARCHAR2(5) NOT NULL ,
4 TIME_SD DATE ,
5 QUANTITY NUMBER(5) CONSTRAINT NN_QUANTITY1 NOT NULL CON-
STRAINT CH_QUANTITY1
6 CHECK(QUANTITY>0),
7 DEAL VARCHAR2(10) CONSTRAINT NN_DEAL1 NOT NULL CONSTRAINT
CH_DEAL1
8 CHECK(DEAL IN(' 售出 ')),
9 CONSTRAINT PK_DBUY PRIMARY KEY(PNO,DNO),
10 CONSTRAINT FK_DBUY1 FOREIGN KEY (PNO ) REFERENCES PATIENT(PNO),
11 CONSTRAINT FK_DBUY2 FOREIGN KEY (DNO ) REFERENCES DRUG(DNO)
12 );
```

6. 退订信息表(OBack)

```
1 CREATE TABLE OBACK(
2 MNO NUMBER(5) NOT NULL,
3 DNO VARCHAR2(5) NOT NULL,
4 TIME_SD DATE,
5 QUANTITY NUMBER(5) CONSTRAINT NN1_QUANTITY2 NOT NULL CON-
STRAINT CH1_QUANTITY2
6 CHECK(QUANTITY>0),
7 SUPPLY VARCHAR2(10) NOT NULL,
8 CONSTRAINT PK_OBACK PRIMARY KEY(MNO,DNO),
9 CONSTRAINT FK_OBACK1 FOREIGN KEY (MNO ) REFERENCES MAK-
ER(MNO),
10 CONSTRAINT FK_OBACK2 FOREIGN KEY (DNO ) REFERENCES DRUG(DNO)
11 );
```

7. 订购信息表 (DOrder)

```
1 CREATE TABLE DORDER(
2 MNO NUMBER(5) NOT NULL,
3 DNO VARCHAR2(5) NOT NULL,
4 TIME_SD DATE,
5 QUANTITY NUMBER(5) CONSTRAINT NN_QUANTITY3 NOT NULL CON-
STRAINT CH_QUANTITY3
6 CHECK(QUANTITY > 0),
7 SUPPLY VARCHAR2(10) CONSTRAINT NN_SUPPLY NOT NULL CONSTRAINT
CH_SUPPLY CHECK
8 (SUPPLY IN ('订购')),
9 CONSTRAINT PK_DORDER PRIMARY KEY (MNO, DNO),
10 CONSTRAINT FK_DORDER1 FOREIGN KEY (MNO) REFERENCES MAK-
ER(MNO),
11 CONSTRAINT FK_DORDER2 FOREIGN KEY (DNO) REFERENCES DRUG(DNO)
12 );
```

8. 退回信息表 (BBack)

```
1 CREATE TABLE BBACK(
2 PNO NUMBER(5) NOT NULL,
3 DNO VARCHAR2(5) NOT NULL,
4 TIME_SD DATE,
5 QUANTITY NUMBER(5) CONSTRAINT NN_QUANTITY4 NOT NULL CON-
STRAINT CH_QUANTITY4
6 CHECK (QUANTITY > 0),
7 DEAL VARCHAR2(10) CONSTRAINT NN_DEAL4 NOT NULL CONSTRAINT
CH_DEAL4
8 CHECK(DEAL IN ('退回')),
9 CONSTRAINT PK_BBACK PRIMARY KEY(PNO,DNO),
10 CONSTRAINT FK_BBACK1 FOREIGN KEY (PNO) REFERENCES PATIENT(PNO),
11 CONSTRAINT FK_BBACK2 FOREIGN KEY (DNO) REFERENCES DRUG(DNO)
12 );
```

9. 药品存储 (Stored)

```
1 CREATE TABLE STORED(
2 DNO VARCHAR2(5),
3 LNO VARCHAR2(5),
4 QUANTITY NUMBER(5) CONSTRAINT NN_sd_STORED NOT NULL CON-
STRAINT
5 CK_SD_STORED CHECK(QUANTITY>0),
6 CONSTRAINT PK_SD_DNO PRIMARY KEY(DNO,LNO),
7 CONSTRAINT FR_SD_DNO FOREIGN KEY(DNO) REFERENCES
DRUG(DNO),
8 CONSTRAINT FR_SD_LNO FOREIGN KEY(LNO) REFERENCES STOR-
AGE(LNO)
9 );
```

11.4.2 插入信息

1. 插入药品信息

```
1 INSERT INTO DRUG(DNO, DNAME,DCLASS,DSPEC,DBRAND,DPRICE1,D-
PRICE2) VALUES
2 (10001,' 感冒灵 ',' 冲剂 ',5,' 三九 ',5,5);
3 INSERT INTO DRUG(DNO, DNAME,DCLASS,DSPEC,DBRAND,DPRICE1,D-
PRICE2) VALUES
4 (10002,' 感冒清 ',' 冲剂 ',5,' 三九 ',15,40);
5 INSERT INTO DRUG(DNO, DNAME,DCLASS,DSPEC,DBRAND,DPRICE1,D-
PRICE2) VALUES
6 (10003,' 头孢 ',' 胶囊 ',5,' 快克 ',25,55);
7 INSERT INTO DRUG(DNO, DNAME,DCLASS,DSPEC,DBRAND,DPRICE1,D-
PRICE2) VALUES
8 (10004,' 布洛芬 ',' 胶囊 ',5,' 快克 ',15,45);
9 INSERT INTO DRUG(DNO, DNAME,DCLASS,DSPEC,DBRAND,DPRICE1,D-
PRICE2) VALUES
10 (10005,' 双黄连 ',' 口服液 ',5,' 三九 ',35,55);
11 INSERT INTO DRUG(DNO, DNAME,DCLASS,DSPEC,DBRAND,DPRICE1,D-
PRICE2) VALUES
12 (10006,' 小儿感冒颗粒 ',' 冲剂 ',5,' 三九 ',25,45);
13 COMMIT;
```

药品信息表如图 11.10 所示。

	DNO	DNAME	DCLASS	DSPEC	DBRAND	DPRICE1	DPRICE2
1	10001	感冒灵	冲剂	5	三九	5	5
2	10002	感冒清	冲剂	5	三九	15	40
3	10003	头孢	胶囊	5	快克	25	55
4	10004	布洛芬	胶囊	5	快克	15	45
5	10005	双黄连	口服液	5	三九	35	55
6	10006	小儿感冒颗粒	冲剂	5	三九	25	45

图 11.10　药品信息表

2. 插入买药人信息

```
1 INSERT INTO PATIENT(PNO,PNAME,PAGE,PSEX,PPHONE,PADDRESS) VALUES('20001',' 张三
2 ',20,' 男 ',13853800001,' 一区 ');
3 INSERT INTO PATIENT(PNO,PNAME,PAGE,PSEX,PPHONE,PADDRESS) VALUES('20002',' 张
4 四 ',21,' 女 ',13853800001,' 二区 ');
5 INSERT INTO PATIENT(PNO,PNAME,PAGE,PSEX,PPHONE,PADDRESS) VALUES('20003',' 张无
6 五 ',22,' 男 ',13853800001,' 一区 ');
7 INSERT INTO PATIENT(PNO,PNAME,PAGE,PSEX,PPHONE,PADDRESS) VALUES('20004',' 张六
8 ',23,' 女 ',13853800001,' 四区 ');
9 INSERT INTO PATIENT(PNO,PNAME,PAGE,PSEX,PPHONE,PADDRESS) VALUES('20005',' 张七
10 ',24,' 男 ',13853800001,' 一区 ');
11 INSERT INTO PATIENT(PNO,PNAME,PAGE,PSEX,PPHONE,PADDRESS) VALUES('20006',' 张八
12 ',25,' 男 ',13853800001,' 五区 ');
13 COMMIT;
```

买药人信息如图 11.11 所示。

	PNO	PNAME	PAGE	PSEX	PPHONE	PADDRESS
1	20001	张三	20	男	13853800001	一区
2	20002	张四	21	女	13853800001	二区
3	20003	张无五	22	男	13853800001	一区
4	20004	张六	23	女	13853800001	四区
5	20005	张七	24	男	13853800001	一区
6	20006	张八	25	男	13853800001	五区

图 11.11　买药人信息

3. 插入制药商信息

```
1 INSERT INTO MAKER(MNO, MNAME, MPLACE, MPHONE, MEMAIL) values(30001,'永惠制药一厂','山东泰安一区','18853800001','www.yihao.com');
2 INSERT INTO MAKER(MNO, MNAME, MPLACE, MPHONE, MEMAIL) values(30002,'永惠制药二厂','山东泰安二区','18853800002','www.erhao.com');
3 INSERT INTO MAKER(MNO, MNAME, MPLACE, MPHONE, MEMAIL) values(30003,'永惠制药三厂','山东泰安三区','18853800003','www.sanhao.com');
4 INSERT INTO MAKER(MNO, MNAME, MPLACE, MPHONE, MEMAIL) values(30004,'永惠制药四厂','山东泰安四区','18853800004','www.sihao.com');
5 INSERT INTO MAKER(MNO, MNAME, MPLACE, MPHONE, MEMAIL)values(30005,'永惠制药五厂','山东泰安五区','18853800006','www.liuhao.com');
6 INSERT INTO MAKER(MNO, MNAME, MPLACE, MPHONE, MEMAIL) values(30006,'永惠制药六厂','山东泰安六区','18853800007','www.qihao.com');
7 INSERT INTO MAKER(MNO, MNAME, MPLACE, MPHONE, MEMAIL) values(30007,'永惠制药七厂','山东泰安七区','18853800008','www.bahao.com');
8 INSERT INTO MAKER(MNO, MNAME, MPLACE, MPHONE, MEMAIL) values(30008,'永惠制药八厂','山东泰安八区','18853800009','www.jiuhao.com');
9 INSERT INTO MAKER(MNO, MNAME, MPLACE, MPHONE, MEMAIL) values(30009,'永惠制药九厂','山东泰安九区','18853800010','www.shihao.com');
10 COMMIT;
```

制药商信息如图 11.12 所示。

	MNO	MNAME	MPLACE	MPHONE	MEMAIL
1	30001	永惠制药一厂	山东泰安一区	18853800001	www.yihao.com
2	30002	永惠制药二厂	山东泰安二区	18853800002	www.erhao.com
3	30003	永惠制药三厂	山东泰安三区	18853800003	www.sanhao.com
4	30004	永惠制药四厂	山东泰安四区	18853800004	www.sihao.com
5	30005	永惠制药五厂	山东泰安五区	18853800006	www.liuhao.com
6	30006	永惠制药六厂	山东泰安六区	18853800007	www.qihao.com
7	30007	永惠制药七厂	山东泰安七区	18853800008	www.bahao.com
8	30008	永惠制药八厂	山东泰安八区	18853800009	www.jiuhao.com
9	30009	永惠制药九厂	山东泰安九区	18853800010	www.shihao.com

图 11.12　制药商信息

4. 插入柜台信息

```
1 INSERT INTO STORAGE(LNO, LNAME) VALUES('40001',' 一层一号柜 ');
2 INSERT INTO STORAGE(LNO, LNAME) VALUES('40002',' 一层二号柜 ');
3 INSERT INTO STORAGE(LNO, LNAME) VALUES('40003',' 一层三号柜 ');
```

```
4 INSERT INTO STORAGE(LNO, LNAME) VALUES('40004',' 一层四号柜 ');
5 INSERT INTO STORAGE(LNO, LNAME) VALUES('40005',' 一层五号柜 ');
6 INSERT INTO STORAGE(LNO, LNAME) VALUES('40006',' 二层一号柜 ');
7 INSERT INTO STORAGE(LNO, LNAME) VALUES('40007',' 二层二号柜 ');
8 INSERT INTO STORAGE(LNO, LNAME) VALUES('40008',' 二层三号柜 ');
9 INSERT INTO STORAGE(LNO, LNAME) VALUES('40009',' 二层四号柜 ');
10 INSERT INTO STORAGE(LNO, LNAME) VALUES('40010',' 二层五号柜 ');
11 COMMIT;
```

柜台信息如图 11.13 所示。

	LNO	LNAME
1	40001	一层一号柜
2	40002	一层二号柜
3	40003	一层三号柜
4	40004	一层四号柜
5	40005	一层五号柜
6	40006	二层一号柜
7	40007	二层二号柜
8	40008	二层三号柜
9	40009	二层四号柜
10	40010	二层五号柜

图 11.13 柜台信息

5. 插入售退信息

```
1 INSERT INTO DBUY(PNO,DNO,TIME_SD, QUANTITY,DEAL)
2 VALUES(20001,10001,to_date('11-1-21','yy-mm-dd'),1,' 售出 ');
3 INSERT INTO DBUY(PNO,DNO,TIME_SD, QUANTITY,DEAL)
4 VALUES(20001,10002,to_date('15-1-21','yy-mm-dd'),2,' 售出 ');
5 INSERT INTO DBUY(PNO,DNO,TIME_SD, QUANTITY,DEAL)
6 VALUES(20003,10004,to_date('11-12-20','yy-mm-dd'),1,' 售出 ');
7 INSERT INTO DBUY(PNO,DNO,TIME_SD, QUANTITY,DEAL)
8 VALUES(20004,10001,to_date('11-1-20','yy-mm-dd'),2,' 售出 ');
9 INSERT INTO DBUY(PNO,DNO,TIME_SD, QUANTITY,DEAL)
10 VALUES(20005,10003,to_date('10-1-21','yy-mm-dd'),1,' 售出 ');
11 INSERT INTO DBUY(PNO,DNO,TIME_SD, QUANTITY,DEAL)
12 VALUES(20002,10003,to_date('1-1-21','yy-mm-dd'),1,' 售出 ');
```

```
13 INSERT INTO DBUY(PNO,DNO,TIME_SD, QUANTITY,DEAL)
14 VALUES(20002,10001,to_date('13-1-21','yy-mm-dd'),1,' 售出 ');
15 INSERT INTO DBUY(PNO,DNO,TIME_SD, QUANTITY,DEAL)
16 VALUES(20003,10001,to_date('10-11-20','yy-mm-dd'),1,' 售出 ');
17 INSERT INTO DBUY(PNO,DNO,TIME_SD, QUANTITY,DEAL)
18 VALUES(20004,10002,to_date('12-1-21','yy-mm-dd'),1,' 售出 ');
19 INSERT INTO DBUY(PNO,DNO,TIME_SD, QUANTITY,DEAL)
20 VALUES(20005,10001,to_date('11-1-21','yy-mm-dd'),1,' 售出 ');
21 COMMIT;
```

售退信息如图 11.14 所示。

	PNO	DNO	TIME_SD	QUANTITY	DEAL
1	20001	10002	21-1月 -15	2	售出
2	20003	10004	20-12月-11	1	售出
3	20005	10003	21-1月 -10	1	售出
4	20002	10003	21-1月 -01	1	售出
5	20004	10002	21-1月 -12	1	售出

图 11.14 售退信息

6. 插入退订信息

```
1 INSERT INTO OBACK(MNO,DNO,TIME_SD,QUANTITY, SUPPLY)
2 VALUES(30001,10001,TO_DATE('20-11-1','YY-MM-DD'),2,' 退货 ');
3 INSERT INTO OBACK(MNO,DNO,TIME_SD,QUANTITY, SUPPLY)
4 VALUES(30004,10002,TO_DATE('20-1-1','YY-MM-DD'),3,' 退货 ');
5 INSERT INTO OBACK(MNO,DNO,TIME_SD,QUANTITY, SUPPLY)
6 VALUES(30001,10003,TO_DATE('20-11-1','YY-MM-DD'),2,' 退货 ');
7 INTO OBACK(MNO,DNO,TIME_SD,QUANTITY, SUPPLY)
8 VALUES(30004,10001,TO_DATE('20-5-11','YY-MM-DD'),2,' 退货 ');
9 INSERT INTO OBACK(MNO,DNO,TIME_SD,QUANTITY, SUPPLY)
10 VALUES(30001,10005,TO_DATE('20-11-1','YY-MM-DD'),2,' 退货 ');
11 INSERT INTO OBACK(MNO,DNO,TIME_SD,QUANTITY, SUPPLY)
12 VALUES(30003,10001,TO_DATE('20-11-1','YY-MM-DD'),3,' 退货 ');
13 COMMIT;
```

退订信息如图 11.15 所示。

	MNO	DNO	TIME_SD	QUANTITY	SUPPLY
1	30004	10002	01-1月 -20	3	退货
2	30001	10003	01-11月-20	2	退货
3	30001	10005	01-11月-20	2	退货

图 11.15 退订信息

7. 插入订购消息

```
1 INSERT    INTO    DORDER(MNO,DNO,TIME_SD,QUANTITY,SUPPLY)VAL-
UES(30001,10001,TO_DATE('20-11-
2 1','YY-MM-DD'),20,' 订购 ');
3 INSERT    INTO    DORDER(MNO,DNO,TIME_SD,QUANTITY,SUPPLY)VAL-
UES(30001,10002,TO_DATE('20-12-
4 1','YY-MM-DD'),40,' 订购 ');
5 INSERT    INTO    DORDER(MNO,DNO,TIME_SD,QUANTITY,SUPPLY)VAL-
UES(30001,10003,TO_DATE('19-11-
6 1','YY-MM-DD'),20,' 订购 ');
7 INSERT    INTO    DORDER(MNO,DNO,TIME_SD,QUANTITY,SUPPLY)VAL-
UES(30002,10001,TO_DATE('20-11-
8 1','YY-MM-DD'),40,' 订购 ');
9 INSERT INT    DORDER(MNO,DNO,TIME_SD,QUANTITY,SUPPLY)VAL-
UES(30003,10002,TO_DATE('19-11-
10 1','YY-MM-DD'),20,' 订购 ');
11INSERT    INTO    DORDER(MNO,DNO,TIME_SD,QUANTITY,SUPPLY)VAL-
UES(30004,10001,TO_DATE('19-11-
12 1','YY-MM-DD'),20,' 订购 ');
13INSERT    INTO    DORDER(MNO,DNO,TIME_SD,QUANTITY,SUPPLY)VAL-
UES(30005,10001,TO_DATE('19-10-
14 1','YY-MM-DD'),20,' 订购 ');
15INSERT    INTO    DORDER(MNO,DNO,TIME_SD,QUANTITY,SUPPLY)VAL-
UES(30005,10005,TO_DATE('20-10-
16 12','YY-MM-DD'),30,' 订购 ');
17 INSERT    INTO    DORDER(MNO,DNO,TIME_SD,QUANTITY,SUPPLY)VAL-
UES(30005,10004,TO_DATE('20-10-
18 1','YY-MM-DD'),20,' 订购 ');
19INSERT    INTO    DORDER(MNO,DNO,TIME_SD,QUANTITY,SUPPLY)VAL-
UES(30005,10003,TO_DATE('19-10-
20 12','YY-MM-DD'),20,' 订购 ');
21INSERT    INTO    DORDER(MNO,DNO,TIME_SD,QUANTITY,SUPPLY)VAL-
UES(30004,10002,TO_DATE('19-10-
22 12','YY-MM-DD'),10,' 订购 ');
23 COMMIT;
```

退订信息如图 11.16 所示。

	MNO	DNO	TIME_SD	QUANTITY	SUPPLY
1	30001	10002	01-12月-20	40	订购
2	30001	10003	01-11月-19	20	订购
3	30005	10005	12-10月-20	30	订购
4	30005	10004	01-10月-20	20	订购
5	30005	10003	12-10月-19	20	订购
6	30004	10002	12-10月-19	10	订购

图 11.16　退订信息图

8. 插入退回信息

```
1 INSERT INTO BBACK(PNO,DNO,TIME_SD,QUANTITY,DEAL)VALUES(20001,10001,TO_DATE ('20-11-
2 1','YY-MM-DD'),2,' 退回 ');
3 INSERT INTO BBACK(PNO,DNO,TIME_SD,QUANTITY,DEAL)VALUES(20002,10002,TO_DATE('20-11-
4 1','YY-MM-DD'),12,' 退回 ');
5 INSERT INTO BBACK(PNO,DNO,TIME_SD,QUANTITY,DEAL)VALUES(20003,10003,TO_DATE ('20-11-
6 1','YY-MM-DD'),21,' 退回 ');
7 INSERT INTO BBACK(PNO,DNO,TIME_SD,QUANTITY,DEAL)VALUES(20004,10004,TO_DATE ('21-1-
8 1','YY-MM-DD'),2,' 退回 ');
9 INSERT INTO BBACK(PNO,DNO,TIME_SD,QUANTITY,DEAL)VALUES(20001,10004,TO_DATE ('20-1-
10 1','YY-MM-DD'),24,' 退回 ');
11INSERTINTOBBACK(PNO,DNO,TIME_SD,QUANTITY,DEAL)VALUES(20005,10005,TO_DATE('20-11-
12 1','YY-MM-DD'),2,' 退回 ');
13INSERTINTOBBACK(PNO,DNO,TIME_SD,QUANTITY,DEAL)VALUES(20002,10001,TO_DATE('19-11-
14 1','YY-MM-DD'),2,' 退回 ');
15 COMMIT;
```

退回信息如图 11.17 所示。

	PNO	DNO	TIME_SD	QUANTITY	DEAL
1	20002	10002	01-11月-20	12	退回
2	20003	10003	01-11月-20	21	退回
3	20004	10004	01-1月 -21	2	退回
4	20001	10004	01-1月 -20	24	退回
5	20005	10005	01-11月-20	2	退回

图 11.17 退回信息

9. 插入药品存储信息

```
1 INSERT INTO STORED(DNO, QUANTITY, LNO) VALUES('10001',100,'40001');
2 INSERT INTO STORED(DNO, QUANTITY, LNO) VALUES('10002',150,'40002');
3 INSERT INTO STORED(DNO, QUANTITY, LNO) VALUES('10003',100,'40003');
4 INSERT INTO STORED(DNO, QUANTITY, LNO) VALUES('10004',100,'40004');
5 INSERT INTO STORED(DNO, QUANTITY, LNO) VALUES('10005',100,'40005');
6 INSERT INTO STORED(DNO, QUANTITY, LNO) VALUES('10006',100,'40006');
7 COMMIT;
```

药品储存信息如图 11.18 所示。

	DNO	QUANTITY	LNO
1	10001	100	40001
2	10002	150	40002
3	10003	100	40003
4	10004	100	40004
5	10005	100	40005
6	10006	100	40006

图 11.18 药品存储信息

11.4.3 创建视图

创建 DM_P 视图，如图 11.19 所示，建立药品信息和制药商之间的联系视图，供买药人对药品详细信息进行查询。

```
1 CREATE VIEW DM_P
2 AS
3 SELECT
4 DRUG.DNO,DNAME,DCLASS,DSPEC,DBRAND,DPRICE2,MAKER.MNO,M-
NAME,MPLACE
```

```
5 FROM DRUG ,MAKER,DORDER
6 WHERE DRUG.DNO=DORDER.DNO AND DORDER.MNO=MAKER.MNO;
```

	DNO	DNAME	DCLASS	DGUIGE	DBRAND	DPRICE2	MNO	MNAME	MPLACE
1	10001	云南白药	冲剂	5	三九	5	30001	永惠制药一厂	山东泰安一区
2	10001	云南白药	冲剂	5	三九	5	30002	永惠制药二厂	山东泰安二区
3	10001	云南白药	冲剂	5	三九	5	30004	永惠制药四厂	山东泰安四区
4	10001	云南白药	冲剂	5	三九	5	30005	永惠制药五厂	山东泰安五区
5	10002	感冒清	冲剂	5	三九	40	30001	永惠制药一厂	山东泰安一区
6	10002	感冒清	冲剂	5	三九	40	30003	永惠制药三厂	山东泰安三区
7	10002	感冒清	冲剂	5	三九	40	30004	永惠制药四厂	山东泰安四区
8	10003	头孢	胶囊	5	快克	55	30001	永惠制药一厂	山东泰安一区
9	10003	头孢	胶囊	5	快克	55	30005	永惠制药五厂	山东泰安五区
10	10004	布洛芬	胶囊	5	快克	45	30005	永惠制药五厂	山东泰安五区
11	10005	双黄连	口服液	5	三九	55	30005	永惠制药五厂	山东泰安五区

图 11.19　DM_P 视图

创建 DM_M 视图，如图 11.20 所示，建立药品信息和制药商信息之间的联系视图，供药店管理员对药品详细信息进行查询，方便药品购进和药品退订。

```
1 CREATE VIEW DM_M
2 AS
3 SELECT
4 DRUG.DNO,DNAME,DCLASS,DSPEC,DBRAND,DPRICE1,DPRICE2,MAKER.
MNO,MNAME,MPLACE,MPHONE,MEMAIL
5 FROM DRUG,MAKER,OBACK
6 WHERE DRUG.DNO=OBACK.DNO AND MAKER.MNO=OBACK.MNO;
7 DROP VIEW DM_M;
```

	DNO	DNAME	DCLASS	DGUIGE	DBRAND	DPRICE1	DPRICE2	MNO	MNAME	MPLACE	MPHONE	MEMAIL
1	10001	云南白药	冲剂	5	三九	5	5	30001	永惠制药一厂	山东泰安一区	18853800001	www.yihao.com
2	10001	云南白药	冲剂	5	三九	5	5	30003	永惠制药三厂	山东泰安三区	18853800003	www.sanhao.com
3	10001	云南白药	冲剂	5	三九	5	5	30004	永惠制药四厂	山东泰安四区	18853800004	www.sihao.com
4	10002	感冒清	冲剂	5	三九	15	40	30004	永惠制药四厂	山东泰安四区	18853800004	www.sihao.com
5	10003	头孢	胶囊	5	快克	25	55	30001	永惠制药一厂	山东泰安一区	18853800001	www.yihao.com
6	10005	双黄连	口服液	5	三九	35	55	30001	永惠制药一厂	山东泰安一区	18853800001	www.yihao.com

图 11.20　DM_M 视图

创建 PD_M 视图，如图 11.20 所示，建立买药人信息和药品信息之间的联系视图，方便管理员计算应付金额，了解购药人购药信息，同时在买药人进行退药时管理员能及时了解其买药情况并作出是否同意药品退货处理。

```
1 CREATE OR REPLACE VIEW PD_M
2 AS
3 SELECT PATIENT.PNO, PNAME, PAGE, PSEX, PPHONE, PADDRESS, DRUG.
DNO,
4 DNAME, DCLASS, DSPEC, DBRAND
5 FROM PATIENT,DRUG,BBACK
6 WHERE PATIENT.PNO = BBACK.PNO AND DRUG.DNO = BBACK.DNO;
7 DROP VIEW PD_M;
```

	PNO	PNAME	PAGE	PSEX	PPHONE	PADDRESS	DNO	DNAME	DCLASS	DGUIGE	DBRAND
1	20001	张三	20	男	13853800001	一区	10001	云南白药	冲剂	5	三九
2	20001	张三	20	男	13853800001	一区	10004	布洛芬	胶囊	5	快克
3	20002	张四	21	女	13853800001	二区	10001	云南白药	冲剂	5	三九
4	20002	张四	21	女	13853800001	二区	10002	感冒清	冲剂	5	三九
5	20003	张无五	22	男	13853800001	一区	10003	头孢	胶囊	5	快克
6	20004	张六	23	女	13853800001	四区	10004	布洛芬	胶囊	5	快克
7	20005	张七	24	男	13853800001	一区	10005	双黄连	口服液	5	三九

图 11.21 PD_M 视图

创建 DS_M 视图，如图 11.22 所示，建立药品与存储柜台信息的视图，快速找到所需药品，便于对药品进行销售和回退处理。

```
1 CREATE OR REPLACE VIEW DS_M
2 AS
3 SELECT DRUG.DNO, DNAME, DCLASS, DSPEC, DBRAND, STORAGE.LNO,
LNAME,
4 MAKER.MNO,
5 MNAME,MPLACE,MPHONE,MEMAIL, TIME_SD, OBACK.QUANTITY, OBACK.
SUPPLY
6 FROM DRUG, STORAGE, STORED, OBACK, MAKER
7 WHERE DRUG.DNO = STORED.DNO AND STORAGE.LNO = STORED.LNO AND
8 MAKER.MNO = OBACK.MNO AND DRUG.DNO = OBACK.DNO;
9 DROP VIEW DS_M;
```

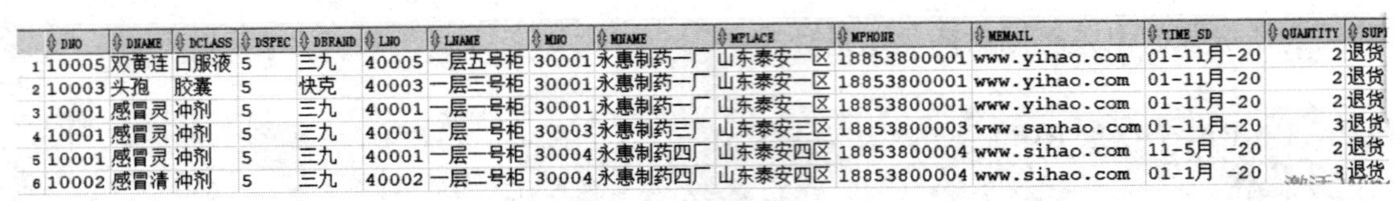

	DNO	DNAME	DCLASS	DSPEC	DBRAND	LNO	LNAME	MNO	MNAME	MPLACE	MPHONE	MEMAIL	TIME_SD	QUANTITY	SUP
1	10005	双黄连	口服液	5	三九	40005	一层五号柜	30001	永惠制药一厂	山东泰安一区	18853800001	www.yihao.com	01-11月-20	2	退货
2	10003	头孢	胶囊	5	快克	40003	一层三号柜	30001	永惠制药一厂	山东泰安一区	18853800001	www.yihao.com	01-11月-20	2	退货
3	10001	感冒灵	冲剂	5	三九	40001	一层一号柜	30001	永惠制药一厂	山东泰安一区	18853800001	www.yihao.com	01-11月-20	2	退货
4	10001	感冒灵	冲剂	5	三九	40001	一层一号柜	30003	永惠制药三厂	山东泰安三区	18853800003	www.sanhao.com	01-11月-20	3	退货
5	10001	感冒灵	冲剂	5	三九	40001	一层一号柜	30004	永惠制药四厂	山东泰安四区	18853800004	www.sihao.com	11-5月 -20	2	退货
6	10002	感冒清	冲剂	5	三九	40002	一层二号柜	30004	永惠制药四厂	山东泰安四区	18853800004	www.sihao.com	01-1月 -20	3	退货

图 11.22　DS_M 视图

11.4.4　创建索引

由于基本表 Stored 的主键 DnomLno 经常在查询条件中出现，且它们更新频率较低，考虑在这组属性上建立唯一索引。

```
1 CREATE UNIQUE INDEX IDX_STORED ON STORED(LNO);
```

基本表 DOrder 的主键 Dno、Mno 经常在查询条件和连接操作中出现，且它们的取值唯一，考虑在其上建立唯一性索引。

```
1 CREATE UNIQUE INDEX IDX_DORDER ON DORDER( DNO,MNO);
```

表 DBuy 的主键 Dno、Pno 取值唯一，且经常在查询条件中出现，更新频率低，可以考虑在其上创建唯一性索引。

```
1 CREATE UNIQUE INDEX IDX_DBUY ON DBUY( DNO,PNO);
```

11.4.5　创建触发器

建立触发器：当插入新的订购信息时，进行触发器操作。

```
1 CREATE OR REPLACE TRIGGER DORDER_R
2 BEFORE INSERT ON DORDER
3 FOR EACH ROW
4 BEGIN
5 DBMS_OUTPUT.PUT_LINE('数据已插入');
6 END;
```

创建触发器：当库存量为 0 时，进行触发器操作。

```
1 CREATE OR REPLACE TRIGGER S_TRIGGER2
2 BEFORE UPDATE OR  INSERT OR DELETE
3 ON STORED
4 DECLARE S_QUANTITY STORED.QUANTITY%TYPE;
5 BEGIN
6 IF S_QUANTITY=0 THEN
7 RAISE_APPLICATION_ERROR(-20001, ' 缺货 ');
8 END IF;
9 END;
```

11.4.6 存储过程定义

存储过程:创建一个带输入和输出参数的存储过程,根据给定的药品编码返回药品名、药品分类、药品规格、药品品牌、进药单价、库存数量。

```
1 CREATE OR REPLACE PROCEDURE T_QUERY(
2 V_DNO IN DRUG.DNO%TYPE,
3 V_NAME OUT DRUG.DNAME%TYPE,
4 V_CLASS OUT DRUG.DCLASS%TYPE,
5 V_SPEC OUT DRUG.DSPEC%TYPE,
6 V_BRAND OUT DRUG.DBRAND%TYPE,
7 V_PRICE1  OUT DRUG.DPRICE1%TYPE,
8 V_PRICE2  OUT DRUG.DPRICE2%TYPE
9 )
10 IS
11 BEGIN
12 SELECT DNAME,DCLASS,DSPEC,DBRAND,DPRICE1,DPRICE2 INTO
13V_NAME,V_CLASS,V_SPEC,V_BRAND,V_PRICE1,V_PRICE2    FROM    DRUG
WHERE DNO=V_DNO;
14 END T_QUERY;
15 DROP PROCEDURE T_QUERY;
```

从 PL/SQL 程序中调用存储过程 T_QUERY, 查询药品编号为 10001 的药品的详细信息。

```
1 DECLARE
2 V_NAME DRUG.DNAME%TYPE;
3 V_CLASS DRUG.DCLASS%TYPE;
4 V_SPEC DRUG.DSPEC%TYPE;
5 V_BRAND DRUG.DBRAND%TYPE;
6 V_PRICE1 DRUG.DPRICE1%TYPE;
7 V_PRICE2 DRUG.DPRICE2%TYPE;
8 BEGIN T_QUERY('10001',V_NAME,V_CLASS,V_SPEC,V_BRAND,V_PRICE1,V_
PRICE2);
9 DBMS_OUTPUT.PUT_LINE(V_NAME);
10 DBMS_OUTPUT.PUT_LINE(V_CLASS);
11 DBMS_OUTPUT.PUT_LINE(V_SPEC);
12 DBMS_OUTPUT.PUT_LINE(V_BRAND);
13 DBMS_OUTPUT.PUT_LINE(V_PRICE1);
14 DBMS_OUTPUT.PUT_LINE(V_PRICE2);
15 END;
```

调用过程 T_QUERY 如图 11.23 所示。

```
PL/SQL 过程已成功完成。
云南白药
冲剂
5
三九
5
```

图 11.23　调用存储过程 T_QUERY

创建一个带输入和输出参数的存储过程，根据给定的制药商编号返回制药商的相关信息。

```
1 CREATE OR REPLACE PROCEDURE T_QUERY1(
2 V_MNO IN MAKER.MNO%TYPE,
3 V_MNAME OUT MAKER.MNAME%TYPE,
4 V_MPLACE OUT MAKER.MPLACE%TYPE,
5 V_MPHONE OUT MAKER.MPHONE%TYPE,
6 V_MEMAIL OUT MAKER.MEMAIL%TYPE
7 )
```

```
8 IS
9 BEGIN
10SELECTMNAME,MPLACE,MPHONE,MEMAILINTOV_MNAME,V_MPLACE,V_
MPHONE,
11 V_MEMAIL FROM MAKER WHERE MNO=V_MNO;
12 END T_QUERY1;
```

从 PL/SQL 程序中调用存储过程 T_QUERY1, 查询制药商编号为 30002 的制药商的详细信息。

```
1 DECLARE
2 V_CLASS DRUG.DCLASS%TYPE;
3 V_MNAME MAKER.MNAME%TYPE;
4 V_MPLACE MAKER.MPLACE%TYPE;
5 V_MPHONE MAKER.MPHONE%TYPE;
6 V_MEMAIL MAKER.MEMAIL%TYPE;
7 BEGIN
8 T_QUERY1('30002',V_MNAME,V_MPLACE,V_MPHONE, V_MEMAIL);
9 DBMS_OUTPUT.PUT_LINE(V_MNAME);
10 DBMS_OUTPUT.PUT_LINE(V_MPLACE);
11 DBMS_OUTPUT.PUT_LINE(V_MPHONE);
12 DBMS_OUTPUT.PUT_LINE(V_MEMAIL);
13 END;
```

调用储存过程 T_QUERY1 如图 11.24 所示。

```
PL/SQL 过程已成功完成。
永惠制药二厂
山东泰安二区
18853800002
www.erhao.com
```

图 11.24 调用存储过程 T_QUERY1

对存储过程的查询(时间:2009-10-12,订购药品及其数量)如下。

```
1 CREATE OR REPLACE PROCEDURE T_QUERY2(
2 V_TIME_SD IN DORDER.TIME_SD%TYPE,
3 V_DNO OUT DORDER.DNO%TYPE,
4 V_QUANTITY OUT DORDER.QUANTITY%TYPE
5 )
6 IS
7 BEGIN
8 SELECT DNO,QUANTITY INTO V_DNO,V_QUANTITY FROM DORDER
WHERE TIME_SD=V_TIME_SD;
9 END T_QUERY2;
```

调用存储过程如下。

```
1 DECLARE
2 V_DNO  DORDER.DNO%TYPE;
3 V_QUANTITY  DORDER.QUANTITY%TYPE;
4 BEGIN
5 T_QUERY2(TO_DATE('09-10-1','YY-MM-DD'), V_DNO,V_QUANTITY);
6 DBMS_OUTPUT.PUT_LINE(' 药品为： '||V_DNO||','||' 药品数量为：'||V_QUAN-
TITY);
7 END;
```

调用存储过程 T_QUERY 如图 11.25 所示。

```
PL/SQL 过程已成功完成。
药品为：  10004,药品数量为：20
```

图 11.25　调用存储过程 T_QUERY2

11.4.7　查询视图

买药人员对药品信息和制药商信息进行查询，如图 11.26 所示。

```
1 SELECT * FROM DM_P;
```

脚本输出 × 查询结果 ×

SQL | 提取的所有行：11，用时 0.01 秒

	DNO	DNAME	DCLASS	DGUIGE	DBRAND	DPRICE2	MNO	MNAME	MPLACE
1	10001	云南白药	冲剂	5	三九	5	30001	永惠制药一厂	山东泰安一区
2	10001	云南白药	冲剂	5	三九	5	30002	永惠制药二厂	山东泰安二区
3	10001	云南白药	冲剂	5	三九	5	30004	永惠制药四厂	山东泰安四区
4	10001	云南白药	冲剂	5	三九	5	30005	永惠制药五厂	山东泰安五区
5	10002	感冒清	冲剂	5	三九	40	30001	永惠制药一厂	山东泰安一区
6	10002	感冒清	冲剂	5	三九	40	30003	永惠制药三厂	山东泰安三区
7	10002	感冒清	冲剂	5	三九	40	30004	永惠制药四厂	山东泰安四区
8	10003	头孢	胶囊	5	快克	55	30001	永惠制药一厂	山东泰安一区
9	10003	头孢	胶囊	5	快克	55	30005	永惠制药五厂	山东泰安五区
10	10004	布洛芬	胶囊	5	快克	45	30005	永惠制药五厂	山东泰安五区
11	10005	双黄连	口服液	5	三九	55	30005	永惠制药五厂	山东泰安五区

图 11.26　对药品信息和制药商信息的查询

管理员对药品和制药商信息进行查询，如图 11.27 所示。

```
1 SELECT * FROM DM_M
```

脚本输出 × 查询结果 ×

SQL | 提取的所有行：11，用时 0.01 秒

	DNO	DNAME	DCLASS	DGUIGE	DBRAND	DPRICE2	MNO	MNAME	MPLACE
1	10001	云南白药	冲剂	5	三九	5	30001	永惠制药一厂	山东泰安一区
2	10001	云南白药	冲剂	5	三九	5	30002	永惠制药二厂	山东泰安二区
3	10001	云南白药	冲剂	5	三九	5	30004	永惠制药四厂	山东泰安四区
4	10001	云南白药	冲剂	5	三九	5	30005	永惠制药五厂	山东泰安五区
5	10002	感冒清	冲剂	5	三九	40	30001	永惠制药一厂	山东泰安一区
6	10002	感冒清	冲剂	5	三九	40	30003	永惠制药三厂	山东泰安三区
7	10002	感冒清	冲剂	5	三九	40	30004	永惠制药四厂	山东泰安四区
8	10003	头孢	胶囊	5	快克	55	30001	永惠制药一厂	山东泰安一区
9	10003	头孢	胶囊	5	快克	55	30005	永惠制药五厂	山东泰安五区
10	10004	布洛芬	胶囊	5	快克	45	30005	永惠制药五厂	山东泰安五区
11	10005	双黄连	口服液	5	三九	55	30005	永惠制药五厂	山东泰安五区

图 11.27　对药品和制药商信息的查询

11.4.8　药品管理业务查询

查询买药人每次买药的时间、药名称以及药品编号。

```
1 SELECT P.PNO,D.DNO,P.PNAME,DB.TIME_SD,D.DNAME
2 FROM PATIENT P ,DRUG D, DBUY DB
3 WHERE D.DNO = DB.DNO AND P.PNO = DB.PNO ;
```

查询药品单价在 5~20 元之间销量在前 5 名的药品名称。

```
1 SELECT *
2 FROM (SELECT DNAME, SUM(DNO) FROM DRUG WHERE DPRICE1 BE-
TWEEN 5 AND 20 GROUP BY DNAME
3 ORDER BY 2 DESC)
4 WHERE ROWNUM <= 5;
```

查询至少定购药品号为 10001 的顾客号以及姓名。

```
1 SELECT DISTINCT O1.PNO,O1.PNAME
2 FROM PATIENT O1,DBUY O2
3 WHERE O1.PNO = O2.PNO AND O1.PNO IN(SELECT PNO FROM DBUY WHERE
DNO = '10001');
```

查询一次定购药品号 10001 商品数量最多的顾客号和顾客名。

```
1 SELECT C.PNO.PNAME,MAX(DNO)
2 FROM PATIENT C, DBUY O
3 WHERE DNO = '10001' AND C.PNO = O.PNO GROUP BY C.PNO,C.PNAME;
```

11.5 系统测试

11.5.1 选择

```
1 package Test;
2 import java.sql.Connection;
3 import java.sql.DriverManager;
4 import java.sql.ResultSet;
5 import java.sql.Statement;
6 public class Select {
```

```
7 public static void main(String[] args){
8 Connection conn=null;
9 Statement stmt=null;
10          ResultSet rs=null;
11          try {
12                   String url="jdbc:oracle:thin:@localhost:1521:xe";
13                   String dbUser="muser";
14                   String  dbPwd="abc";
15                   Class.forName("oracle.jdbc.OracleDriver");
16                   conn=DriverManager.getConnection(url, dbUser, dbPwd);
17                   String sql="select * from DM_P";
18                   stmt=conn.createStatement();
19                   rs=stmt.executeQuery(sql);
20                   while(rs.next()){
21                            String Dno =rs.getString("Dno");
22                            String Dname=rs.getString("Dname");
23                            String Dclass=rs.getString("Dclass");
24                            String Dspec=rs.getString("Dspec");
25                            String Dbrand=rs.getString("Dbrand");
26                            int Dprice2 =rs.getInt("Dprice2");
27                            int Mno =rs.getInt("Mno");
28                            String Mname=rs.getString("Mname");
29                            String Mplace=rs.getString("Mplace");
30                            System.out.println(" 药品标号为 "+Dno+", "+" 药品名为 :
"+Dname+','+" 药品分类
31                        为: "+Dclass+','+" 药品规格为: "+Dspec+","+" 药品品牌为:
"+Dbrand+","+" 库
32          存数量:"+Dprice2+","+" 制药商编号为:"+Mno+","+" 制药商名称
33          为 :"+Mname+","+" 公司地点 "+Mplace);
34                   }
35          } catch (Exception e) {
36                   // TODO Auto-generated catch block
37                   e.printStackTrace();
38          }finally{
39                   if(rs!=null){
40                            try{
41                                     rs.close();
```

```
42                          }catch(Exception e){
43                                  e.printStackTrace();
44                          }
45                  }
46                  if(stmt!=null){
47                          try{
48                                  stmt.close();
49                          }catch(Exception e){
50                                  e.printStackTrace();
51                          }
52                  }
53                  if(conn!=null){
54                          try{
55                                  conn.close();
56                          }catch(Exception e){
57                                  e.printStackTrace();
58                          }
59                  }
60          }
61  }
62  }
```

选择如图 11.28 所示。

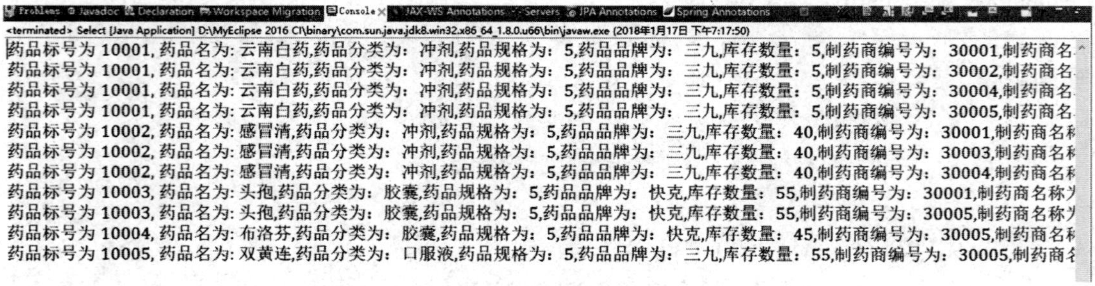

```
Problems  Javadoc  Declaration  Workspace Migration  Console  JAX-WS Annotations  Servers  JPA Annotations  Spring Annotations
<terminated> Select [Java Application] D:\MyEclipse 2016 CI\binary\com.sun.java.jdk8.win32.x86_64_1.8.0.u66\bin\javaw.exe (2018年1月17日 下午7:17:50)
药品标号为 10001, 药品名为: 云南白药,药品分类为: 冲剂,药品规格为: 5,药品品牌为: 三九,库存数量: 5,制药商编号为: 30001,制药商名
药品标号为 10001, 药品名为: 云南白药,药品分类为: 冲剂,药品规格为: 5,药品品牌为: 三九,库存数量: 5,制药商编号为: 30002,制药商名
药品标号为 10001, 药品名为: 云南白药,药品分类为: 冲剂,药品规格为: 5,药品品牌为: 三九,库存数量: 5,制药商编号为: 30004,制药商名
药品标号为 10001, 药品名为: 云南白药,药品分类为: 冲剂,药品规格为: 5,药品品牌为: 三九,库存数量: 5,制药商编号为: 30005,制药商名
药品标号为 10002, 药品名为: 感冒清,药品分类为: 冲剂,药品规格为: 5,药品品牌为: 三九,库存数量: 40,制药商编号为: 30001,制药商名
药品标号为 10002, 药品名为: 感冒清,药品分类为: 冲剂,药品规格为: 5,药品品牌为: 三九,库存数量: 40,制药商编号为: 30003,制药商名
药品标号为 10002, 药品名为: 感冒清,药品分类为: 冲剂,药品规格为: 5,药品品牌为: 三九,库存数量: 40,制药商编号为: 30004,制药商名
药品标号为 10003, 药品名为: 头孢,药品分类为: 胶囊,药品规格为: 5,药品品牌为: 快克,库存数量: 55,制药商编号为: 30001,制药商名称
药品标号为 10003, 药品名为: 头孢,药品分类为: 胶囊,药品规格为: 5,药品品牌为: 快克,库存数量: 55,制药商编号为: 30005,制药商名称
药品标号为 10004, 药品名为: 布洛芬,药品分类为: 胶囊,药品规格为: 5,药品品牌为: 快克,库存数量: 45,制药商编号为: 30005,制药商名
药品标号为 10005, 药品名为: 双黄连,药品分类为: 口服液,药品规格为: 5,药品品牌为: 三九,库存数量: 55,制药商编号为: 30005,制药商
```

图 11.28　选择

11.5.2　更新

```
1  package Test;
2  import java.sql.Connection;
```

```
3 import java.sql.DriverManager;
4 import java.sql.PreparedStatement;
5 import java.sql.SQLException;
6 public class Update {

7 public static void main(String[] args) {
8   Connection conn=null;
9   PreparedStatement pt=null;
10          try{
11                  String url="jdbc:oracle:thin:@localhost:1521:xe";
12                  String dbUser="muser";
13                  String  dbPwd="abc";
14                  String driver="oracle.jdbc.OracleDriver";
15                  Class.forName("oracle.jdbc.OracleDriver");
16                  conn=DriverManager.getConnection(url, dbUser, dbPwd);
17                  String sql="update drug set Dname=? where Dno=?";
18                  pt=conn.prepareStatement(sql);
19                  pt.setString(1," 云南白药 ");
20                  pt.setString(2, "10001");
21                  int num=pt.executeUpdate();
22                   if(num==1){
23                          System.out.println(" 修改成功 ");
24                   }
25          }catch(ClassNotFoundException e){
26                  e.printStackTrace();
27          }catch(SQLException e){
28                  e.printStackTrace();
29          }
30          finally{
31                  if(pt!=null){
32                          try{
33                                  pt.close();
34                          }catch(Exception e){
35                                  e.printStackTrace();
36                          }
37                  }
38                  if(conn!=null){
```

```
39                          try{
40                                  conn.close();
41                          }catch(Exception e){
42                                  e.printStackTrace();
43                          }
44                  }
45          }
46 }
47 }
```

更新如图 11.29 所示。

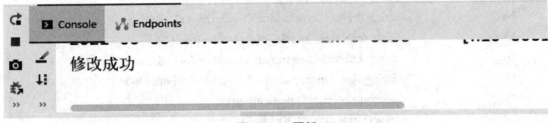

图 11.29 更新

11.5.3 存储调用

```
1  package Test;

2  import java.sql.CallableStatement;
3  import java.sql.Connection;
4  import java.sql.DriverManager;

5  public class procedure {

6  static String url = "jdbc:oracle:thin:@localhost:1521:xe";
7  static String dbUser = "muser";
8  static String dbPwd = "abc";
9  static String driver = "oracle.jdbc.OracleDriver";

10  public static void main(String[] args) {
11  // TODO Auto-generated method stub
12  Connection conn = null;
```

```
13          CallableStatement cs =null;
14          try{
15                  Class.forName("oracle.jdbc.OracleDriver");
16                  conn = DriverManager.getConnection(url, dbUser, dbPwd);
17                  String sql = "{call T_QUERY(?,?,?,?,?,?,?)}";
18                  cs = conn.prepareCall(sql);
19                  cs.setString(1, "10003");
20                  cs.registerOutParameter(2,oracle.jdbc.OracleTypes.VARCHAR);
21                  cs.registerOutParameter(3,oracle.jdbc.OracleTypes.VARCHAR);
22                  cs.registerOutParameter(4,oracle.jdbc.OracleTypes.VARCHAR);
23            cs.registerOutParameter(5,oracle.jdbc.OracleTypes.VARCHAR);
24                  cs.registerOutParameter(6,oracle.jdbc.OracleTypes.NUMBER);
25                  cs.registerOutParameter(7,oracle.jdbc.OracleTypes.NUMBER);
26                  cs.execute();

27                  String dname = cs.getString(2);
28                  String dclass = cs.getString(3);
29                  String dspec = cs.getString(4);
30                  String dbrand = cs.getString(5);
31                  double dprice1 = cs.getDouble(6);
32                  double dprice2 = cs.getDouble(7);

33                  System.out.println(" 药品名称：" + dname + "，" + " 药品分类 " +
dclass + "，" + " 药品规格 " + dspec + "，" + " 药品品牌 " + dbrand + "，" + " 进药单价 " +
dprice1 + "," + " 库存数量 " + dprice2 );
34          }catch(Exception e){
35                  e.printStackTrace();
36          }finally{
37                  if(conn != null){
38                          try{
39                                  conn.close();
40                          }catch(Exception e){
41                                  e.printStackTrace();
42                          }
43                  }
44          }
```

```
45 }
46 }
```

存储调用如图 11.30 所示。

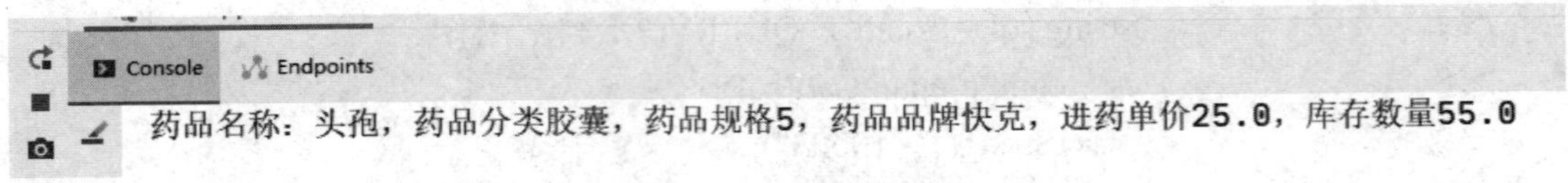

图 11.30　存储调用

11.5.4　插入

```
1 import java.sql.Connection;
2 import java.sql.DriverManager;
3 import java.sql.PreparedStatement;

4 public class text{
5   static String url="jdbc:oracle:thin:@localhost:1521:xe";
6   static String dbuser="muser";
7   static String dbPwd="ab";
8   static String driver="oracle.jdbc.OracleDriver";
9   public static void main(String[] args) {
10          Connection conn=null;
11          PreparedStatement ps=null;
12          try{
13                  Class.forName(driver);
14                  conn=DriverManager.getConnection(url,dbuser,dbPwd);
15                  String sql="insert into DRUG(DNO,DNAME,DCLASS,Dspec,D-
BRAND,DPRICE1,DPRICE2)
16      values(?,?,?,?,?,?,?)";
17                  ps=conn.prepareStatement(sql);
18                  ps.setString(1,"10011");
19                  ps.setString(2," 咳特灵 ");
20                  ps.setString(3," 感冒用药 ");
21                  ps.setString(4,"15");
22                  ps.setString(5,"40");
23                  ps.setInt(6, 14);
24                  ps.setInt(7, 10);
```

```
25                  ps.execute();

26          }catch(Exception e){
27                  e.printStackTrace();
28          }

29 }

30 }
```

插入结果如图 11.31 所示。

	DNO	DNAME	DCLASS	DGUIGE	DBRAND	DPRICE1	DPRICE2
1	1	感冒灵	冲剂	5	三九	5	5
2	10001	云南白药	冲剂	5	三九	5	100
3	10002	感冒清	冲剂	5	三九	15	40
4	10003	头孢	胶囊	5	快克	25	55
5	10004	布洛芬	胶囊	5	快克	15	45
6	10005	双黄连	口服液	5	三九	35	55
7	10006	小儿感冒颗粒	冲剂	5	三九	25	45
8	10011	咳特灵	感冒用药	15	40	14	10

图 11.31 插入结果

11.6 附录

医院医药管理系统物理模型图如图 11.32 所示。

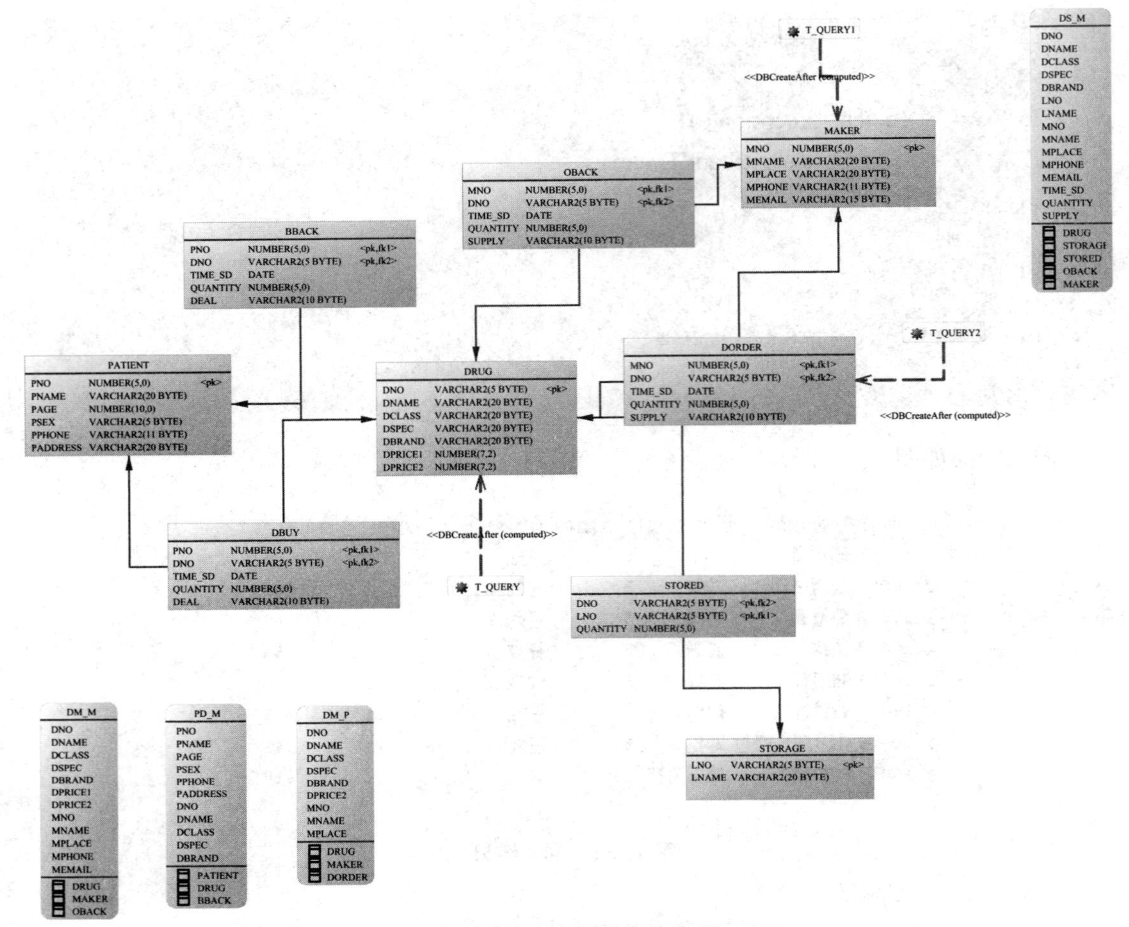

图 11.32 医院医药管理系统物理模型图

附录　单元小测参考答案

第 1 章

单元小测

一、选择题

（1）C （2）D （3）D （4）D （5）B

二、填空题

（1）USER

（2）企业管理器

（3）局部数据库管理系统、全局数据库管理系统、通信管理、全局数据字典、全局数据字典

（4）数据库

（5）DDL、DML、TCL、DQL、DCL

经典面试题

（1）如何区分数据库系统和数据库管理系统？

主要区别是性质不同、作用不同、功能不同，具体如下

①性质不同。

数据库：是“按照数据结构来组织、存储和管理数据的仓库”，是一个长期存储在计算机内的、有组织的、可共享的、统一管理的大量数据的集合。

数据库管理系统：是一种操纵和管理数据库的大型软件，使用和维护数据库。

②作用不同。

数据库：对数据进行存储以及删除等操作，组织、存储和管理数据。

数据库管理系统：对数据库进行统一的管理和控制，以保证数据库的安全性和完整性。

③功能不同。

数据库：是存放数据的仓库。它的存储空间很大，可以存放百万条、千万条、上亿条数据。数据的来源有很多，比如出行记录、消费记录、浏览的网页、发送的消息等等。除了文本类型的数据，图像、视频、声音都是数据。

数据库管理系统：用户通过 DBMS 访问数据库中的数据，数据库管理员也通过 DBMS 对数据库进行维护工作。它可以支持多个应用程序和用户用不同的方法在同时或不同时刻建立、修改和询问数据库。

（2）简述 Oracle 逻辑存储结构的组成？

Oracle 的逻辑结构包括表空间 (tablespace)、段 (segment)、扩展区（extent）、数据块 (data block)。

（3）常见数据库有哪些？

大型数据库：Oracle 数据库是甲骨文公司的产品，是商品化的关系型数据库；DB2 是 IBM 公司关系型数据库。

中小型数据库：MySQL 数据库，是开源免费的关系型数据库；SQL Server 数据库

小型数据库：ACCESS 是微软的关系型联式数据库。

（4）简介 Oracle DataBase 服务器。

Oracle Database 服务器由两大部分组成：Oracle 数据库和 Oracle 数据库实例。

① Oracle 数据库是位于硬盘上实际存放数据的文件，这些文件组织在一起成为一个逻辑整体，即为 Oracle 数据库。因此，在 Oracle 看来，“数据库”是指硬盘上文件的逻辑集合，必须与内存里的实例合作，才能对外提供数据管理服务。

② Oracle 数据库实例是位于物理内存里的数据结构。它由一个共享的内存池和多个后台进程组成，共享的内存池可以被所有进程访问。用户如果要存取数据库（也就是硬盘上的文件）里的数据，必须通过实例才能实现，不能直接读取硬盘上的文件。

（5）简述 Oracle 数据库的物理存储结构。

①数据文件。

②控制文件。

③日志文件。

a. 重做日志文件

b. 归档日志文件。

跟我上机

略。

第 2 章

单元小测

一、选择题

（1）D （2）B （3）C （4）D （5）D

二、填空题

（1）概念数据模型、逻辑数据模型、物理数据模型

（2）数据结构、数据操作、数据完整性约束

（3）Union

（4）元组

（5）数据

经典面试题

（1）简述实体与属性。

①实体。客观世界存在的、可以区别的事物称为实体。实体可以是具体的事物，如学生李、教师张、数学课；也可以是抽象的事件，如本学期学生李选修了哪些课程，教师张教授了哪门课程，读者的一次借阅活动等。

②属性。实体有很多特性，每个特性称为实体的一个属性，每个属性有一个类型。例如学生实体的属性有学号、姓名、性别、年龄、班级、成绩，其中学号、姓名、班级的类型为字符型，性别的类型为逻辑型，年龄的类型为整型。

(2)实体与实体之间有哪3种关系？

一对一、一对多、多对多。

(3)关系模型的完整性规则是什么？

实体完整性规则、参照完整性规则、用户完整性规则。

(4)传统关系运算有哪些？

UNION(并集，重复的元组不显示)

UNION ALL(并集，重复的元组也会显示)

MINUS(差集)

INTERSECT(交集)

笛卡儿积

(5)专门的关系运算有哪些？

投影、选择、连接、除法运算。

跟我上机

略。

第3章

单元小测

一、选择题

(1)B (2)D (3)D (4)B (5)D

二、填空题

(1)min，max，avg

(2)Start / @

(3)BLOB

(4)PRIMARY KEY

(5)number(9，2)

经典面试题

(1)Oracle 的主要数据类型有哪些？

①数字类型。

number(n)：数字(最长为 n 位)；number(n,m)：最长 n，小数点后 m 位。

例如：number(5,2)999.99。

②字符类型。

char(n)：固定长度 n，若插入的数据长度不足 n，则必须用空格补齐。

varchar(n)：变长，若插入数据长度不足 n，则最后显示字符长度为插入数据的长度值。

varchar2(n)：用法与 varchar 一致，varchar2 是 Oracle 数据库特有的类型。

③日期类型：date。

（2）如何使用 INSERT 命令一次性插入多条记录？

```
insert all into test1 values(1, 'aa') into test1 values(2, 'bb')
select * from dual;
```

（3）如何使用 ALTER 命令添加约束和列？

```
ALTER TABLE table [ * ] ADD [ COLUMN ] column type;
ALTER TABLE <表名> ADD <列定义>|<完整性约束>。
```

（4）简述 DELETE、DROP、TRUNCATE 3 条命令的作用和区别。

Delete 删除表中的记录；

Drop 删除表结构；

Truncate 截断表结构和记录的联系；

Delete 需要提交事务，drop 和 truncate 都不需要提交事务；

Delete 后数据可以闪回恢复，truncate 删除后数据不能恢复

（5）事务的 4 个特征是什么？

①原子性（Atomicity）。

事务必须是原子工作单元，对其进行的数据修改，要么全都执行，要么全都不执行。

以网上银行转账为例，要在 A 账户上增加 1 000 元，同时要在 B 账户上减少 1 000 元。要么同时执行，要么都不执行更改，以确保整个事务是一个原子工作单元。

②一致性（Consistency）。

事务在完成时，必须使所有的数据都保持一致状态，即所有的数据都要更改，以保证数据的完整性。在银行转账时，A 账户和 B 账户的数据都要更改，以保证数据的完整性。

③隔离性（Isolation）。

两个事务的执行是互不干扰的，一个事务不可能看到其他事务在运行时、运行中的某一时刻的数据。比如执行银行转账操作时，如果有其他的会话也在进行转账，那么当前事务不能看到其他事务在运行时或运行中某一时刻的数据。

④持久性（Durability）。

一旦事务被提交，数据库的变化就会被永远保留下来，即使运行数据库软件的机器后来崩溃也是如此。一旦银行转账操作完成，数据就被永久地保留下来了，即使数据库系统关闭也不会丢失数据。

跟我上机

略。

第 4 章

单元小测

一、选择题

（1）D （2）B （3）A （4）C （5）A

二、填空题

（1）select sysdate from dual;

（2）AVG

（3）select * from emp where rownum <= 10

（4）desc、update

（5）view

经典面试题

（1）WHERE 和 HAVING 子句的差异有哪些？

where 子句用于从 from 子句中返回值，from 子句返回的每一行数据都会用 where 子句中的条件进行判断筛选。where 子句允许使用比较运算符（>、<、>=、<=、<>、!=| 等）和逻辑运算符（and、or、not）。

having 子句通常是与 order by 子句一起使用的。因为 having 的作用是对使用 group by 进行分组统计后的结果进行进一步的筛选。

（2）聚合函数有哪些？

求和 SUM()、求平均 AVG()、计数 COUNT()、最大值 MAX()、最小值 MIN()

（3）多表连接方式有哪些？

内连接、外连接、自然连接、等值连接、交叉连接等

（4）外连接有哪几种？

左外连接、右外连接、全外连接

（5）视图和表有什么差异？

①视图是已经编译好的 SQL 语句，而表不是；

②视图没有实际的物理记录，而表有；

③表是内容，视图是窗口；

④表占用物理空间而视图不占用物理空间，视图只是逻辑概念的存在，表可以及时对它进行修改，但视图只能用创建的语句来修改；

⑤表是内模式，视图是外模式；

⑥视图是查看数据表的一种方法，可以查询数据表中某些字段构成的数据，表只是一些 SQL 语句的集合，从安全的角度说，视图可以不给用户接触数据表，从而不知道表结构；

⑦表属于全局模式中的表，是实表，视图属于局部模式的表，是虚表；

⑧视图的建立和删除只影响视图本身，不影响对应的基本表；

⑨不能对视图进行 update 或者 insert into 操作。

跟我上机

略。

第 5 章

单元小测

一、选择题

（1）B （2）C （3）B （4）A （5）B

二、填空题

（1）唯一

（2）提高访问速度

（3）NEXTVAL、CURRVAL

（4）increment by n、start with n

（5） public、private、public

经典面试题

（1）如何理解索引？

在 Oracle 中，索引是一种供服务器在表中快速查找一个行的数据库结构。在数据库中建立索引主要有以下作用。

①快速存取数据。

②既可以改善数据库性能，又可以保证列值的唯一性。

③实现表与表之间的参照完整性

④在使用 orderby、groupby 子句进行数据检索时，利用索引可以减少排序和分组的时间。

（2）Oracle 中索引如何分类？

逻辑上：Single column 单行索引、Concatenated 多行索引、Unique 唯一索引、NonUnique 非唯一索引、Function-based 函数索引、Domain 域索引。

物理上：Partitioned 分区索引、NonPartitioned 非分区索引、B-tree（Normal 正常型 B 树、Rever Key 反转型 B 树）、Bitmap 位图索引。

（3）什么情况下使用位图索引，什么情况下使用反向键索引？

位图索引特定于该列只有几个枚举值的情况，比如性别字段、标示字段以及只有 0 和 1 的情况。

反向索引不常见，但是特定情况特别有效，比如一个 varchar(5) 位字段（员工编号）含值（10001,10002,10033,10005,10016...）这种情况默认索引分布过于密集，不能利用好服务器的并行，但是反向之后 10001,20001,33001,50001,61001 就有了一个很好的分布，能高效地利用好并行运算。

(4)同义词有什么作用？

①在多用户协同开发中，可以屏蔽对象的名字及其持有者。如果没有同义词，当操作其他用户表时，必须以 user 名 .object 名的形式，采用了 Oracle 同义词之后就可以隐蔽掉 user 名。当然这里要注意的是：public 同义词只是为数据库对象定义了一个公共的别名，其他用户能否通过这个别名访问这个数据库对象，还要看是否已经为这个用户授权。

②为用户简化 SQL 语句。其实就是一种简化 SQL 的体现，同时如果自己建的表的名字很长，可以为这个表创建一个 Oracle 同义词来简化 SQL 开发。

③为分布式数据库的远程对象提供位置透明性。

(5)序列有哪两个属性，如何使用？

NEXTVAL 返回序列中下一个有效的值，任何用户都可以引用。

CURRVAL 中存放序列的当前值 ,NEXTVAL 应在 CURRVAL 之前指定 ，二者应同时有效。

跟我上机

略。

第 6 章

单元小测

一、选择题

(1)A (2)B (3)D (4)A (5)C

二、填空题

(1)raise、%ROWCOUNT

(2)预定义异常、非预定义异常、用户自定义异常

(3)TRUE、FALSE、NULL

(4)DBMC_OUTPUT

(5) EVEN_NUMBER、1~25

经典面试题

(1)PL/SQL 支持哪些基本数据类型？

字符型(CHAR,VARCHAR,VARCHAR2)、数值型(NUMBER,FLOAT...)、日期型(TIMESTAMP,DATE...)、布尔型(BOOLEAN)。

(2)描述一下如何使用 PL/SQL 的 record 数据类型。

RECORD 类型存储多个行列组成的数据。在声明记录类型的变量之前，首先需要定义

记录类型，然后才可以声明记录类型的变量。记录类型是一种结构化的数据类型，它使用TYPE 语句进行定义，在记录类型的定义结构中包含成员变量以及数据类型，其语法如下。

```
TYPE record_type IS record(
Var_member1 data_type [not null][:=default_value],
...
Var_member1 data_type [not null][:=default_value])
```

（3）PL/SQL 的循环结构用哪些语句可以实现？

LOOP 简单循环、WHILE 循环、FOR 循环。

（4）PL/SQL 中退出循环使用什么语句？

EXIT...WHEN 关键字。

（5）说出几个常用的 PL/SQL 的预定义异常名称。

TOO_MANY_ROWS (−1422)、NO_DATA_FOUND、DUP_VAL_ON_INDEX。

跟我上机

略。

第 7 章

单元小测

一、选择题

（1）D （2）B （3）B （4）D （5）C

二、填空题

（1）读取游标

（2）%ROWCOUNT

（3）NVL

（4）FOR UPDATE

（5） REF 游标

经典面试题

（1）用户自定义函数的参数分为哪几类？

IN 输入参数类型、OUT 输出参数类型、IN OUT 输入输出类型。

（2）如何调用用户自定义函数？

用 Execute、call、select 子句以及将函数作为另一个子程序的参数等。

（3）如何使用 Oracle 的游标？

① oracle 中的游标分为显式游标和隐式游标。

②显式游标是用 cursor...is 命令定义的游标，它可以对查询语句 (select) 返回的多条记

录进行处理；隐式游标是在执行插入 (insert)、删除 (delete)、修改 (update) 和返回单条记录的查询 (select) 语句时由 PL/SQL 自动定义的。

③显式游标的操作：打开游标、操作游标、关闭游标；PL/SQL 隐式地打开 SQL 游标，并在它内部处理 SQL 语句，然后关闭它。

（4）游标有哪几个属性，各自有什么作用？

%FOUND: 该属性表示当前游标是否指向有效的一行，结果是一个 BOOLEAN 类型的，用来判断是否结束当前游标的使用。

%NOTFOUND：与 %FOUND 结果相反。

%ROWCOUNT: 该属性记录了游标读取过记录的行数。

%ISOPEN: 该属性表示游标是否处于打开的状态。

（5）简述游标的作用。

游标的作用是临时存储从数据可中提取的数据块。在某些情况下，需要把数据从存放在磁盘的表中调到计算机内存中进行处理。最后将处理结果显示出来或最终写回数据库。

跟我上机

略。

第 8 章

单元小测

一、选择题

（1）B （2）D （3）B （4）D （5）A

二、填空题

（1）包规范（Specification）、包主体（Body）

（2）BEFORE、AFTER、INSTEAD OF

（3）包规范

（4）行级

（5） pack_ma.order_proc(‘002’)

经典面试题

（1）简述存储过程与触发器的主要区别。

存储过程与触发器的主要区别是存储过程是由用户或应用程序显示调用，而触发器是被事件自动触发。

（2）如何调用存储过程？

① Begin

存储过程名；

End;

② EXECUTE 存储过程名;

(3)如何理解触发器?

触发器是指执行由某个事件引起或激活操作的对象。触发器也是由声明部分、执行部分和异常处理部分组成的 PL/SQL 命名块,并存储在数据库的数据字典中。

(4)如何理解程序包?

程序包是一组相关过程、函数、变量、游标、常量等 PL/SQL 程序设计元素的组合。它具有面向对象程序设计语言的特点,是对 PL/SQL 程序设计元素的封装。程序包类似于 C++ 或 Java 程序中的类,而变量相当于类中的成员变量,过程和函数相当于方法,把相关的模块归类成为程序包,可使开发人员利用面向对象的方法进行存储过程的开发,从而提高系统性能。

(5)程序包分为哪些部分?如何创建和调用?

一个程序包由两部分组成:包规范(Specification)和包主体(Body)。

包规范:

```
-- 创建包头
create or replace package pack_test1 is
 -- 定义过程 1
 procedure p_test1(p_1 in varchar2);
 -- 定义函数 1
 function f_test1(p_1 in varchar2) return varchar2;
end pack_test1;
```

包主体:

```
- 创建包体 ( 名字必须和包头一样 )
create or replace package body pack_test1 is
 -- 包全局变量 1
 v_param1 varchar(20) := 'default';
 -- 实现过程 1
 procedure p_test1(p_1 in varchar2) is
 begin
  dbms_output.put_line('p_1 的值为:'|| p_1);
  dbms_output.put_line(' 全局变量的值为:'||v_param1);
  -- 改变全局变量
  v_param1 := p_1;
  dbms_output.put_line(' 改变后的全局变量值为:'||v_param1);
 end;
 -- 实现函数 1
 function f_test1(p_1 in varchar2) return varchar2 is
  v_rt varchar2(50);
```

```
  begin
    dbms_output.put_line(' 获取的全局变量值为：'||v_param1);
    v_rt := v_param1||'-'||p_1;
    dbms_output.put_line(' 返回值为：'||v_rt);
    return v_rt;
  end f_test1;
end pack_test1;
包调用：
-- 调用过程
call pack_test1.p_test1(' 参数 1');
-- 调用函数
select pack_test1.f_test1(' 参数 2') from dual;
```

跟我上机

略。

第 9 章

单元小测

一、选择题

（1）A （2）B （3）C （4）B （5）B

二、填空题

（1）SET ROLEALL

（2）DBA

（3）V$PWFILE_USERS

（4）DROP ANY TABLE

（5）FALSE

经典面试题

（1）谈谈你对角色的理解以及常用的角色有哪些 。

角色就是一组权限的数据库实体，它不属于任何模式或用户但是可以被授予任何用户。常用的角色有 CONNECT、DBA、RESOURCE、SELECT_CATALOG_ROLE（查询所有表视图权）、DELETE_CATALOG_ROLE（删除权限）等。

角色的创建和授权：和创建用户和为用户授权差不多。Create role role_name identified …grant 权限 to role_name。

（2）如何给用户授权？

①系统权限分类。

DBA: 拥有全部特权，是系统最高权限，只有 DBA 才可以创建数据库结构。

RESOURCE: 拥有 Resource 权限的用户只可以创建实体，不可以创建数据库结构。

CONNECT: 拥有 Connect 权限的用户只可以登录 Oracle，不可以创建实体，不可以创建数据库结构。

对于普通用户：授予 connect 和 resource 权限。

对于 DBA 管理用户：授予 connect、resource 和 dba 权限。

②系统权限授权命令。

系统权限只能由 DBA 用户授出：sys 和 system(最开始只能是这两个用户)。

授权命令：SQL> grant connect, resource, dba to 用户名 1 [, 用户名 2]...;

注：普通用户通过授权可以具有与 system 相同的用户权限，但永远不能达到与 sys 用户相同的权限，system 用户的权限也可以被回收。

（3）如何查看用户的数据字典视图？

查询当前用户可以查询的所有视图：select * from all_views

查询数据库的所有视图（包括数据字段视图）：select * from dba_views

跟我上机

略。

第 10 章

单元小测

一、选择题

（1）C （2）D （3）A （4）C （5）C

二、填空题

（1）物理、逻辑、逻辑、逻辑

（2）dmp、export

（3）dba、exp_full_database

（4）open、open

（5）导出表、导出方案、导出数据库

经典面试题

（1）Oracle 数据库如何备份数据？

①创建表空间。

②创建用户。

③给用户授予权限。

④导出 / 导入表结构。

⑤导出 / 导入表数据（命令窗口执行）。

（2）Oracle 数据库如何还原（恢复）数据？

完全恢复的步骤如下：

①将受损的数据文件脱机；

②还原受损的数据文件；

③恢复受损的数据文件；

④将已恢复的数据文件联机。

不完全恢复是指归档、联机日志与数据库、表空间或数据文件等的备份结合使用，以将其更新至过去的某个时间点或 SCN 等。

不完全恢复的步骤如下：

①加载数据库；

②还原所有数据文件，同时可以选择还原控制文件；

③将数据库恢复至某个时间点、序列或系统改变号；

④使用 RESETLOGS 关键字打开数据库。

（3）数据还原和备份有哪些注意事项？

①备份：数据库在备份的时候有两种方式，一种是使用 dba 来备份，可以将整个数据库全部备份出来，使用如下命令：

```
exp system/system@orcl file=e:\bak.dmp full=y;
```

另外一种是使用当前用户来备份，只备份当前用户的数据表，在备份前必须使用如下的命令为当前用户授予 dba 权限：

```
grant connect,resource,dba to user1;
```

授权之后，就可以使用如下命令来备份了：

```
exp user1/user1@orcl file=e:\bak.dmp full=y;
```

②还原前的操作：还原数据库之前必须要判断表空间的大小，如果要还原的数据库展开后的表空间超过 32 G，则必须对数据库进行相应的设置，否则 Oracle 不支持单个超过 32 G 的表空间，而且还原前必须先检查用户 user1，如果存在则删除用户及其所在的表空间，然后再新建用户 user1，建表空间 user1，授权，最后才还原。

③还原：还原的时候同样有两种方式，一种是使用 dba 来还原，可以将整个数据库全部还原出来，使用如下命令：

```
imp system/system@orcl file=e:\bak.dmp full=y;
```

另外一种是使用当前用户来还原，只还原当前用户的数据表，在还原前必须使用如下的命令为当前用户授予 dba 权限：

```
grant connect,resource,dba to user1;
```

授权之后，就可以使用如下的命令来备份了：

imp user1/user1@orcl file=e:\bak.dmp full=y;

跟我上机

略。